教育部高等学校电子信息类专业教学指导委员会规划教材

高等学校电子信息类专业系列教材

软件技术基础

（第2版）

瞿亮　主编

梁桥康　王绍源　唐璐　瞿永新　副主编

清华大学出版社

北京

内 容 简 介

本书是计算机基础教材,系统、通俗地介绍了最新计算机软件技术的基础知识和应用,内容包括软件技术概论,C语言回顾,数据结构,遍历、查找和排序,操作系统,数据库系统,计算机网络,软件工程及网络新技术等。本书讲解由浅入深,循序渐进,通俗易懂,将原理、方法与实例相结合,图文并茂,书中的案例都在 Dev-C++环境下测试通过,并附有案例对应的 Python 程序。

本书既可作为高等院校非计算机专业本科生的教材,又可作为从事工程应用领域计算机软件开发工作的科研技术人员的参考书。

图书在版编目(CIP)数据

软件技术基础/瞿亮主编. —2 版. —北京:清华大学出版社,2024.2
高等学校电子信息类专业系列教材
ISBN 978-7-302-65411-7

Ⅰ. ①软… Ⅱ. ①瞿… Ⅲ. ①软件—技术—高等学校—教材 Ⅳ. ①TP31

中国国家版本馆 CIP 数据核字(2024)第 024941 号

策划编辑:盛东亮
责任编辑:钟志芳
封面设计:李召霞
责任校对:韩天竹
责任印制:曹婉颖

出版发行:清华大学出版社
  网 址:https://www.tup.com.cn,https://www.wqxuetang.com
  地 址:北京清华大学学研大厦 A 座 邮 编:100084
  社 总 机:010-83470000 邮 购:010-62786544
  投稿与读者服务:010-62776969,c-service@tup.tsinghua.edu.cn
  质量反馈:010-62772015,zhiliang@tup.tsinghua.edu.cn
  课件下载:https://www.tup.com.cn,010-83470236
印 装 者:涿州汇美亿浓印刷有限公司
经 销:全国新华书店
开 本:185mm×260mm 印 张:14.25 字 数:347 千字
版 次:2020 年 1 月第 1 版 2024 年 3 月第 2 版 印 次:2024 年 3 月第 1 次印刷
印 数:1~1500
定 价:59.00 元

产品编号:096771-01

序
FOREWORD

我国电子信息产业占工业总体比重已经超过 10%。电子信息产业在工业经济中的支撑作用凸显,更加促进了信息化和工业化的高层次深度融合。随着移动互联网、云计算、物联网、大数据和石墨烯等新兴产业的爆发式增长,电子信息产业的发展呈现了新的特点,电子信息产业的人才培养面临着新的挑战。

(1) 随着控制、通信、人机交互和网络互联等新兴电子信息技术的不断发展,传统工业设备融合了大量最新的电子信息技术,它们一起构成了庞大而复杂的系统,派生出大量新兴的电子信息技术应用需求。这些"系统级"的应用需求,迫切要求具有系统级设计能力的电子信息技术人才。

(2) 电子信息系统设备的功能越来越复杂,系统的集成度越来越高。因此,要求未来的设计者应该具备更扎实的理论基础知识和更宽广的专业视野。未来电子信息系统的设计越来越要求软件和硬件的协同规划、协同设计和协同调试。

(3) 新兴电子信息技术的发展依赖于半导体产业的不断推动,半导体厂商为设计者提供了越来越丰富的生态资源,系统集成厂商的全方位配合又加速了这种生态资源的进一步完善。半导体厂商和系统集成厂商所建立的这种生态系统,为未来的设计者提供了更加便捷却又必须依赖的设计资源。

教育部 2020 年颁布了新版《高等学校本科专业目录》,将电子信息类专业进行了整合,为各高校建立系统化的人才培养体系,培养具有扎实理论基础和宽广专业技能的、兼顾"基础"和"系统"的高层次电子信息人才给出了指引。

传统的电子信息学科专业课程体系呈现"自底向上"的特点,这种课程体系偏重对底层元器件的分析与设计,较少涉及系统级的集成与设计。近年来,国内很多高校对电子信息类专业课程体系进行了大力度的改革,这些改革顺应时代潮流,从系统集成的角度,更加科学合理地构建了课程体系。

为了进一步提高普通高校电子信息类专业教育与教学质量,推动教育与教学高质量发展,教育部高等学校电子信息类专业教学指导委员会开展了"高等学校电子信息类专业课程体系"的立项研究工作,并启动了"高等学校电子信息类专业系列教材"(教育部高等学校电子信息类专业教学指导委员会规划教材)的建设工作。其目的是推进高等教育内涵式发展,提高教学水平,满足高等学校对电子信息类专业人才培养、教学改革与课程改革的需要。

本系列教材定位于高等学校电子信息类专业的专业课程,适用于电子信息类的电子信息工程、电子科学与技术、通信工程、微电子科学与工程、光电信息科学与工程、信息工程及其相近专业。经过编审委员会与众多高校多次沟通,初步拟定分批次建设约 100 门核心课程教材。本系列教材将力求在保证基础的前提下,突出技术的先进性和科学的前沿性,体现创新教学和工程实践教学；将重视系统集成思想在教学中的体现，鼓励推陈出新，采用"自顶向下"的方法编写教材；将注重反映优秀的教学改革成果，推广优秀的教学经验与理念。

为了保证本系列教材的科学性、系统性及编写质量，本系列教材设立顾问委员会及编审委员会。顾问委员会由教指委高级顾问、特约高级顾问和国家级教学名师担任，编审委员会由教育部高等学校电子信息类专业教学指导委员会委员和一线教学名师组成。同时，清华大学出版社为本系列教材配置优秀的编辑团队，力求高水准出版。本系列教材的建设，不仅有众多高校教师参与，也有大量知名的电子信息类企业支持。在此，谨向参与本系列教材策划、组织、编写与出版的广大教师、企业代表及出版人员致以诚挚的感谢，并殷切希望本系列教材在我国高等学校电子信息类专业人才培养与课程体系建设中发挥切实的作用。

吕志伟 教授

第2版前言

PREFACE

伴随着信息化时代的到来,计算机技术高速发展,随着互联网和手机等智能终端设备的广泛应用,计算机软件与日常工作和生活紧密地结合在一起,改变了人们的生活和工作方式。这种发展趋势还将进一步扩大和深入,对于绝大多数非计算机专业的人士来说,掌握必要的软件技术基础知识是了解和提高软件开发与应用水平的重要途径。

软件技术包含的内容非常丰富,涉及程序设计语言、数据结构及算法、操作系统、计算机网络、数据库系统和软件工程等知识,软件技术发展迅猛,新技术不断涌现,如何在一本教材中让非计算机专业的学生理解和掌握最新的软件技术基础知识和技能是软件技术教学的难点及重点。作者在高校长期从事计算机软件技术基础课程的教学和研究工作,熟悉该课程的教学需求和学生体会,本书是根据高等院校非计算机专业对计算机软件技术的知识要求,结合多年的教学和实践经验集体编写而成的。

本书共分为9章。第1章介绍软件的概念及分类,软件技术的发展历史,并对教材各章内容、学习目的及学习方法做了介绍;第2章为方便读者更好地理解书中案例程序,对C语言中相对复杂的数组、结构体及指针的运用等知识进行简单回顾;第3章介绍数据结构的概念、数据的逻辑结构与存储结构,线性表(栈、队列)、树和图结构的基本术语与相关运算;第4章结合数据结构讲述了算法的概念和分析方法以及各种结构数据的遍历、查找与排序方法;第5章介绍操作系统的工作原理、主要功能、与硬件的关系及典型操作系统Linux的使用方法;第6章介绍数据库的基础知识、数据模型、关系数据库、结构化查询语言等。第7章从使用者的角度介绍了计算机网络的基本概念、拓扑结构与通信协议,无线网络、IPv6及网络安全等常识。第8章介绍软件工程的起源及主要思想,常用系统开发模型及开发步骤和工具等。第9章介绍大数据、云计算、物联网等近年来兴起的网络新技术。

在第1版两年多的使用中,我们发现了书中不足之处,同时采纳了一些专家和读者的建议,结合国家对课程思政的新要求,对书中部分章节内容进行了修改和补充。主要增加的内容如下:

第4章增加了4.3.5节二叉排序树查找。

第5章增加了5.5节华为鸿蒙系统。

第9章增加了9.4节国内发展现状。

考虑到目前Python语言的广泛流行,书后附有全书C程序案例对应的Python程序案例。

本书第1、2、3、6、8章由瞿亮编写,第4章由王绍源编写,第5章由唐璐编写,第7章由梁桥康编写,第9章由瞿永新编写。

本书内容翔实,图文并茂,在编写过程中注重由浅入深,循序渐进,书中的实例源于工程实践，所有案例都在 Dev-C++环境下测试通过。本书既可作为高等院校本、专科"计算机软件技术基础"课程的教材，也可作为各类计算机应用人员或相关人员的技术参考书。

由于作者水平有限，编写时间仓促，书中难免存在不足和疏漏之处，恳请各位专家和广大读者指正。另外，在编写中我们也参考了许多同类图书，在此一并表示最诚意的感谢。

本书配有电子课件，需要者可在清华大学出版社官网下载。

作　者

2024 年 1 月

于湖南大学

第1版前言
PREFACE

伴随着信息化时代的到来,计算机技术得到高速发展。随着互联网和手机等智能终端设备的广泛应用,计算机软件与日常工作和生活紧密地结合在一起,改变了人们的生活和工作方式。这种发展趋势还将进一步扩大和深入,对绝大多数非计算机专业的人士来说,掌握必要的软件技术基础知识是了解和提高软件开发与应用水平的重要途径。

软件技术包含的内容非常丰富,涉及程序设计语言、数据结构及算法、操作系统、计算机网络、数据库系统和软件工程等知识。软件技术发展迅猛,新技术不断涌现,如何在一本教材中让非计算机专业的学生理解和掌握最新的软件技术基础知识和技能是软件技术教学的难点及重点。作者在高校长期从事计算机软件技术基础课程的教学和研究工作,熟悉该课程的教学需求和学生体会。本书是根据高等院校非计算机专业对计算机软件技术的知识要求,结合作者多年的教学和实践经验集体编写而成的。

本书共分为9章。第1章介绍软件的概念及分类,软件技术的发展历史,并对教材各章内容、学习目的及学习方法做了介绍;第2章为方便读者更好地理解书中案例程序,对C语言中相对复杂的数组、结构及指针的运用等知识进行简单回顾;第3章介绍数据结构的概念、数据的逻辑结构与存储结构,线性表(栈、队列)、树和图结构的基本术语与相关运算;第4章结合数据结构讲述了算法的概念和分析方法以及各种结构数据的遍历、查找与排序方法;第5章介绍操作系统的工作原理、主要功能、与硬件的关系及典型操作系统Linux的使用方法;第6章介绍数据库的基础知识、数据模型、关系数据库、结构化查询语言SQL等;第7章从使用者的角度介绍了计算机网络的基本概念、拓扑结构与通信协议、无线网络、IPv6及网络安全等常识;第8章介绍软件工程的起源和主要思想,常用系统开发模型及开发步骤和工具等;第9章介绍大数据、云计算、物联网等近年来兴起的网络新技术。

本书由瞿亮主编,梁桥康、王绍源、唐璐、王亚副主编,第1、2、3、6、8章由瞿亮编写,第4章由王绍源编写,第5章由唐璐编写,第7章由梁桥康编写,第9章由王亚编写。

本书内容翔实,图文并茂,在编写过程中注重由浅入深,循序渐进,书中的实例源于工程,所有案例都在Dev-C++环境下测试通过。本书既可作为高等院校非计算机专业本科生的教材,又可作为从事工程应用领域计算机软件开发工作的科研技术人员的参考书。

由于作者水平有限,编写时间仓促,书中难免存在不足和疏漏之处,恳请各位专家和广大读者指正。另外,在编写中参考了许多同类书籍,在此向相关作者一并表示最诚挚的感谢。

作　者

2019年5月6日

于湖南大学

目 录
CONTENTS

第1章 软件技术概论

1.1 软件的定义及分类

当今时代是信息时代,信息时代的特点是对海量信息进行快速准确处理和传输,使其产生极大的价值,对信息进行处理最重要的技术是计算机技术。计算机系统由硬件和软件组成,软件在计算机系统中所占的比重越来越高,计算机软件是信息时代非常重要的工业产品,是实现信息化的核心。

1. 软件的定义

计算机硬件是看得见、摸得着的电子机械设备,如机箱、主板、硬盘、电源、显示器等。计算机软件是依附在硬件上面的程序、数据和文档的集合,是指挥控制计算机系统工作的神经中枢。如果将硬件比作人的身体,那么软件就相当于人的神经中枢和知识才能。

通常,软件有以下定义:

$$软件 = 程序 + 数据 + 文档$$

程序是计算机为完成特定任务所执行指令的有序集合;文档是为了理解程序所需的详细描述性资料;数据主要是指软件系统赖以运行的初始化数据。

事实上,软件的定义伴随着软件的发展历史有个变化过程,20 世纪 50 年代,软件的开发处于以个人编写小规模程序为主的状态,那时软件即等同于程序;60 年代,随着软件规模的扩大及软件工程思想的出现,软件等同于程序加文档;之后随着软件运行条件的日益复杂,软件等同于程序、数据加文档。

2. 软件的分类

按不同的分类方法,软件的分类也不相同,表 1-1 从 4 个不同分类方法对软件进行了分类。

表 1-1 软件的分类

分 类 方 法	软 件
按功能分类	系统软件(如操作系统) 支撑软件(如数据库管理系统、CASE 工具系统) 应用软件(如信息系统)
按规模分类	小型、中型、大型

续表

分　类　方　法	软　　件
按工作方式分类	实时软件 分时软件 交互式软件 批处理软件
按服务对象分类	项目软件（为用户定制） 产品软件（面向特定的客户群开发）

1.2　软件技术及其发展

软件技术是指支持软件系统开发、运行和维护的技术。伴随着计算机技术的高速发展，软件技术发展迅猛，其核心包括软件的高效运行模型及其支撑机制、有效的开发方法学等。

1. 软件技术的发展历史

软件技术的发展历史大致分为以下 3 个阶段。

（1）软件技术发展早期。

在计算机发展早期的 20 世纪五六十年代，计算机的应用领域较窄，主要是科学与工程计算，处理对象是数值数据。IBM 公司研制出了第一个实用高级语言——FORTRAN 及其翻译程序。此后，相继又有多种高级语言问世，从而使设计和编制程序的功效大为提高。这个时期计算机软件的巨大成就之一就是在当时的水平上成功地解决了两个问题：一是从 FORTRAN 及 Algol 60 开始设计出了具有高级数据结构和控制结构的高级程序语言；二是发明了将高级语言程序翻译成机器语言程序的自动转换技术，即编译技术。

（2）面向对象技术和结构化程序发展时期。

从 20 世纪 70 年代初开始，随着计算机应用领域的逐步扩大，出现了大量的数据处理和非数值计算问题。为了充分利用系统资源，出现了操作系统；为了适应大量数据处理问题的需要，开始出现数据库及其管理系统，软件规模与复杂性迅速增大。当程序复杂性增加到一定程度以后，软件研制周期难以控制，正确性难以保证，可靠性问题相当突出。为此，人们提出用结构化程序设计和软件工程方法来克服这一危机。

传统的面向过程的软件系统以过程为中心。过程是一种系统功能的实现，而面向对象的软件系统是以数据为中心。与系统功能相比，数据结构是软件系统中相对稳定的部分。对象类及其属性和服务的定义在时间上保持相对稳定，还能提供一定的扩充能力，这样就可节省软件生命周期内系统开发和维护的开销。以数据对象为基础设计的软件系统，其系统稳定性十分牢固。

面向对象的程序结构将数据及基于对象的操作进行封装组成对象，具有相同结构属性和操作的一组对象构成对象类。这种方法能够以更加自然的方式模拟外部世界现实系统的结构和行为。对象的两大基本特征是信息封装和继承。通过信息封装，保证了在复杂的环境条件下对象数据操作的安全性和一致性。对象继承可实现对象类代码的可重用性和可扩充性。可重用性能处理父类、子类之间具有相似结构的对象共同部分，避免代码的重复；可扩充性能处理对象类在不同情况下的多样性，在原有代码的基础上进行扩充和具体化，以适应不同的需要。

在软件的开发管理上,为了解决大型项目开发中出现的软件危机现象,产生了用工程化思想管理软件开发的软件工程思想。

(3) 软件工程技术发展新时期。

进入 20 世纪 90 年代,Internet 和 WWW 技术的蓬勃发展使软件工程进入一个新的技术发展时期。以软件组件复用为代表,基于组件的软件工程技术正在使软件开发方式发生巨大改变。早年软件危机中提出的严重问题,有望从此开始找到切实可行的解决途径。在这个时期,软件工程技术发展代表性标志体现在以下 3 个方面。

① 基于组件的软件工程和开发方法成为主流。组件是自包含的,具有相对独立的功能特性和具体实现,并为应用提供预定义好的服务接口。组件化软件工程是通过使用可复用组件来开发、运行和维护软件系统的方法、技术和过程。

② 软件过程管理进入软件工程的核心进程和操作规范。软件工程管理以软件过程管理为中心去实施,并贯穿于软件开发过程的始终。在软件过程管理得到保证的前提下,软件开发进度和产品质量也随之得到保证。

③ 网络应用软件规模愈来愈大,复杂性愈来愈高,使得软件体系结构从两层向三层或者多层结构转移,应用的基础架构和业务逻辑相分离。应用的基础架构由提供各种中间件系统服务组合而成的软件平台来支持,软件平台化成为软件工程技术发展的新趋势。软件平台为各种应用软件提供一体化的开放平台,既可保证应用软件所要求基础系统架构的可靠性、可伸缩性和安全性的要求,又可使应用软件开发人员和用户只需要集中关注应用软件的具体业务逻辑实现,而不必关注其底层的技术细节。当应用需求发生变化时,只需变更软件平台之上的业务逻辑和相应的组件实施即可。

2. 软件技术的发展趋势

Internet 是 20 世纪末伟大的技术进展之一,提供了一种全球范围内的信息基础设施。这个不断延伸的网络基础设施,形成了一个资源丰富的计算平台,构成了人类社会的信息化、数字化基础,成为学习、生活和工作的必备环境。如何在 Internet 平台上进行资源整合,形成巨型的、高效的、可信的和统一的虚拟环境,使所有资源能够高效、可信地为所有用户服务,成为软件技术的研究热点。

Internet 及其应用的快速发展与普及,使计算机软件所面临的环境开始从静态封闭逐步走向开放、动态和多变。面对这种新型的软件形态,传统的软件理论、方法、技术和平台面临着一系列挑战。近年来,信息化应用环境正经历着新的变化,如"云计算""大数据""物联网""智慧地球"等的出现与发展,必然导致软件技术为适应这种新变化而发生巨大的变革与发展。未来软件技术的总体发展趋势可归结为:软件平台网络化、方法对象化、系统构件化、应用智能化、开发工程化,并且伴随着新技术的快速涌现呈现出新特点和新内涵。

1.3 章节内容及学习方法

软件技术基础是非计算机专业本科生的平台基础课,课程的目的是使学生了解计算机软件的体系结构和开发方法,掌握开发应用软件所必需的软件基础知识,提高抽象思维能力,应用计算机解决实际问题的能力和编程能力,为今后开发及应用软件打下必要的基础。

课程内容包括数据结构的基本概念及数据操作的主要算法、操作系统的基本原理、计算机网络的基础知识、数据库的基本概念及关系数据库理论、软件工程的基本思想、网络新技术等。计算机原理和C语言程序设计是本课程的先导课程。只有掌握基本的计算机基础知识，才能理解软件技术中的知识，本课程中的案例均以C语言描述。附录中给出了对应的Python语言程序。

本书中数据结构、数据库系统、操作系统、软件工程和计算机网络章节都是计算机专业的核心课程。在国内很多高校，数据结构是计算机学科硕士研究生入学考试专业课，软件工程是软件工程硕士入学考试专业课。

基于以上特点，对于学习计算机软件技术而言，各章节内容都十分重要，但受限于教学课时，本课程只能介绍主要知识点。采用适当的学习方法，在有限的课时内掌握知识重点是本课程学习的难点。以下简要介绍各章节内容、学习目的及学习方法，供读者参考。

1. C语言

考虑到本教材中的案例均以C语言描述，为方便读者的理解，第2章中针对C语言中较复杂的数组、结构、指针等数据类型的相关知识进行回顾，并对本书案例中用到的递归算法进行介绍。

2. 数据结构

计算机所加工处理的信息称为数据，计算机科学可以看作是研究数据以及数据在计算机中的表示和转换方法的一门学科。大多数情况下，这些数据并不是杂乱无章的，数据之间往往存在着某种重要的结构关系。数据结构包括数据的逻辑结构和在计算机中存储的物理结构。广义上的数据结构包括逻辑结构、存储结构以及基于确定结构的数据运算。可参考书中第3、4章内容。

数据结构不仅是一般程序设计（特别是非数值性程序设计）的基础，而且是设计和实现编译程序、操作系统、数据库系统及其他系统程序的重要基础。在程序设计中，数据结构的选择是一个基本因素。许多软件系统的构造经验表明，系统实现的困难程度和系统构造的质量都严重依赖于是否选择了最优的数据结构。

学习中首先要掌握基本术语，理解线性表、树、图结构的概念及其常用操作。所有类型的数据结构都能在现实生活或编程中找到很多应用实例。多与实际应用结合能加深对数据结构基本概念的理解。

3. 遍历、查找和排序

算法是计算机如何将输入转换为所要求的输出的步骤或过程，是计算机解决问题的方法。同样的问题，可以采用不同的算法通过编程实现。算法反映了抽象能力，不同的算法又有不同的效率，即时间复杂度和空间复杂度等。优化的算法可以提高代码质量。算法与数据结构密切相关，数据结构直接关系到算法的选择和效率。因此数据结构和算法一般看作一个整体。

本章中树及图的遍历、数据序列的查找和排序都是数据操作及算法的基础。在本章的学习中应结合实际问题，培养抽象思维能力，思考采用何种数据结构和算法，通过比较，确定哪种算法最为合理、高效。数据结构及算法中的大多问题都可以通过编程实现，在编程中加深对算法的理解。

4. 操作系统

操作系统是计算机硬件功能的首次扩充,负责对计算机系统资源实施全面管理。相当于计算机系统的指挥和管理中心。操作系统原理主要说明操作系统的组成结构和设计思想。通过学习了解计算机的各种软件是如何在硬件平台上工作的。

虽然对于大多数软件工程师而言,工作中遇到的主要是应用软件的设计开发或应用,并未接触到操作系统的开发。但是对于一个优秀的软件工程师,只有真正理解操作系统的工作原理和计算机内部的管理机制,对硬件平台和软件系统之间的依赖关系有深入理解,才能在系统开发中理解操作系统向用户开放的很多重要的系统调用和库函数,真正设计和编写高效的程序。此外,随着众多开源系统的推出,在实际应用中,也会涉及对现有操作系统(如Linux)进行改造或自行设计针对特定用途的小型操作系统的情况。

操作系统的知识点多,概念性强且抽象,学习过程中往往感觉抽象,不易理解。事实上,虽然计算机用户接触的都是应用软件,但对计算机的任何操作都是由应用软件通过操作系统支配硬件实现的。因此操作系统内部的组织结构和运作模式都可以通过对计算机日常操作的进一步深度思考来理解。例如应用程序的运行对应着进程和线程方式的调度,资源管理器对应着文件管理等。编程中很多高级语言都提供了对操作系统调用的库函数接口,此外,操作系统和计算机原理的部分内容是相关联的,例如虚拟存储器、输入输出等,在学习时,可对照计算机原理加深理解。

5. 数据库系统

信息时代,每个人都处于浩如烟海的数据环境中,如政府、机关、学校、医院的人事、财务和档案数据;企业、工厂的生产数据;银行、保险公司的账目和客户数据;报纸杂志、电台电视的多媒体数据;数字图书馆数据;电子商务、电子政务数据等,用计算机来存储和处理这些数据就成了必然选择。数据库能够有效合理地存储各种数据,为信息处理提供准确、快速的数据资源,是信息社会如何组织和利用庞大信息和知识的基础。数据库技术是计算机领域中最重要的技术之一。

本章内容包括数据库系统的基本术语、数据关系模型、操纵数据库的 SQL 等。学习的主要目的在于如何设计数据库和使用数据库。数据库术语及结构模型通过联系现实中的数据关系较容易理解,SQL 的掌握可以通过编写 SQL 语句创建、修改表结构,对数据进行增、删、改、查等操作并观察执行结果,理解所学知识。

6. 计算机网络

数字化和网络化是信息社会的标识,计算机网络是基础。计算机网络是当今计算机学科中发展最为迅速的技术之一,也是计算机应用中一个空前活跃的领域。

计算机网络是计算机技术与通信技术等多学科相互渗透、密切结合而形成的一门交叉科学。为更好地理解计算机网络知识,可以先了解一些预备知识,包括通信原理、操作系统和程序设计等。了解通信原理能理解网络中的通信到底是如何进行的,各种不同的通信方式有何特点以及对网络通信的影响;了解操作系统的知识有助于理解网络的协议是如何动作的,与操作系统的进程、线程、调度、资源管理是如何结合在一起的;了解程序语言和程序设计的知识有助于用精确的语言描述网络通信的方法,用程序运行动作的方式去考察和掌握协议的动作过程。

本章节的特点是内容较为抽象、概念多、语言描述多、公式描述少,各知识点间的关系较离散。对于本章学习,应该循序渐进逐步深入地学习网络的基本原理、技术、协议和设计。计算机网络早已融入每个人的工作和生活。学习中多思考日常生活中如何依赖网络中多样化的通信方式、网络地址、网络协议等来实现各种通信功能,对照理解所学的理论知识。本章节部分内容也可通过编程进行验证。

7. 软件工程

软件工程是指导软件开发和维护的一门工程学科,即采用工程的概念、原理、技术和方法来开发与维护软件,把经过时间考验而证明正确的管理技术和目前最好的开发技术结合,高效准确地完成软件项目。

随着计算机软件规模的日益扩大和复杂,应用软件工程的方法显得越来越不可或缺。可以说,对于世界一流的软件企业,软件工程的思想必不可少,没有内部成熟的软件工程管理,不可能超越对手,研发出复杂、领先的技术和产品。而对于生命周期很短,不重视软件质量,以短期赢利为目的的公司,往往忽视软件工程的重要性,很难开发出高质量的软件产品。

软件工程涉及的内容广泛,理论抽象,大多部分都无法通过编程验证。对于没有较大规模软件项目开发经验的人而言,往往难以真正理解软件工程的原理和重要性。工程管理的思想主要用于高效准确地完成项目的过程。这不仅仅用于软件开发,也用于项目的管理和维护。学习中可首先通过其他熟悉的非软件工程做类似对比,多查阅已成熟的软件项目开发经验和资料,了解实际软件开发过程,参与到一些软件开发中,以加深理解。

8. 网络新技术

当今时代是信息爆炸的时代,基于互联网的软件技术的发展日新月异,大数据、云计算、物联网等新名词正冲击着人们的日常工作与生活,针对这些近期非常流行也是代表未来发展方向的网络新技术,本章介绍了大数据、云计算以及物联网中的基本术语、系统架构、关键技术和应用领域等,使得读者了解这些新技术的主要原理及具体应用,为未来的进一步学习研究打下基础。

## 第 2 章

C 语言回顾

C语言是通用计算机编程语言,兼有高级和低级语言的功能,其语法简洁,应用广泛,有良好的跨平台特性,适合编写系统软件和应用软件。为了更好地理解书中案例,本章对 C 语言中相对复杂的数组、结构及指针类型变量的应用予以回顾。

2.1　运行环境

C语言程序设计一般步骤如下。

(1) 分析问题,设计解决方案,确定算法。

(2) 编写 C 语言程序代码。

(3) 上机调试(编辑、编译、链接和执行)。

因为 C 编译器不是标准 Windows 包的一部分,所以需要获得并安装一个 C 编译器。许多厂商都提供基于 Windows 的集成开发环境(IDE),常用的有 VC、VS、Dev-C、Turbo C 等。开发环境中一般都提供了可以命名和保存源代码文件以及可以不离开 IDE 就能编译和运行程序的菜单。C 语言开发工具一般会自动配置好标准函数库的使用环境,使用标准函数库的 C 程序可以直接编译和链接。如果是使用其他的专业函数库,就需要配置开发环境。

通常,一个提供给程序员使用的专业函数库由以下几部分组成。

(1) 头文件(∗.h): 函数原型、宏常量定义等。

(2) 库文件(∗.lib): 函数的二进制代码。

(3) 动态链接库(∗.dll): 专业函数库,程序运行时调用。

本书案例运行环境为 Dev-C++。Dev-C++是 Windows 平台下的开源 C++编程环境。它集成了 GCC、MinGW32 等众多自由软件,界面类似 Visual Studio,但体积要小得多。开发环境包括多页面窗口、工程编辑器以及调试器等,在工程编辑器中集合了编辑器、编译器、连接程序和执行程序,提供高亮度语法显示,以减少编辑错误,还有完善的调试功能,能够适合初学者与编程高手的不同需求,是学习 C 或 C++语言的首选开发工具。

例 2.1　用 Dev-C 编程并输出两个杨辉三角。

代码如下:

```
# include < cstdlib >              //默认调用
# include < iostream >             //引用输入输出流
using namespace std;               //给名称在内存开辟一块空间
```

```
int main(int argc, char * argv[])          //C 语言必须有一个 main 函数
{
  cout <<" 1 1\n";                          //运用输出流
  cout <<" 1 1 1 1\n";
  cout <<" 1 2 1 1 2 1\n";
  cout <<" 1 3 3 1 1 3 3 1\n";
  cout <<"1 4 6 4 1 4 6 4 1\n";
  system("PAUSE");                          //调用 Windows 函数 PAUSE 输入任意键
  return EXIT_SUCCESS;                      //成功退出
}
```

此外，在数据结构中变量的空间分配和回收经常用到如下两个 C 函数。

（1）malloc(int size)。

功能：在系统内存中分配 size 个的存储单元，并返回该空间的基址。

示例：

```
LNode * p;
p = (LNode * ) malloc(sizeof(LNode));
```

（2）free(p)。

功能：释放指针变量 p 所指的存储空间。

使用方法：一旦 p 所指示的内存空间不再使用，则调用该函数释放空间。

2.2　数组与结构

在 C 语言中，数组与结构均属于构造数据类型，即每个数组或结构可以包含多个元素，这些元素可以是基本数据类型也可以是构造类型。构造类型变量的定义与使用相对于基本数据类型较为复杂。

2.2.1　数组

1. 数组的定义

程序设计中，为了处理方便，把具有相同类型的若干变量按有序的形式组织起来，这些按序排列的同类数据元素的集合称为数组。按数组元素的不同类型，数组又可分为数值数组、字符数组、指针数组、结构数组等。

数组的定义为：

类型说明符　数组名[常量表达式];　　　　//定义时方括号内必须为常量形式，不能为变量

只有一个下标的数组叫作一维数组。例如：

int a[5]

定义了一个整数型数组，数组名为 a，数组的大小为 5，即有 5 个元素：a[0]，a[1]，a[2]，a[3]，a[4]。

二维数组就是采用两个下标标识数组元素在数组中的位置。二维数组可以表达一个矩阵。例如：

int a[3][4]

定义了一个 3 行 4 列的整型数组,数组名为 a,该数组共有 3×4 个数组元素,即

$$a[0][0],a[0][1],a[0][2],a[0][3]$$
$$a[1][0],a[1][1],a[1][2],a[1][3]$$
$$a[2][0],a[2][1],a[2][2],a[2][3]$$

二维数组中的各个数组元素"按行存放"于一片连续的内存空间中,即依次存放完第 1 行的各个元素之后,再顺次存放第 2 行的各个元素……

以 int a[3][4]为例,其数组元素的存放顺序是 a[0][0],a[0][1],a[0][2],a[0][3],a[1][0],a[1][1],a[1][2],a[1][3],a[2][0],a[2][1],a[2][2],a[2][3]。

2. 数组使用中的注意事项

数组使用中需注意以下几点。

(1) 不能在方括号中用变量表示元素的个数,但可以是符号常数或常量表达式。

(2) C 语言中数组元素的下标从 0 开始。

(3) 在相同作用域内,数组名不能和程序中其他变量名相同。

(4) 数组的类型实际上是指数组元素的取值类型。对于同一个数组,其所有元素的数据类型都是相同的。

3. 数组元素的初始化

数组元素的初始化即对数组元素赋初值。对全部数组元素赋初值,可以省略方括号内的数组长度值。例如:

int a[5] = {1,2,3,4,5};

或者:

int a[ ] = {1,2,3,4,5};

表示定义了整型数组 a,a 中有 5 个元素,它们的初值分别是 a[0]=1,a[1]=2,a[2]=3,a[3]=4,a[4]=5。

对数组的前面部分元素赋初值,不可以省略方括号内的数组长度值。例如:

int a[5] = {1,2};

表示整型数组 a 中有 5 个元素,其中数组元素 a[0]的初值为 1,a[1]的初值为 2,a[2],a[3],a[4],a[5]的初值为默认值 0。

例 2.2　求 Fibonacci 数列的前 30 项并输出它们。

注意:Fibonacci 数列的定义为 $F(0)=1,F(1)=1,F(n)=F(n-1)+F(n-2)$,即 1, 1,2,3,5,8,13,21,34,55,89,…

代码如下:

```
#include<iostream>
using namespace std;
int main()
{
    int i;
    int f[30] = {1,1};                    //初始化数组前 2 个元素
    for(i=2;i<30;i++)
        f[i]=f[i-1]+f[i-2];
    for(i=0; i<30; i++)
```

```
        cout << f[i]<< endl;
}
```

2.2.2　结构体

1. 结构体的定义

结构体是用户自定义的新数据类型,在结构体中可以包含若干不同数据类型的数据项,从而使这些数据项组合起来反映某一个信息。

例如,定义一个结构体 student,其中包括学生学号、姓名、性别、年龄、家庭住址、联系电话等,这样就可以用变量 student 存放某个学生的所有相关信息。用户自定义的数据类型 student 也可以与 int、double 等基本数据类型一样,用来定义其他变量的数据类型。

结构体定义的格式为:

struct 结构体名
{
　　数据类型　　　成员名 1;
　　数据类型　　　成员名 2;
　　　⋮　　　　　　⋮
　　数据类型　　　成员名 n;
};

在大括号中的内容也称为"成员表"或"域表"。数据类型可以是基本变量、数组、指针变量、结构体等类型。

例如,定义结构体 student 描述学生信息,代码如下:

```
struct student
{
    long id;                        //学号
    char name[20];                  //姓名
    int sex;                        //性别
    int age;                        //年龄
    char address[80];               //家庭住址
    char phone[20];                 //电话
};
```

2. 结构体变量的声明

结构体变量可采用如下几种方法声明。

（1）定义结构时声明。

```
struct student
{
    long id;
    char name[20];
     ⋮
    char addr[30];
} s1,s2;
```

（2）定义结构体后声明。

```
struct student
{
    long id;
    char name[20];
     ⋮
```

```
   char addr[30];
};
struct student s1, s2; /* 声明结构体变量 s1,s2 */
```

（3）使用 typedef 语句定义结构体。

```
typedef struct
{
   long id;
   char name[20];
   ⋮
   char addr[30];
} student;
```

这里 student 并非结构体变量，而是结构体类型（相当于 struct student）。student 就是一个新的类型名，并且是结构体类型名。

声明变量 s1 的语句为：

```
student s1;
```

3. 结构体数据成员的访问

一个结构体中包含多个数据成员，成员变量可以是简单数据类型或者数组和结构，可以通过以下方式访问结构体数据成员。

（1）通过结构体变量名访问数据成员。

（2）通过结构体指针访问数据域。

例 2.3　设计 student 结构体变量，访问并输出结构体数据成员。

代码如下：

```
# include < stdio. h >
# include < string. h >
# include < malloc. h >
typedef struct                                //定义结构体 student
{
   long id;
   char name[20];
   char sex;
   int age;
   char address[80];
   char phone[20];
}student;
int main()
{
//通过结构体变量名访问数据成员
   student s1;                                //声明创建一个结构体变量 s1
   s1. id = 98;                               //为 s1 的数据子域提供数据
   s1. age = 21;
   strcpy( s1.name,"李明");
//输出结构体变量 s1 的内容
   printf("\n 学号：% d", s1. id);
   printf("\n 姓名：% s",s1.name);
   printf("\n 年龄：% d", s1.age);
//通过结构体指针来访问数据域
   student * s2;                              //声明指针变量 p
   s2 = ( student * )malloc(sizeof( student)); //分配存储单元,首地址赋给 p 指针
   s2 - > age = 20;
```

```
( * s2) .id = 100;
printf("\n 学号: % d", s2 - > id);
printf("\n 年龄: % d", s2 - > age);
}
```

2.3　指针

指针是 C 语言中广泛使用的一种数据类型,运用指针编程是 C 语言最主要的风格之一。使用指针可以使程序简洁、紧凑、高效;有效地表示复杂的数据结构;方便使用数组和字符串;动态分配内存,直接访问内存地址;得到多个函数返回值等。指针的应用丰富了 C 语言的功能。正确理解和使用指针也是初学者在 C 语言编程中的主要难点之一。

2.3.1　指针的定义及运算

1. 指针变量的定义

C 语言中有各种类型的变量,变量的类型决定所分配内存单元的大小,例如,整型 int 是 2 字节,长整型 long 是 4 字节。每一个变量在内存中都有一个存储位置,这个位置就是该变量的地址,对变量值的存取是通过地址进行的。C 语言中用指针变量存放另一变量的地址。

格式为:

<类型> * <指针变量名>;

例如,以下 pi、pa、pp 均为指针变量。

```
int * pi;                           //pi 为指向整型变量的指针
char ( * pa)[3];                    //pa 为指向数组空间的指针
int * * pp;                         //pp 为指向指针变量的指针
```

指针的类型是它所指向变量的类型,而不是指针本身数据值的类型。类型的不同,并不影响指针本身空间大小的不同(都是内存地址值),但却决定了指针所指向空间的不同,也带来了对指针所指向空间的不同操作。

2. 指针变量的运算

(1) 指针的引用和赋值。

定义一个指针后,必须先给它赋值后才能引用,否则易出错。

体会以下操作运算,理解取地址运算符 &,指针运算符 * 的操作。

```
int i, * p1, * p2;
i = 6;
p1 = &i;                            //赋给同类型的变量地址值
p2 = p1;                            //赋给同类型的指针变量的值
* p1 = 6;                           //给 p1 所指向的变量赋值 6
* p2 = 3;                           //给 p2 所指向的变量赋值 3
```

(2) 指针的加减运算。

指针的类型是它所指向变量的类型,指针的加减运算对应了指针所指向的空间的变化。例如:

```
int a[10], * p;
```

```
p = a;                       //p指向数组 a 中的 a[0]元素
p = p + 1;                   //这时 p 指向 a[1]
```

2.3.2　数组指针和指针数组

指针和数组分别有如下的特征。

(1) 指针。动态分配,初始空间小。

(2) 数组。索引方便,初始空间大。

指针的值是数据存放位置的地址,指针可以随时指向任意类型的内存块,它的特征是可变的。数组的本质是一系列的变量。数组名对应着一块内存,其地址与容量在生命期内保持不变,只有数组的内容可以改变。实际应用中数组的维数有时是需动态生成的,所以常用指针来操作动态内存。当数组作为函数的参数进行传递时,该数组自动退化为同类型的指针。

1. 数组指针

数组指针是指向数组的指针,例如:

```
int ( * p)[5];
```

其中,()优先级高,首先说明 p 是一个指针,指向一个整型的一维数组,这个一维数组的长度是 5,也可以说是 p 的步长为 5。也就是说执行 p+1 时,p 要跨过 5 个整型数据的长度。

如要将二维数组赋给指针,应这样赋值:

```
int a[3][4];
int ( * p)[4];               //该语句定义了一个数组指针,指向含 4 个元素的一维数组
p = a;                       //将该二维数组的首地址赋给 p,也就是 a[0]或 &a[0][0]
p++;                         //该语句执行过后,也就是 p = p + 1,p 跨过行 a[0][]指向行 a[1][]
```

所以数组指针也称为指向一维数组的指针,亦称为行指针。

2. 指针数组

指针数组是指针构成的数组。首先它是一个数组,数组的元素都是指针,数组占多少字节由数组本身的大小决定,每一个元素都是一个指针。例如:

```
int * p[5]
```

其中,[]优先级高,先与 p 结合成为一个数组,再由 int * 说明这是一个整型指针数组,它有 5 个指针类型的数组元素。这里执行 p+1 时,则 p 指向下一个数组元素。

注意:“p＝a;”这样赋值是错误的,因为 p 是个不可知的表示,只存在 p[0],p[1],…,p[4],而且它们分别为指针变量,可以用来存放变量地址。但

```
* p = a;
```

其中,* p 表示指针数组第一个元素的值,即 a 的首地址的值。

在编程中,选择使用指针数组主要有如下两个原因。

(1) 各个指针的内容可以按需要动态生成,避免了空间浪费。

(2) 各个指针呈数组形式排列,索引起来非常方便。

2.3.3　结构体指针

指向结构体变量的指针就是该结构体变量所占据的内存段的起始地址。指针变量也可以

用来指向结构体数组中的成员。C语言提供了指向结构体变量的运算符—>,例如 p—>num 表示指针 p 当前指向结构体变量中的成员 num。p—>num 和(＊p). num 等价。

例如,分析以下结构体指针运算。

```
struct student ＊p;
p－>n                    //得到 p 指向结构体变量中的成员 n 的值
p－>n++                  //p 指向结构体变量中的成员 n 的值,用完该值后使之加 1
++p－>n                  //p 指向结构体变量中的成员 n 的值,并使之加 1,然后再使用
```

2.3.4　函数指针与指针函数

函数指针是指向一个函数的指针;指针函数是返回一个指针的函数。函数指针本质上是一种指针,指针函数本质上是一种函数。

1. 函数指针

指针变量可以指向变量地址、数组、字符串、动态分配地址,同时也可以指向函数,每个函数在编译时,系统会分配给该函数一个入口地址,函数名表示这个入口地址,指向函数的指针变量称为函数指针变量。函数指针可以用来调用函数和作为参数传递。例如:

```
int fun( int,char);
//p 是函数指针,指向一个参数为 int、char 的函数,该函数返回一个整数
int (＊ p)();
p = fun;
```

2. 指针函数

函数返回值可以是 int、char、float 等,也可以是地址值。指针函数指返回值是地址值的函数。当一个函数声明其返回值为一个指针时,实际上就是返回一个地址给调用函数,以用于需要指针或地址的表达式中。例如:

```
float ＊ fun();              //fun 是一个指针函数,它返回一个指向 float 型数据的指针
float ＊ p;
p = fun(a);
```

2.4　递归

2.4.1　递归的定义

递归是解决很多复杂问题的有效设计方法。所谓递归即一个过程或函数在其定义或说明中直接或间接调用自身的一种方法,通过递归可以把一个大型复杂的问题层层转化为一个与原问题相似的规模较小的问题来求解,递归策略只需要少量的程序就可描述出解题过程所需要的多次重复计算,大大地减少了程序的代码量。

能采用递归描述的算法通常有如下特征。

(1) 原始规模为 N 的问题可转化为解决方法相同的新问题。

(2) 新问题的规模比原始问题小。

(3) 新问题又可转化为解决方法相同的规模更小的新问题,特别地,当规模 $N=1$ 时,能直接得解。

递归程序的执行过程可分为递推和回归两个阶段。

(1) 递推阶段。把较复杂的问题(规模为 n)的求解递推到比原问题简单一些的问题(规模小于 n)的求解。

(2) 回归阶段。当获得最简单情况的解后,逐级返回,依次得到稍复杂问题的解。

递归在使用中必须有一个终止的条件,否则会导致死循环。递归分为直接递归和间接递归两种。

(1) 若在一个函数的定义中出现了对自身的调用,称为直接递归。例如:

```
funa()
{ …
    funa();
    …
}
```

(2) 若一个函数 a 的定义中包含了对函数 b 的调用,而 b 的实现过程又调用了 a,即函数调用形成了一个环状调用链,这种方式称为间接递归。例如:

```
funa()
{ …
    funb();
    …
}
funb()
{ …
    funa();

}
```

2.4.2　应用递归的问题类型

1. 问题定义是递归的

有许多数学公式、数列等的定义是递归的。例如,求 $n!$ 和 Fibonacci 数列等。这些问题的求解过程可以将其递归定义直接转化为对应的递归算法。

例 2.4　用递归算法计算 10 的阶乘。

阶乘的定义为

$$n! = \begin{cases} 1 & n = 0 \\ n * (n-1)! & n > 0 \end{cases}$$

写成函数为

$$f(n) = \begin{cases} 1 & n = 0 \\ n * f(n-1)! & n > 0 \end{cases}$$

这种函数定义形式是用阶乘函数自己本身定义了自身,故是一种递归定义。代码如下:

```
#include <iostream>
using namespace std;
long fact(int n)
{
    long y;
    if (n == 0) return 1;
    else
```

```
        y = fact(n - 1);
        return n * y;
}
int main()
{
    long jc;
    jc = fact(10);
    cout << jc << endl;
}
```

2. 数据结构是递归的

有些变量的数据结构即包括递归说明。例如链表是数据在计算机中的一种数据存储方式，第 3 章中有详细介绍。一个链表由多个结点组成，每个结点包括一个数据域和一个指针域，如图 2-1 所示。链表的结点结构定义为：

```
struct node
{
    int data;
    struct node * next;
}
```

该定义中，结构体 node 的定义用到了它自身，即指针域 next 是一种指向自身类型的指针，所以它是一种递归数据结构。

图 2-1　链表

对于递归数据结构，采用递归方法编写算法简单有效。

3. 问题的求解方法是递归的

有些问题在求解过程中需要采用递归方法。例如，在有序数组中查找某一数据是否存在于数组中的折半查找算法，其求解过程便是一个递归求解的过程，即不断在前一次区间一半的搜索区间范围内重复着与前一次搜索相同的操作。折半查找算法在 4.3.3 节有详细介绍。

例 2.5　二分法查找的递归实现。

代码如下：

```
# include < iostream >
using namespace std;
int search(int [ ], int, int, int);
int main()
{
    int key;
    int word[] = {1,3,6,9,12,14,17,19,22,24,25};
    int left = 0;
    int right = sizeof(word)/sizeof(int) - 1;        //计算数组长度写得不正确
    int result;
    key = 9;
    result = search(word, left, right, key);
    cout <<"要查找的数的序号为:" << result << endl;
    return 0;
}
int search(int a[ ], int left, int right, int key)
```

```
{
    if(left > right)
    {
        return - 1;
    }
    else
    {
        int middle = (left + right)/2;
            if (a[middle] == key)
        {
        return middle;
        }
        else if(key < a[middle])            //这里的 key 是和 a[middle]比较,而非 middle
        {
        right = middle - 1;
        return search(a,left,right,key);
        }
        else
        {
            left = middle + 1;
            return search(a,left,right,key);
        }
    }
}
```

2.4.3　递归与回溯

回溯法也叫试探法,每次试着往前走,直到走不通,然后撤回,重新试探。递归方法一般都有回溯的过程。

回溯法的要素如下。

(1) 状态:作为递归的值。

(2) 边界条件:作为递归的结束条件。

(3) 递归范围:作为 for 循环的初值和终值。

(4) 约束条件:满足解的条件。

例 2.6　N 皇后问题。

在 $N \times N$ 的棋盘上放置 N 个皇后而彼此不受攻击(即在棋盘的任一行、任一列和任一对角线上不能放置两个皇后,见图 2-2),编程求解所有的摆放方法。

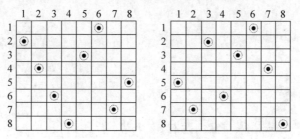

图 2-2　N 皇后问题的两个解($N = 8$)

分析:由于皇后的摆放位置不能通过某种公式确定,因此对于每个皇后的摆放位置可以进行如下试探。

（1）按行放置皇后，每一行放一皇后。

（2）对每一行所放置的皇后按列进行试探。

（3）若某个位置能放，则放，否则试放下一个位置。

（4）若某一行没有任何一个位置可放，则表示前面的皇后没放好，需要回溯。

（5）若 N 个皇后都放好了，则得到了一个解。

代码如下：

```cpp
# include < iostream >
# include < math. h >
using namespace std;
# define N 8
int solution[N],sols;
int place(int row)                        //判断与前面行上放置的皇后是否有位置冲突
{
    int j;
    for (j = 0; j < row; j++)
    if(abs(row - j) == abs(solution[row] - solution[j])||solution[j] == solution[row] )
    return 0;
    return 1;                             //无冲突则返回 1,否则返回 0
}
int queens(int row)
{
    int k;
    if ( N == row )
    {
        sols++;
        for( k = 0 ; k < N ; k++)
        cout <<"("<< k + 1 <<","<< solution[k] + 1 <<")"<<' ';
        cout << endl;
    }
    else
    {
        int i;
        for( i = 0 ; i < N ; i++)
        {
            solution[row] = i;
            if(place(row) )
            queens(row + 1);
        }
    }
}
int main(void)
{
    queens(0);
    cout <<"Total Solutions: "<< sols << endl;
}
```

运行结果显示若 $N=8$，八皇后问题有 92 个解。

2.4.4　递归与非递归程序的转换

将递归算法转换为非递归算法可以采用如下方法。

（1）通过分析，跳过分解过程，直接用循环结构的算法实现求解过程，大多采用迭代方法。

（2）利用栈保存参数，由于栈的后进先出特性吻合递归算法的执行过程，因而可以用非递归算法替代递归算法。

1. 递归与迭代

递归是自顶向下逐步分解问题，最后自下向顶计算。迭代是自下向顶的计算过程，每一个递归算法总与一个迭代算法对应，迭代的效率高，递归的效率低。

例 2.7 用迭代法求 10!。

代码如下：

```
# include < iostream >
using namespace std;
int main()
{
    int i,s,n;
    s = 1;
    n = 10;
    for(i = 1;i < = n;i++)
        s = s * i;
        cout << s << endl;
}
```

迭代过程如下：

```
1!= 1
2!= 1! * 2
3!= 2! * 3
⋮
n!= (n − 1)! * n
```

2. 栈的应用

递归函数在执行过程中其实是用栈保存未完成的工作的。栈是一种先进后出、后进先出的数据结构，通过栈，系统在适当的时候从中取出数据并保存，有关栈的知识将在第 3 章中介绍。

数 据 结 构

数据结构是研究非数值计算程序设计中计算机的操作对象以及它们之间关系和运算的科学。数据结构与数学、计算机硬件和计算机软件等有着密切的关系,数据结构与算法密不可分,是操作系统、编译原理、数据库、情报检索、人工智能等学科的重要基础。

3.1 数据的逻辑结构与存储结构

3.1.1 基本概念

数据是信息的载体,是描述客观事物的数、字符以及所有能被输入计算机中并被计算机程序识别和处理的符号的集合,包括数值性数据和非数值性数据。

1. 数据元素、数据项和数据对象

数据元素是数据的基本单位,在计算机程序中通常作为一个整体进行考虑和处理。一个数据元素可以由若干个数据项组成。数据项是在数据处理时不能再分割的最小单位。数据对象是性质相同的数据元素的集合。数据对象亦称为数据元素类。数据元素是数据对象的一个实例。

例如,学生张强的学籍信息集合(表)是数据元素,学生学籍信息表中的每一项,如学号、姓名、性别等各自为一个数据项。特征相同且具有共同数据项的众多学生数据可形成一个学生数据对象 student。例如:

student = { 张强,李兵,… }

任何问题中,数据元素之间都不是孤立的,它们之间存在着某种关系,数据元素之间的关系称为结构。

2. 数据结构

数据结构是互相之间存在关系的数据元素的集合。数据结构将数据按某种逻辑关系组织起来,按一定的存储表示方式把它们存储在计算机存储器中,并在这些数据上定义一个运算的集合。数据结构与数据类型和数据对象不同,它不仅要描述数据类型的数据对象,还要描述数据对象各元素之间的相互关系。

数据结构通常包括逻辑结构和存储结构。逻辑结构用于描述数据之间的逻辑关系,存储结构描述数据如何在计算机内存储。

通常,用计算机解决一个具体问题时,可分为以下步骤。

（1）从具体问题抽象出一个适当的数学模型。

（2）设计一个解此数学模型的算法。

（3）编出程序，进行测试、调试，直至得到最终解答。

寻求数学模型的实质是分析问题，从中提取操作的对象，并找出这些操作对象之间含有的关系，然后用数学的语言加以描述。数值问题可以用诸如方程等描述。而非数值计算问题的数学模型则是用诸如表、树和图之类的数据结构描述。

3．数据操作

数据操作亦称为数据运算。数据运算是数据结构的一个重要方面，对任何一种数据结构的研究都离不开对该结构上的数据运算及其实现算法的研究。最常用的数据操作有 5 种：插入、删除、修改、查找和排序。例如针对线性表，常见的基本操作如下。

（1）线性表初始化。构造一个空的线性表。

（2）求线性表的长度。返回线性表中所含元素的个数。

（3）取表元。返回线性表 L 中的第 i 个元素的值或地址。

（4）按值查找。在线性表 L 中查找值为 x 的数据元素，其结果返回在 L 中首次出现的值为 x 的元素的地址；若未找到，返回一个特殊值表示查找失败。

（5）插入操作。在线性表 L 的第 i 个位置插入一个值为 x 的新元素。

（6）删除操作。删除线性表 L 中序号为 i 的数据元素。

数据结构的操作定义在逻辑结构层次上，而操作的具体实现建立在存储结构基础上。每个操作的算法只有在存储结构确立之后才能实现。

图 3-1 描述了数据结构的 3 个研究内容。

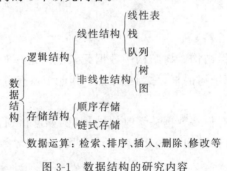

图 3-1　数据结构的研究内容

3.1.2　数据的逻辑结构

数据的逻辑结构反映数据之间的逻辑关系，是对数据之间关系的描述，可以用一个二元组来表示：$S = (D, R)$。其中 D 是有限个数据元素构成的集合，R 是有限个结点间关系的集合。数据的逻辑结构主要有线性表、树、图等形式。数据的逻辑结构和存储结构是密不可分的两方面，一个算法的设计取决于所选定的逻辑结构，而算法的实现依赖于所采用的存储结构。

1．线性表、栈与队列

线性表是最常用、最简单的一种数据结构，其基本特点是线性表中的数据元素是有序且有限的。线性表中数据元素用结点描述，结点之间是一对一的关系。在线性表里有且仅有一个开始结点和一个终端结点，并且所有结点最多只有一个前驱和一个后继。现实中有很多一对一的线性关系，如英文字母表、一个班中的学生关系（通过学号关联）、图书馆中的书籍（通过书号关联）。

栈与队列是两种特殊的线性结构。从结构看它们与普通线性表一样，但执行数据操作时它们受特定规则限制。

栈是定义在线性结构上的抽象数据类型，其操作类似线性表操作，但元素的插入、删除和访问都必须在表的一端进行，其操作如图 3-2 所示。为形象起见，允许操作端称为栈顶（top），另一端为栈底（base），栈的特性为先进后出、后进先出。编程中嵌套函数和递归函数的调用控制、括号匹配问题、运算表达式的计算等均可用栈模拟。

队列是另一种线性表，类似日常生活中排队，队列元素的插入和删除分别在表的两端进行，如图 3-3 所示。允许插入的一端为队尾（rear），允许删除的一端为队头（front）。队列的特性为先进先出、后进后出，操作系统中的作业队列和打印任务队列、日常生活中各类排队业务等均可用队列模拟。

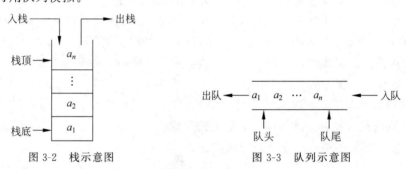

图 3-2　栈示意图　　　　　　图 3-3　队列示意图

2．树与图

树与图结构均为非线性结构。树结构中数据元素之间是一对多的关系。在树中有且仅有一个结点没有前驱，类似于树的根，称为根结点；其他结点有且仅有一个前驱。它的结构特点具有明显的层次关系。

日常生活及计算机中有很多数据关系是树结构，例如家谱、行政组织机构、源程序的语法结构、资源管理器、人机对弈问题等，如图 3-4 和图 3-5所示。

图结构中数据元素之间是多对多的关系，图是由结点的有穷集合 V 和边的集合 E 组成。其中，为了与树结构加以区别，在图结构中常常将结点称为顶点，边是顶点的有序偶对，若两个顶点之间存在一条边，就表示这两个顶点具有相邻关系。图结构也称作网状结构。

互联网结构、教学计划编排问题、交通网络图等都可以用图结构描述，如图 3-6 和图 3-7 所示。

3.1.3　数据的存储结构

数据的逻辑结构从逻辑关系上描述数据，是独立于计算机的；数据的存储结构是逻辑结构在计算机存储器里的

图 3-4　资源管理器

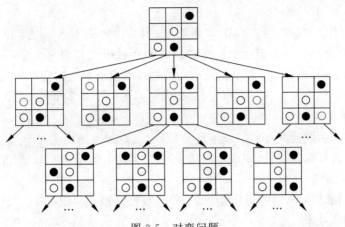

图 3-5　对弈问题

编号	课程名称	先修课
C_1	高等数学	无
C_2	计算机导论	无
C_3	离散数学	C_1
C_4	程序设计	C_1, C_2
C_5	数据结构	C_3, C_4
C_6	计算机原理	C_2, C_4
C_7	数据库原理	C_4, C_5, C_6

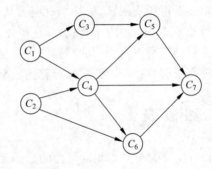

图 3-6　教学计划编排问题

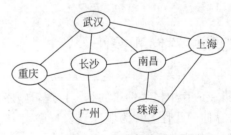

图 3-7　交通网络图

实现，是依赖于计算机的。数据的存储结构主要有顺序存储结构、链式存储结构、索引存储结构、散列存储结构 4 种，并可以根据需要组合成其他更复杂的结构。

1. 顺序存储结构

顺序存储结构是一种最基本的存储方法，是借助元素在存储器中的相对位置来表示数据元素间的逻辑关系。这种方法主要用于线性的数据结构，它把逻辑上相邻的结点存储在物理上相邻的存储单元里，结点之间的关系由存储单元的邻接关系来体现。在 C 语言中，通常借助一维数组表示顺序存储结构。

2. 链式存储结构

链式存储结构即在每一个数据元素中增加一个存放另一个元素地址的指针，用该指针来表示数据元素之间的逻辑关系，由此得到的存储表示称为链表。链表既可以表示线性结构，也可以表示非线性结构。

链表中每一个元素称为结点。在 C 语言中，用结构体类型表示结点，链表由一系列结点组成，结点可以在运行时动态生成。结点所占的存储单元分为两部分：一部分存放结点本身的信息，称为数据项；另一部分存放结点的后继结点所对应的存储单元的地址，称为指针项。指针项可以包含一个或多个指针，以指向结点的一个或多个后继。

3. 索引存储结构

索引存储结构指除建立存储结点信息外，还建立附加的索引表标识结点的地址。索引存储结构的优点是检索速度快，缺点是增加了附加的索引表，会占用较多的存储空间。

4. 散列存储结构

散列存储结构又称 hash 存储结构，是一种将数据元素的存储位置与关键码之间建立确定对应关系的查找技术。

若数据结构中存在关键字和 K 相等的记录，则必定在 $f(K)$ 的存储位置上。由此，不须比较便可直接取得所查记录，称这个对应关系 $f(k)$ 为散列函数，按这个思想建立的表为散列表。散列技术除了可以用于查找外，还可以用于存储。

同一个逻辑结构可以用不同的存储结构存储，本章主要介绍顺序存储与链式存储。具体选择哪一种需根据数据特点及实际运算的效率来确定。

3.2 线性表

线性表是 $n(n \geqslant 0)$ 个具有相同属性的数据元素 $a_1, a_2, \cdots, a_n$ 组成的有限序列，线性表中每一个数据元素均有一个直接前驱和一个直接后继数据元素。当 $n=0$ 时，称为空表，空表不含有任何元素。

3.2.1 线性表的顺序存储和操作

1. 线性表的顺序存储

线性表的顺序存储是指在内存中把线性表的结点按逻辑顺序依次存放在一组地址连续的存储单元里，用这种方法存储的线性表称为顺序表。顺序表中数据元素之间的逻辑关系以元素在计算机内物理位置相邻来表示。

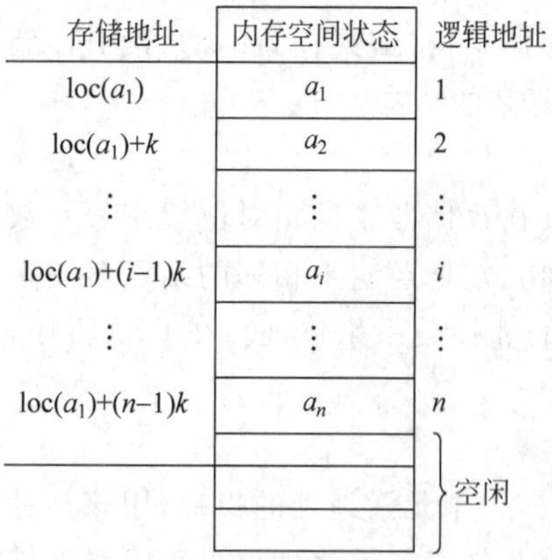

存储地址	内存空间状态	逻辑地址
loc(a_1)	a_1	1
loc(a_1)+k	a_2	2
⋮	⋮	⋮
loc(a_1)+(i−1)k	a_i	i
⋮	⋮	⋮
loc(a_1)+(n−1)k	a_n	n
		空闲

图 3-8 顺序表的存储地址

由于顺序表的所有数据元素属于同一数据类型，所以每个元素在存储器中占用的空间（字节数）相同。因此，要在此结构中查找某一个元素是很方便的，只要知道顺序表首地址和每个数据元素在内存所占字节的大小就可求出第 i 个数据元素的地址，因此顺序存储结构的线性表可以随机存取其中的任意元素。

假设顺序表中有 n 个元素，每个元素占 k 个单元，第一个元素的地址 loc(a_1) 称为基地址，第 i 个元素的地址 loc(a_i) 可以通过如下公式计算：loc(a_i)=loc(a_1)+(i−1)k，如图 3-8 所示。

顺序存储结构在 C 语言中用一维数组表示，一维数组的下标等于元素在顺序表中的序号减1。

```
typedef struct
    { datatype data[MAXSIZE];
         int last;
      }SeqList;
```

其中：datatype 为抽象数据类型；

　　　MAXSIZE 为线性表中最多可以存放的元素个数；

　　　last 为最后一个元素的位置。

2. 顺序表的操作

顺序表的操作主要包括顺序表的初始化、插入及删除数据、数据的查询及求顺序表的长度等。

(1) 顺序表的初始化。

初始化即构造一个空的顺序表，为顺序表命名及分配空间。

```
SeqList * init_SeqList()
{
    SeqList * L;
    L = (SeqList * )malloc(sizeof(SeqList));
    L-> last = - 1;
    return L;
}
```

(2) 插入运算。

插入运算是指在顺序表的第 $i-1$ 个数据元素和第 i 个数据元素之间插入一个新的数据元素。对于长度可变的顺序表，必须按可能达到的最大长度分配空间。

已知顺序表(4,9,15,28,30,30,42,51,62)，需在第 4 个元素之前插入一个元素"21"，则需要将第 9 个位置到第 4 个位置的元素依次后移一个位置，然后将"21"插入第 4 个位置，如图 3-9 所示。

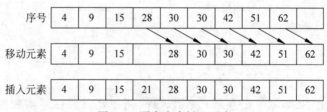

图 3-9　顺序表中插入元素

代码如下：

```
int Insert_SeqList(SeqList * L,int i,datatype x)
{
    int j;
    if(L-> last == MAXSIZE - 1)
    {
        printf("table is full!"); return( - 1);
    }
    if(i < 1||i >(L-> last + 2))
    {
        printf("place is wrong!"); return(0);
    }
```

```
for(j = L-> last;j >= i-1;j--)
{
    L-> data[j + 1] = L-> data[j];
}
L-> data[i-1] = x;
L-> last++;
return(1);
}
```

（3）删除运算。

顺序表的删除运算是将表的第 $i(1 \leqslant i \leqslant n)$ 个元素删除，使长度为 n 的顺序表$(e_1,\cdots,$ $e_{i-1},e_i,e_{i+1},\cdots,e_n)$变成长度为 $n-1$ 的顺序表$(e_1,\cdots,e_{i-1},e_{i+1},\cdots,e_n)$。删除第 i 个元素$(1 \leqslant i \leqslant n)$时需将第 $i+1$ 至第 n（共 $n-i$）个元素依次向前移动一个位置。

例如，删除顺序表$(4,9,15,21,28,30,30,42,51,62)$第 5 个元素，则需将第 6 个元素到第 10 个元素依次向前移动一个位置，如图 3-10 所示。

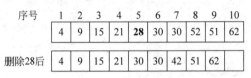

图 3-10　顺序表中删除元素

代码如下：

```
int Delete_SeqList(SeqList * L, int i)
{
    int j;
    if(i < 1||i >(L-> last + 1))
    {
        printf("this element don't exist!");
    return(0);
    }
    for(j = i;j <= L-> last;j++)
    {
        L-> data[j-1] = L-> data[j];
    }
    L-> last--;
    return(1);
}
```

在顺序表中插入或删除一个数据元素时，其时间主要耗费在移动数据元素上。对于插入算法而言，设 p_i 为在第 i 个元素之前插入元素的概率，平均移动次数为

$$E = \sum_{i=1}^{n+1} p_i(n-i+1)$$

假设在任何位置上插入的概率相等，即 $p_i = 1/(n+1),i=1,2,\cdots,n+1$，平均移动次数为

$$E = \frac{1}{n+1}\sum_{i=1}^{n+1}(n-i+1) = \frac{n}{2}$$

同理，设 Q_i 为删除第 i 个元素的概率，并假设在任何位置上删除的概率相等，即 $Q_i = 1/n,i=1,2,\cdots,n$。删除一个元素所需移动元素的平均次数为

$$E = \frac{1}{n}\sum_{i=1}^{n}(n-1) = \frac{n-1}{2}$$

由此可得,在顺序表中作插入或删除运算时,平均有一半元素需要移动,时间复杂度为 $O(n)$。(时间复杂度的概念详见 4.1.3 节)

(4) 顺序表的查找操作。

在线性表中查找关键字为 x 的元素,并返回其位置。

```
int Locate_list(int s[], int n, int x)
{
    int i;
    for (i = 1; i <= n; i++)
    if (s[i] == x) return(i);
    return(0);
}
```

例 3.1 从一个有序顺序表中删除重复的元素并返回新的表长,要求空间复杂度为 $O(1)$。

代码如下:

```
#include < stdio. h >
typedef int ElemType;
typedef struct
{
    ElemTypedata[100];
    int length;
}SeqList;
int removeSame (SeqList &B)
{
    ElemTypee = B. data[0];
    int index = 1;
    for(int i = 1;i < B. length;++i)
    {
        if(B. data[i]!= e)
        {
            B. data[index++] = B. data[i];
            e = B. data[i];
        }
    }
    return index;
}

int main()
{
    SeqList R;
    int i;
    int A[] = {1,2,2,3,3,3,4,4,5,5};
    for(i = 0;i < sizeof(A)/4;++i)          //顺序表初始化
    R. data[i] = A[i];
    R. length = i;
    R. length = removeSame (R);
    printf("删除前:\n");
    for(i = 0;i < sizeof(A)/4;++i)
    printf(" %2d",A[i]);
    printf("\n");
    printf("删除后:\n");
    for(i = 0;i < R. length;++i)
    printf(" %2d",R. data[i]);
```

```
        printf("\n");
        return 0;
}
```

显然，线性表的顺序存储具有如下优点。

（1）方法简单，各种高级语言中都有数组，容易实现。

（2）不用为表示结点间的逻辑关系而增加额外的存储开销。

（3）具有按元素序号随机访问的特点。

但线性表的顺序存储也存在以下缺点。

（1）数据元素最大个数需预先确定，使得高级程序设计语言编译系统需预先分配相应的存储空间，存储空间不便于扩充。

（2）插入与删除运算的效率很低。为了保持线性表中的数据元素顺序，在插入操作和删除操作时需移动大量数据。对于插入和删除操作频繁的线性表，将导致系统的运行速度难以提高。

3.2.2 线性表的链式存储和操作

1. 线性表的链式存储

线性表的链式存储结构又称为线性链表，就是用一组任意的存储单元（可以是不连续的）存储线性表的数据元素，每个存储单元称为结点。每个结点包含两部分内容：一部分用于存放数据元素值，称为数据域；另一部分用于存放直接前驱或直接后继结点的地址（指针），称为指针域。结点的结构示意图如图 3-11 所示。

图 3-11　结点的结构示意图

链表的每个结点只有一个指针域，这种链表又称为单链表。由于单链表中每个结点的存储地址是存放在其前趋结点的指针域中，而第一个结点无前趋，因而应设一个头指针 H 指向第一个结点。同时，由于表中最后一个结点没有直接后继，则指定线性表中最后一个结点的指针域为"空"（null）。用线性链表表示线性表时，数据元素之间的逻辑关系是由结点中的指针指示的，这样对于整个链表的存取必须从头指针开始。图 3-12 描述了带头结点的空单链表和单链表。

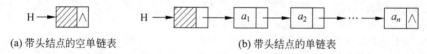

(a) 带头结点的空单链表　　　　　　　　(b) 带头结点的单链表

图 3-12　带头结点的空单链表和单链表

线性链表的有关术语如下。

（1）头指针。用于存放线性链表中第一个结点的存储地址。

（2）空指针。不指向任何结点。

（3）带头结点的线性链表。在第一个结点前面增加一个附加结点的线性链表，称为带头结点的线性链表。

（4）单链表。只有一个指针域的线性链表。

C 语言中用带指针的结构体类型描述结点,代码如下:

```
typedef struct node
{   datatype data;
    struct node * next;
}LNode, * LinkList;
```

其中:

LNode:结构类型名;

data:用于存放元素的数据信息;

next:用于存放元素直接后继结点的地址。

该类型结构变量用于表示线性链表中的一个结点。

```
LNode * p;                                    /* p 为指向结点(结构)的指针变量 * /
LinkList p;                                   /* 同 LNode * p; * /
```

2. 单链表的操作

为了运算方便起见,一般用带头结点的单链表存储线性表。

(1) 单链表的创建。

动态创建单链表有头插法、尾插法两种方法。头插法是从一个空表开始,重复读入数据,生成新结点,将读入数据存放到新结点的数据域中,然后将新结点插入当前链表的表头上,直到读入结束标志为止,即每次插入的结点都作为链表的第一个结点。尾插法是将新结点插入当前链表的表尾,使其成为当前链表的尾结点。头插法建立链表算法简单,但生成的链表中结点的次序和输入的顺序相反。若希望二者次序一致,可采用尾插法建表。

例如,创建函数 create_LinkList(),实现头插法创建单链表,链表的头结点 head 作为返回值。代码如下:

```
LNode * create_LinkList(void)
{
    int data ;
    LNode * head, * p;
    head = (LNode * ) malloc( sizeof(LNode));
    head -> next = NULL;                      //创建链表的表头结点 head
    while (1)
    {
        scanf(" % d", &data) ;
        p = (LNode * )malloc(sizeof(LNode));
        p -> data = data;                     //数据域赋值
        p -> next = head -> next ; head -> next = p ; //新创建的结点总是作为第一个结点
    }
    return(head);
}
```

创建函数 create_LinkList1(),实现尾插法创建单链表函数,链表的头结点 head 作为返回值。代码如下:

```
LNode * create_LinkList1(void)
{
    int data ;
    LNode * head, * p, * q;
    head = p = (LNode * )malloc(sizeof(LNode));
```

```
    p -> next = NULL;                          //创建单链表的表头结点 head
    while (1)
    {
        scanf(" % d",& data);
        q = (LNode * )malloc(sizeof(LNode));
        q -> data = data;                      //数据域赋值
        q -> next = p -> next; p -> next = q; p = q;   //新创建的结点总是作为最后一个结点
    }
    return(head);
}
```

无论是哪种插入方法，如果要插入建立的单链表的结点是 n 个，算法的时间复杂度均为 $O(n)$。

（2）单链表的插入运算。

链表中插入元素只需修改插入元素及其前趋元素的指针即可，操作步骤如图 3-13 所示。

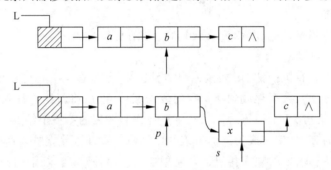

图 3-13　线性链表插入元素

创建函数 Inset()，实现在第 i 个结点前插入数据值为 x 的结点的函数。代码如下：

```
int Insert (NODE * head, int i, int x)
{
    NODE * p, * q;
    int j;
    if (i <= 0) return(0);
    p = head;
    j = 1;
    while ((j <= i - 1)&&(p!= NULL)) {p = p -> link; j++;}
    if (p == NULL) return(0);
    q = (NODE * )malloc(sizeof(NODE));
    q -> data = x; q -> link = p -> link; p -> link = q;
    return(1);
}
```

（3）单链表的删除运算。

链表中删除操作只需修改被删除元素前趋元素指针即可，操作步骤如图 3-14 所示。

创建函数 Delete()，实现删除指定位置（第 i 个）元素。代码如下：

```
int Delete (NODE * head, int i)
{
    NODE * p, * q;
    int j;
    if (i == 0) {
            p = head; head = head -> link;
```

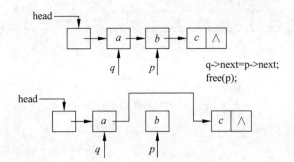

图 3-14 线性链表删除元素

```
            free(p);
            return(1);
            }
    j = 1;p = head;
    while ((j < i)&&(p-> link!= NULL)) p = p-> link;
    if (p-> link == NULL) return (0);
    q = p-> link; p-> link = q-> link;
    free(q);
    return(1);
}
```

（4）线性链表的查找运算。

创建函数 Locate_LinkList()，实现链表中按元素值查找。代码如下：

```
Lnode  * Locate_LinkList(LinkList L, datatype x)
{
    LNode  * p = L-> next;
    while(p!= NULL&&p-> data!= x) p = p-> next;
    return p;
}
```

3. 循环链表的操作

循环链表是另一种形式的链式存储结构。它的特点是表中最后一个结点的指针域指向头结点，整个链表形成一个环。从循环链表的任意一个结点出发都可以找到链表中的其他结点，使得表处理更加方便灵活。循环链表和单链表的差别仅在于链表中最后一个结点的指针域不为 NULL，而是指向头一个结点，成为一个由链指针链接的环，也就是算法中的循环条件不是 p 或 p—＞next 是否为空，而是它们是否等于头指针。循环链表示意图如图 3-15 所示。

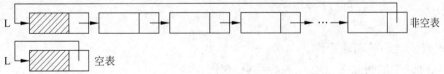

图 3-15 循环链表示意图

循环链表的操作与单链表相似。

4. 双向链表的操作

若结点中有两个指针域，一个指向直接后继，另一个指向直接前趋，这样的链表称为双向链表，如图 3-16 所示。双向链表可以克服单链表的单向性缺陷。

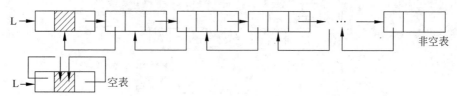

图 3-16　双向链表示意图

双向链表存储结构如下：

```
struct Double_node
{
    int data;
    struct Double_node * llink, * rlink;
};
typedef struct Double_node NODE;
```

对指向双向链表任一结点的指针 d，具有关系：d->rlink->llink=d->llink->rlink=d，即当前结点后继的前趋是自身，当前结点前趋的后继也是自身。与单链表的插入和删除操作不同的是，在双向链表中插入和删除必须同时修改两个方向上的指针域的指向。

（1）双向链表的插入操作。

在数据值为 y 的结点后，插入数据值为 x 的结点，如图 3-17 所示。

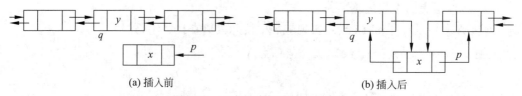

(a) 插入前　　　　　　　　　　　　　(b) 插入后

图 3-17　双向链表插入结点示意图

创建函数 Insert2()，实现双向链表插入结点操作。代码如下：

```
int Insert2(NODE * head, int x, int y)
{
    NODE * p, * q;
    q = head->rlink;
    while (q!= head && q->data!= y) q = q->rlink;
    if (q == head) return(0);
    p = (NODE * )malloc(sizeof(NODE));
    p->data = x; p->llink = q; p->rlink = q->rlink;
    (q->rlink)->llink = p;
    q->rlink = p;
    return(1)
}
```

（2）双向链表的删除操作。

在双向链表中删除数据值为 x 的结点，如图 3-18 所示。

创建函数 Delete2()，实现双向链表删除结点操作。代码如下：

```
int Delete2 (NODE * head, int x)
{
    NODE * q;
    q = head->rlink;
    while(q!= head && q->data!= x) q = q->rlink;
```

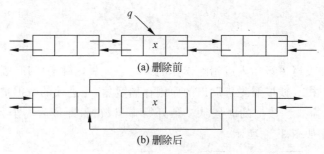

图 3-18 双向链表删除结点

```
if(q == head) return(0);
(q -> llink) -> rlink = q -> rlink;
(q -> rlink) -> llink = q -> llink;
free(q);
return(1);
}
```

3.2.3 小结

链表的优缺点恰好与顺序表相反。在实际应用中选取何种存储结构,通常从以下几方面考虑。

1. 基于空间的考虑

顺序表的存储空间是静态分配的,在程序执行前必须明确规定它的存储规模。若线性表长度 n 变化较大,则存储规模很难预先正确估计。估计太大将造成空间浪费,估计太小又将使空间溢出机会增多。链表不用事先估计存储规模,是动态分配,只要内存空间尚有空闲,就不会产生溢出,所以当对线性表的长度或存储规模难以估计时,不宜采用顺序存储结构而宜采用动态链表作为存储结构。但链表的存储密度较低,存储密度是指一个结点中数据元素所占的存储单元和整个结点所占的存储单元之比。显然链式存储结构的存储密度是小于 1 的,顺序表的存储密度等于 1。

2. 基于时间的考虑

线性表如果主要做查找,则时间性能为 $O(1)$;而在链表中按序号访问的时间性能为 $O(n)$。所以,如果经常做的运算是按序号访问数据元素,显然顺序表优于链表。

顺序表中做插入、删除操作时,要平均移动表中一半的元素;尤其是当每个结点的信息量较大时,移动结点的时间开销就相当可观,不容忽视。在链表中的任何位置上进行插入和删除,都只需要修改指针。对于频繁进行插入和删除的线性表,宜采用链表做存储结构。若表的插入和删除主要发生在表的首尾两端,则宜采用尾指针表示的单循环链表。

3. 基于环境的考虑

顺序表容易实现,任何高级语言中都有数组类型;链表的操作是基于指针的,其使用受语言环境的限制。

总之,两种存储结构各有特点,选择哪种结构根据实际使用线性表的主要因素决定。通常较稳定的线性表选择顺序存储结构;而插入或删除操作频繁的动态性较强的线性表宜选择链式存储结构。

3.2.4　栈

1. 栈的定义

栈是限定仅在表尾进行插入或删除操作的线性表。表尾称为栈顶，表头称为栈底，不含元素的空表称为空栈。栈按照先进后出的原则存储数据，先进入的数据被压入栈底，最后进入的数据在栈顶，需要读数据的时候从栈顶开始弹出数据，即最后一个数据被第一个读出来。栈的进出操作如图 3-19 所示。

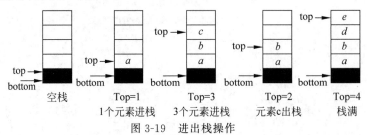

图 3-19　进出栈操作

栈的插入和删除操作分别称为进栈和出栈。进栈是将一个数据元素存放在栈顶，出栈是将栈顶元素取出。栈按存储方式可分为两种：顺序栈和链栈。

例 3.2　假设有 3 个数据元素 a,b,c，入栈顺序是 a,b,c，则它们的出栈顺序有几种可能？出栈顺序共有如下几种。

（1）abc 顺序进栈则出栈顺序为 cba。

（2）a 进栈，a 出栈，然后 b,c 进栈，再顺序出栈，则出栈顺序为 acb。

（3）a 进栈，a 出栈；b 进栈，b 出栈；c 进栈，c 出栈；则出栈顺序为 abc。

（4）a、b 进栈，a、b 出栈，然后 c 进栈，再出栈，则出栈顺序为 bac。

（5）a、b 进栈，b 出栈；c 进栈，然后出栈，则出栈顺序为 bca。

2. 顺序栈的存储和操作

顺序栈即栈的顺序存储，是利用一组地址连续的存储单元依次存放自栈底到栈顶的数据元素，同时附设指针 top 指示栈顶元素在顺序栈中的位置。指针 top 值随着插入和删除而变化。

在栈的操作中有两种异常状态需设法避免，即栈满时做进栈运算和栈空时做退栈运算将产生溢出。因此，入栈要先判断栈是否满，出栈要先判断栈是否空。

（1）顺序栈描述。

```
#define M 10
typedef struct
{
    int elem[M];
    int top;
} SQSTACK;
```

（2）顺序栈的操作。

① 判断栈是否为空。

```
int StackEmpty(SQSTACK stack)
{
    if (stack.top == -1) return(1);
```

```
        return(0);
}
```

② 进栈。

```
int Push(SQSTACK * stack, int x)
{
    if (stack -> top == M - 1) return(0);
    stack -> top++; stack -> elem[stack -> top] = x;
    return(1);
}
```

③ 出栈。

```
int Pop(SQSTACK * stack, int * x)
{
    if (StackEmpty( * stack)) return(0);
     * x = stack -> elem[stack -> top]; stack -> top -- ;
    return(1);
}
```

④ 取栈顶元素。

```
int GetTop(SQSTACK stack, int * x)
{
    if (stack -> top == - 1) return(0);
     * x = stack -> elem[stack -> top];
    return(1);
}
```

3. 链栈的存储和操作

栈的链式存储结构称为链栈,因为栈是运算受限的单链表,其插入和删除操作只能在表头位置上进行。因此,链栈没有必要像单链表那样附设头结点,栈顶指针 top 就是链表的头指针。

(1) 链栈初始化。

```
Stack_Node * Init_Link_Stack(void)
{
    Stack_Node * top ;
    top = (Stack_Node * )malloc(sizeof(Stack_Node )) ;
    top -> next = NULL ;
    return(top) ;
}
```

(2) 进栈。

```
Status push(Stack_Node * top , ElemType e)
{
    Stack_Node * p ;
    p = (Stack_Node * )malloc(sizeof(Stack_Node)) ;
    if (!p) return ERROR;                              //申请新结点失败,返回错误标志

    p -> data = e ;
    p -> next = top -> next;
    top -> next = p;
    return OK;
}
```

（3）出栈。

```
Status pop(Stack_Node * top , ElemType * e)
{
    Stack_Node * p ;
    ElemType e ;
    if ( top - > next == NULL )
    return ERROR ;                          //栈为空,返回错误标志
    p = top - > next ; e = p - > data ;     //取栈顶元素
    top - > next = p - > next ;             //修改栈顶指针
    free(p) ;
    return OK ;
}
```

3.2.5 队列

1. 队列的定义

队列是一种先进先出、后进后出的线性表,限定所有的插入只能在表的一端进行,允许插入的一端称为队尾(rear),删除的一端称为队头(front),所有的删除运算都在表的另一端队头进行。如果队列按照 $a_1,a_2,\cdots,a_n$ 顺序入队,则出队顺序同样为 $a_1,a_2,\cdots,a_n$,即先进队列的元素先出队列,后进队列的元素后出队列。插入元素通常称为入队,删除元素通常称为出队。

队列的物理存储有两种方式,顺序存储的称为顺序队列,链式存储的称为链队列。

2. 顺序队列的存储和操作

在队列的顺序存储结构中,用一组地址连续的存储单元依次存放从队头到队尾的元素,附设两个指针 front 和 rear 分别指示队头和队尾的位置,如图 3-20 所示。

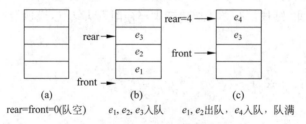

图 3-20 顺序队列操作

指针 front 和 rear 值的变化体现了队列的操作。

队列初始化：front＝rear＝0。

入队：将新元素插入 rear 所指的位置,rear 加 1。

出队：删去 front 所指的元素,front 加 1 并返回被删元素。

队列为空：front＝rear＝0。

队满：rear＝MAXSIZE－1。

（1）顺序队列的创建。

```
# define MAXSIZE 10
typedef struct
{
    elemtype elem[MAXSIZE];
```

```
    int front, rear;
} SQQUEUE;
```

（2）判断队列是否为空。

```
int QueueEmpty (SQQUEUE q)
{
    if(q. front == 0&q. rear == 0) return(1);
    return(0);
}
```

（3）顺序队列入队。

```
int AddQueue (SQQUEUE * q, elemtype e)
{
    if(q-> rear == MAXSIZE - 1) return(0);
    q-> rear = q-> rear + 1;
    q-> elem[q-> rear] = e;
    return(1);
}
```

（4）顺序队列出队。

```
int DelQueue (SQQUEUE * q, elemtype * e)
{
    if(q-> front == 0&q. rear == 0) return(0);
    q-> front = q-> front + 1;
    * e = q-> elem[q-> front];
    return(1);
}
```

3. 循环队列的存储和操作

以数组方式顺序存储队列时,会发生假溢出现象,即在队列进出操作中,由于入队时尾指针向前追赶头指针;出队时头指针向前追赶尾指针,造成队列为空和队列为满时头指针与尾指针均相等,无法通过条件 rear=MAXSIZE-1 来判读队列为"满",为了更合理地利用空间,可将队列空间想象为一个首尾相接的圆环,这种队列称为循环队列,如图 3-21 所示。当尾指针移动到队列长度位置时,会再从 0 开始循环。

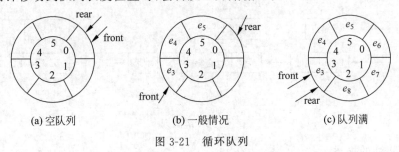

图 3-21 循环队列

循环队列中队列为空条件依然是 front==rear,队列为满可通过以下两种方式判断。

（1）设置一个标志变量 flag,当 front==rear,且 flag=0 时为队列为空,当 front==rear,且 flag=1 时为队列为满。

（2）另设一个标志位以区分队列是空还是满,即少用一个元素空间,当队列头指针在队列尾指针的下一个位置上时为队列满，即（rear％MAXSIZE）＋1＝＝front。

```c
//循环队列实现
#include <stdlib.h>
#include <stdio.h>
#define MAXSIZE 100                         //最大队列长度
typedef int ElemType;
typedef struct
{
    ElemType * base;                        //存储内存分配基地址
    int front;                              //队列头索引
    int rear;                               //队列尾索引
}circularQueue;
//初始化队列
InitQueue(circularQueue * q)
{
    q->base = (ElemType * )malloc((MAXSIZE) * sizeof(ElemType));
    if(!q->base)exit(0);                    //存储分配失败
    q->front = q->rear = 0;
}
//入队列操作
InsertQueue(circularQueue * q, ElemType e)
{
    if((q->rear + 1) % MAXSIZE == q->front) return;   //队列已满时,不执行入队操作
    q->base[q->rear] = e;                   //将元素放入队列尾部
    q->rear = (q->rear + 1) % MAXSIZE;      /* 尾部元素指向下一个空间位置,取模运算
                                               保证了索引不越界(余数一定小于除
                                               数)*/
}
//出队列操作
DeleteQueue(circularQueue * q, ElemType * e)
{
    if(q->front == q->rear) return;         //空队列,直接返回
    * e = q->base[q->front];                //头部元素出队
    q->front = (q->front + 1) % MAXSIZE;
}
```

4. 链队列的存储和操作

用链表表示的队列简称为链队列。一个链队列需要两个指针分别指向队头和队尾元素，如图 3-22 所示。

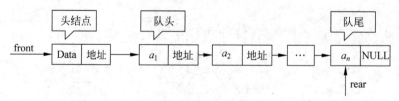

图 3-22　链队列

（1）链队列的描述。

```c
typedef struct node
{
    elemtype data;
    struct node * link;
```

```
} NODE, * NODEPTR;
typedef struct
{
    NODEPTR front, rear;
}LINKQUEUE;
```

（2）创建空的链队列。

```
void InitQueue (LINKQUEUE * q)
{
    q -> front = NULL;
    q -> rear = NULL;
}
```

（3）判断链列队是否为空。

```
int QueueEmpty (LINKQUEUE q)
{
    if (q. front == NULL) return(1);
    return(0);
}
```

（4）链队列的入队。

```
void AddQueue (LINKQUEUE * q, elemtype e)
{
    NODEPTR p;
    p = (NODEPTR)malloc(sizeof(NODEPTR));
    p -> data = e; p -> link = NULL;
    if (q -> front == NULL) { q -> front = p; q -> rear = p; }
    else { q -> rear -> link = p; q -> rear = p; }
}
```

（5）链队列的出队。

```
int DelQueue (LINKQUEUE * q, elemtype * e)
{
    NODEPTR p;
    if (q -> front == NULL) return(0);
    * e = q -> front -> data;
    p = q -> front; q -> front = p -> link;
    free(p);
    if (q -> front == NULL) q -> rear = NULL;
    return(1);
}
```

3.2.6 栈和队列的应用

栈在计算机中的应用非常广泛，许多程序语言本身就是建立于栈结构之上的，例如，在编译和运行程序的过程中，需要利用堆栈进行语法检查（如检查括号是否配对）、表达式求值、实现递归算法、数制转换与函数调用等。

队列在计算机及其网络自身内部的各种计算资源分配等场合有广泛的应用，例如，共享打印机、消息队列和广度优先搜索等，都需要借助队列结构实现合理和优化的分配。

1. 括号匹配的检验

假设表达式中包含 3 种括号：圆括号、方括号和花括号，其嵌套顺序随意，即"{([] ())}"等为正确的格式，"[()}""([)]"或"(()}"均为不正确的格式。检验括号是否匹配可以用栈来实现：当遇到"(""["或"{"时进栈，遇到"}"")"或")"时出栈并进行匹配检验，如果出现不匹配的情况立即结束，否则继续取下一个字符。如果没有遇到不匹配的情况，最后判断栈是否为空：栈为空，括号匹配；否则不匹配。在算法的开始和结束时，栈都应该是空的。

2. 数制转换

十进制数 N 和其他 d 进制数的转换是计算机实现计算的基本问题，通常采用"除以基数取余数"方法，依次对除以基数得到的商再次求余数，这样得到的为待转换进制数从低位到高位的值，当商为 0 时转换完毕。

具体实现时使用栈暂时存放每次计算得到的余数，当算法结束时（也就是商为 0 时），从栈顶到栈底就是转换后从高位到低位的数值。

3. 表达式求值

表达式求值是程序设计语言编译中的一个基本问题。它的实现是栈应用的又一个典型例子。这里介绍一种简单直观、广为使用的算法，通常称为"算符优先法"。

一个程序设计语言应该允许设计者根据需要用表达式描述计算过程，编译器则应该能分析表达式并计算出结果。表达式的要素是运算符、操作数、界定符、算符优先级关系。例如，$1+2*3$ 有"+""*"两个运算符，"*"的优先级高于"+"，1、2、3 是操作数。界定符有括号和表达式结束符等。

为了实现算符优先算法，可以使用两个工作栈：一个称作 OPTR，用以寄存运算符；另一个称作 OPND，用以寄存操作数或运算结果。算法的基本思路如下。

(1) 首先置操作数栈为空栈，表达式起始符"#"为运算符栈的栈底元素。

(2) 依次将表达式中的每个字符进栈，若是操作数，则进 OPND 栈；若是运算符，则和 OPTR 栈的栈顶运算符比较优先级后做相应操作，直至整个表达式求值完毕（即 OPTR 栈的栈顶元素和当前读入的字符均为"#"）。

4. 迷宫求解

求迷宫中从入口到出口的所有路径是一个经典的程序设计问题。用计算机求解迷宫的方法是从入口出发，顺着某一方向向前探索，若能走通，则继续往前走，否则沿原路退回，换一个方向再继续探索，直到所有的通路都探索到为止。

迷宫问题求解算法中，一般将迷宫建模成图，将迷宫中的点建模为图中的点，将迷宫中相连并且相通的两点建模为图中的一条边，采用矩阵方式存储图，使用一个栈来存储访问过的顶点信息，栈中元素（即顶点信息）由顶点位置和搜索方向两部分组成，前者记载该顶点在迷宫中的位置，后者记载下一个顶点的访问方向，例如，右、下、左、上四个相连的方向。

求一条路径算法的基本思想是：假设以栈 S 记录当前路径，则栈顶中存放的是"当前路径上最后一个通道块"。

(1) 若当前路径可通，则纳入"当前路径"——当前位置入栈操作，并继续朝下一个位置"探索"，即切换下一位置为当前位置，如此重复直至到达出口。

(2) 若当前位置不可通，则应该顺着"来向"退回到前一通道块，然后朝着除来向之外的其他方向继续探索。

（3）若该通道的 4 个方向均不可走通，则应该从"当前路径"上删除该通道块——出栈操作。由于用计算机解决迷宫问题时，通常用的是"穷举求解"的方法，即从入口出发，顺着某一个方向向前探索，若能走通，则继续往前走；否则沿原路退回，换另一个方向再继续探索，直至所有可能的通路都探索完为止。为了保证在任何位置上都能沿原路退回，显然需要一个后进先出的结构保存入口到当前位置的路径。因此，在求解迷宫通路的算法中应用"栈"也就是自然而然的事了。

在计算机中可以用方块图表示迷宫，每个方块或为通道（以空白方块表示），或为墙（以带阴影线的方块表示），所求路径必须是简单路径，即在求得的路径上不能重复出现同一通道块。

5. 共享打印机

目前，打印机提供的网络共享打印功能采用了缓冲池技术，队列就是实现这个缓冲池技术的数据结构支持。每台打印机具有一个队列（缓冲池），用户提交打印请求被写入队列尾，当打印机空闲时，系统读取队列中第一个请求，打印并删除它。这样，利用队列的先进先出特性，就可完成打印机网络共享的先来先服务功能。

6. 消息队列

操作系统中的消息队列也是队列的应用之一，消息队列遵循先进先出的原则，发送进程将消息写入队列尾，接收进程则从队列头读取消息。

3.3　树

树是以分支关系定义的层次结构，是一类非常重要的非线性结构，其中以二叉树最为常用。用树结构描述的信息模型在客观世界普遍存在，在计算机科学及软件工程中应用十分广泛。

3.3.1　常用术语

树是 $n(n \geqslant 0)$ 个结点的有限集，在任意一棵非空树中存在以下特性。

（1）有且仅有一个被称为根的结点。

（2）当 $n>1$ 时，其余结点可分为 $m(m>0)$ 个互不相交的有限集 $T_1, T_2, \cdots, T_m$，其中每一个集合本身又是一棵树，称为根的子树（递归定义）。

图 3-23 是一棵树的示意图，具有 13 个结点，A 为根结点，它有子树 B、C、D。

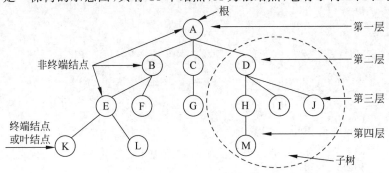

图 3-23　树的结构

关于树的常用术语如下。

（1）结点的度。每个结点的子树个数。

（2）叶子。叶子又称终端结点，是指度为 0 的结点。

（3）树的度。树中所有结点的度的最大值。

（4）结点的层次。规定根为第一层，其下面的一层为第二层，以此类推。

（5）树的深度。树中结点的最大层次数。

（6）孩子。一个结点的子树的根结点称为此结点的孩子。

（7）双亲。若结点 1 是结点 2 的孩子，则结点 2 就被称为是结点 1 的双亲。

（8）兄弟。同一双亲的孩子之间互称兄弟。

（9）有序树。树中每个结点的各个子树从左到右依次有序（即不能互换）。

（10）森林。由 $m(m \geqslant 0)$ 棵互不相交的树构成的集合。

树的存储结构一般用具有多个指针域的多重链表来表示，结点中指针域的个数由树的度来决定。图 3-24(a)中树的存储结构如图 3-24(b)所示。由于树的度为 3，因此树中每个结点各具有 1 个数据域和 3 个指针域。

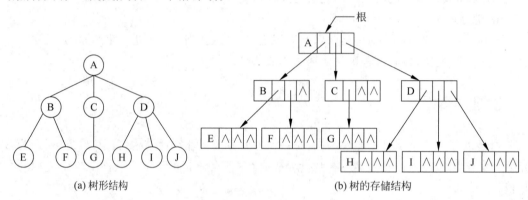

(a) 树形结构　　　　　(b) 树的存储结构

图 3-24　树及其存储结构示意图

3.3.2　二叉树

1. 二叉树的定义

二叉树是度为 2 的有序树，即每个结点最多有两棵子树，并且二叉树的子树有左右之分，次序不能任意颠倒，即使在结点只有一棵子树的情况下也要明确指出该子树是左子树还是右子树。图 3-25 给出了二叉树的 5 种基本形态。

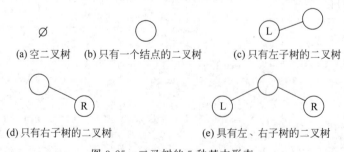

(a) 空二叉树　　(b) 只有一个结点的二叉树　　(c) 只有左子树的二叉树

(d) 只有右子树的二叉树　　　　(e) 具有左、右子树的二叉树

图 3-25　二叉树的 5 种基本形态

和树结构的定义类似,二叉树的定义也可以用递归形式给出。

2. 二叉树的性质

性质1：在二叉树的第 i 层上至多有 2^{i-1} 个结点($i \geqslant 1$)。

性质2：深度为 k 的二叉树至多有 $2^k - 1$ 个结点($k \geqslant 1$)。

性质3：对任何一棵二叉树 T,如果其终端结点数为 n_0,度为2的结点数为 n_2,则 $n_0 = n_2 + 1$。

满二叉树和完全二叉树是两种特殊形态的二叉树。满二叉树是深度为 k 且具有 $2k - 1$ 个结点的二叉树。如果一棵具有 n 个结点的深度为 k 的二叉树,它的每一个结点都与深度为 k 的满二叉树中编号为 $1 \sim n$ 的结点一一对应,则称这棵二叉树为完全二叉树,如图3-26所示。

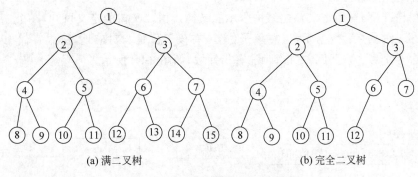

(a) 满二叉树　　　　　　　　　　(b) 完全二叉树

图 3-26　两种特殊形态的二叉树

若一棵二叉树中每个结点的左、右子树的深度之差(平衡因子)均不大于1,则称其为平衡二叉树。满二叉数、完全二叉树一定是平衡二叉树。完全二叉树具有如下性质。

性质4：具有 n 个结点的完全二叉树的深度为 $\lfloor \log 2n \rfloor + 1$,即以2为底 n 的对数下取整加1。

性质5：如果对一棵有 n 个结点的完全二叉树的结点按层序编号,则对任一结点 i($1 \leqslant i \leqslant n$)有以下几种结论。

(1) 如果 $i = 1$,则结点 i 是二叉树的根,无双亲;如果 $i > 1$,则双亲 PARENT(i)是结点 $i/2$。

(2) 如果 $2i > n$,则结点 i 无左孩子(结点 i 为叶子结点);否则其左孩子 LCHILD(i)是结点 $2i$。

(3) 如果 $2i + 1 > n$,则结点 i 无右孩子;否则其右孩子 RCHILD(i)是结点 $2i + 1$。

3. 二叉树的存储结构

二叉树可以用顺序存储结构和链式存储结构两种存储结构。

(1) 顺序存储结构。

按照顺序存储结构的定义,将一棵二叉树按完全二叉树顺序依次自上而下、自左至右存放到一个一维数组中。若该二叉树为非完全二叉树,则将相应位置空出来,使存放的结果符合完全二叉树的形状。例如,如图3-27所示的二叉树的顺序存储结构如表3-1所示。

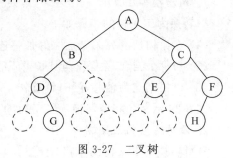

图 3-27　二叉树

表 3-1　二叉树的顺序存储结构

结点编号	1	2	3	4	5	6	7	8	9	10	11	12	13	14	15
结点值	A	B	C	D	0	E	F	0	G	0	0	0	0	H	0

在顺序存储结构中，第 i 个结点的左、右孩子一定保存在第 $2i$ 及 $2i+1$ 个单元中。顺序存储的优点是容易理解，缺点是对非完全二叉树而言，大量空结点浪费存储空间。

二叉树顺序存储结构为：

```
#define MAX_TREE_SIZE 100
typedef TElemType SqBiTree[MAX_TREE_SIZE];          //TElemType 为结点数据类型
SqBiTree bt;
```

（2）链式存储结构。

在一般情况下，常用链式存储结构表示二叉树。由二叉树的定义可知，一个二叉树的结点至少保存 3 种信息：数据元素、左孩子位置、右孩子位置。对应地，链式存储二叉树的结点至少包含 3 个域：数据域、左指针域、右指针域，如图 3-28 所示。

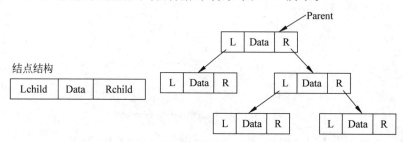

图 3-28　含有两个指针域的二叉树结点及其存储结构

二叉树链式存储结构为：

```
typedef struct treenode {
    elemtype data;
    struct treenode * lchild, * rchild;
} TREENODE, * TREENODEPTR, * BTREE;
```

3.3.3　森林、树与二叉树的转换

森林是 $m(m \geqslant 0)$ 棵互不相交的树的集合。可以说树是森林的特例，二叉树又是树的特例。通过一定规则，森林和树可以转换为二叉树。数据结构中一般着重研究二叉树的相关性质及处理方法，通过转换，使用二叉树的一些算法去解决树和森林中的问题。

1. 树转换为二叉树

树转换为二叉树的步骤如下。

（1）在原树所有兄弟结点之间加一连线。

（2）对每个结点，除保留与其长子间的连线外，将该结点与其余孩子间的连线全部删除。

（3）以根结点为轴心，顺时针旋转 45°。

图 3-29 示范了将树转换为二叉树的步骤。

2. 森林转换为二叉树

森林转换为二叉树的步骤如下。

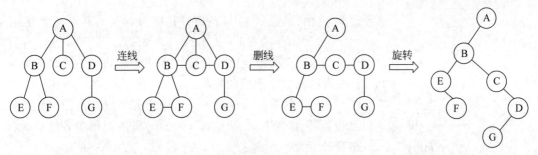

图 3-29 树转换为二叉树

（1）在森林中所有树的根结点之间加一连线。

（2）将森林中的每棵树转换成相应的二叉树。

（3）以第一棵树的根结点为轴心，顺时针旋转 45°。

图 3-30 示范了将森林转换为二叉树的步骤。

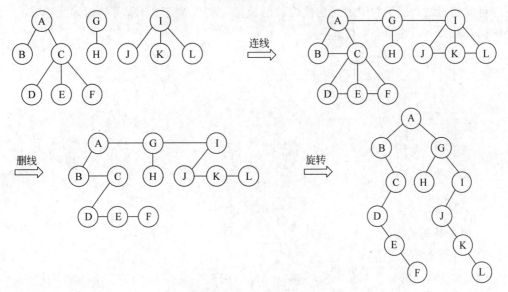

图 3-30 森林转换为二叉树

同理也可以将一个二叉树转换为对应的树或森林。

3.3.4 树的应用举例

树结构广泛应用于分类、检索、数据库及人工智能等多个方面。例如哈夫曼树常用于通信及数据传送中构造传送效率最高的二进制编码（哈夫曼编码）以及用于编程中构造平均执行时间最短的最佳判断过程等。

1. 哈夫曼树的有关概念

哈夫曼树又称为最优二叉树，是一类带权路径最短的树。设有 n 个权值 $\{w_1,w_2,\cdots,w_n\}$，构造一棵有 n 个叶子结点的二叉树，每个叶子结点带权为 w_i，$1<i<n$，则带权路径长度最小的二叉树称作哈夫曼树。

（1）结点间的路径长度。从树中一个结点到另一个结点之间的分支个数。

（2）树的路径长度。从树的根结点到每一个结点的路径长度之和，记作 PL。例如，

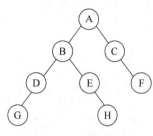

图 3-31　树的路径

图 3-31 中,结点 A 到 H 的路径长度为 3,树的路径长度为

$$PL = 0 + 1 + 1 + 2 + 2 + 2 + 3 + 3 = 14$$

（3）结点的带权路径长度。从该结点到根结点之间的路径长度与结点上权值的乘积。

（4）树的带权路径长度。树中所有带权结点的路径长度之和,常记作 WPL。例如,图 3-32(a)所示的树中各结点带权路径长度为

$$A—10,B—9,C—21,D—2$$

a、b、c 三棵树的带权路径长度分别为

$$WPL = 10 + 9 + 21 + 2 = 42$$
$$WPL = 10 + 6 + 14 + 4 = 34$$
$$WPL = 7 + 10 + 9 + 6 = 32$$

可见相同结点位于数中不同位置构成的树,其 WPL 则不同,哈夫曼树即为 WPL 值最小的树,图 3-32(c)为哈夫曼树。

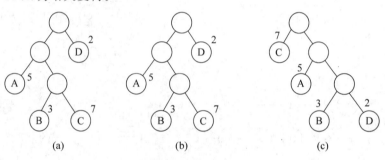

(a)　　　　　　(b)　　　　　　(c)

图 3-32　带权值的树

2. 哈夫曼树的构造

哈夫曼树的构造步骤如下。

（1）对于给定的 n 个权值 $\{w_1, w_2, \cdots, w_n\}$,构造出具有 n 棵二叉树的森林 $F = \{T_1, T_2, \cdots, T_n\}$,其中每棵二叉树 T_i 均只有一个带有权值 w_i 的根结点。

（2）在 F 中选取根结点权值最小的两棵二叉树作为左、右子树构造一棵新的二叉树,新二叉树根结点的权值为其左、右子树根结点的权值之和。

（3）在 F 中删除这两棵树,同时将新生成的二叉树加入 F 中。

（4）重复步骤（2）和步骤（3）,直到 F 只有一棵二叉树为止,这棵二叉树就是所构造的哈夫曼树。

例如,一组结点权值为 $\{5,3,7,2\}$,构造哈夫曼树的过程如图 3-33 所示。

3. 哈夫曼树的应用

（1）解决某些判定问题时的最佳判定算法。

例 3.3　针对 10 000 个学生成绩数据,按分数段分级统计。

若学生成绩分布是均匀的,如图 3-34 所示构造程序流程,读入一个 a 值平均判断:$(1+2+3+4+4) \times 0.2 = 2.8$(次);输入 10 000 个数据,则需进行 28 000 次比较。

实际情况中,成绩通常是不均匀分布的,如表 3-2 所示。成绩主要集中在 70～79 分,

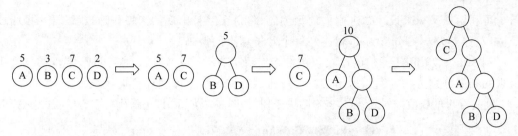

图 3-33 哈夫曼树的构造过程

80～89 分两个分数段,则需根据各分数段的分布权值构造一棵哈夫曼树,如图 3-35 所示,依此编写程序结构,输入 10 000 个数据,只需进行 20 500 次比较。

$$WPL = 0.4 \times 1 + 0.3 \times 2 + 0.15 \times 3 + (0.05 + 0.1) \times 4 = 2.05$$

表 3-2 成绩分布

分数	0～59 分	60～69 分	70～79 分	80～89 分	90～99 分
比例	0.05	0.15	0.4	0.3	0.1

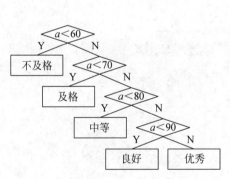

图 3-34 成绩均匀分布时的程序流程

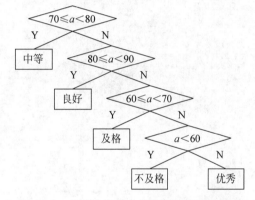

图 3-35 成绩非均匀分布时的统计哈夫曼树

(2) 哈夫曼编码。

哈夫曼编码是哈夫曼树在数据编码中的应用,即数据的最小冗余编码。作为一种最常用无损压缩编码方法,在数据压缩程序中具有非常重要的应用。

通信中,可以采用 0、1 的不同排列来表示不同的字符,称为二进制编码。若每个字符出现的频率相同,则可以采用等长的二进制编码,若频率不同,则可以采用不等长的二进编码。频率较大的采用位数较少的编码,频率较小的字符采用位数较多的编码,这样可以使字符的整体编码长度最小,这就是最小冗余编码的问题。

例如,如需传送字符串'ABACCDA',只有 4 种字符 A、B、C、D,只需两位编码,如分别编码为 00、01、10、11,上述字符串的二进制总长度为 14 位。

在传送信息时,希望总长度尽可能短,可对每个字符进行不等长度的编码,出现频率高的字符编码尽量短。如 A、B、C、D 的编码分别为 0、00、1、01 时,上述电文长度会缩短,但可能有多种译法。

在设计不等长编码时还需注意,任一字符的编码都不能是另一个字符编码的前缀编码。例如,编码 0、00、1、01 就是前缀编码,如'0000'可能是'AAAA'、'ABA'、'BB'。

可利用二叉树来设计二进制的前缀编码,将每个字符出现的频率作为权,设计一棵哈夫曼树,左分支为 0,右分支为 1,就得到每个叶子结点的编码。

例 3.4 假设用于通信的电文仅由 8 个字母 A、B、C、D、S、T、U、V 组成,字母在电文中出现的频率分别为(5,29,7,8,14,23,3,11),试为这 8 个字母设计哈夫曼编码。

将各字母的权值排列成结点,构造哈夫曼树,如图 3-36 所示,即可得到各字母的哈夫曼编码。

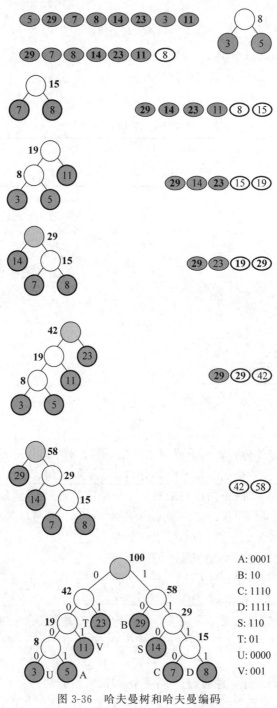

A: 0001
B: 10
C: 1110
D: 1111
S: 110
T: 01
U: 0000
V: 001

图 3-36　哈夫曼树和哈夫曼编码

3.4 图

图是数据元素间为多对多关系的数据结构,在人工智能、工程、物理、化学、计算机科学等许多领域中,图结构被广泛应用。

3.4.1 常用术语

图是由顶点集 V 和顶点间的关系集合 E(边的集合)组成的一种数据结构,可以用二元组定义为

$$G = (V, E)$$

其中,V 是顶点的非空有穷集合; E 是可空的边的有穷集合。

若图中所有边的顶点对有序,则称有向图。有向图中的 (V_1, V_2) 和 (V_2, V_1) 代表不同的边,并分别用 $\langle V_1, V_2 \rangle$ 和 $\langle V_2, V_1 \rangle$ 表示,称为弧,对于弧 $\langle V_1, V_2 \rangle$,顶点 V_1 称为弧尾,V_2 称为弧头,如图 3-37(a)所示。

若图中所有边的顶点对无序,则称无向图。无向图中 (V_1, V_2) 和 (V_2, V_1) 代表相同的边,如图 3-37(b)所示。

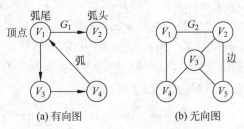

(a) 有向图　　　　　(b) 无向图

图 3-37　有向图和无向图示例

对于图 3-37(a),有 $G_1 = (V', \{A'\})$,其中 $V' = \{V_1, V_2, V_3, V_4\}$,$A' = \{\langle V_1, V_2 \rangle, \langle V_1, V_3 \rangle, \langle V_3, V_4 \rangle, \langle V_4, V_1 \rangle\}$。

图的常用术语如下。

(1) 顶点。数据元素 v_i 称为顶点。

(2) 边、弧。$P(v_i, v_j)$ 表示顶点 v_i 和顶点 v_j 之间的直接连线,在无向图中称为边,在有向图中称为弧。带箭头的一端称为弧头,不带箭头的一端称为弧尾。

(3) 如果用 n 表示图中顶点的数目,用 e 表示边或弧的数目,则无向图 e 取值是 $0 \sim n(n-1)/2$,有向图的 e 取值是 $0 \sim n(n-1)$。

(4) 完全图。完全图是指有 $n(n-1)/2$ 条边的无向图。

(5) 有向完全图。有向完全图是指有 $n(n-1)$ 条弧的有向图。

(6) 稀疏图。稀疏图是指有很少条边或弧的图。

(7) 稠密图。稠密图是指有很多条边或弧的图。

(8) 度。在图中,一个顶点依附的边或弧的数目称为该顶点的度。在有向图中,一个顶点依附的弧头数目称为该顶点的入度。一个顶点依附的弧尾数目称为该顶点的出度,该顶点的度等于入度和出度之和。

(9) 子图。若有两个图 G_1 和 G_2,$G_1 = (V_1, E_1)$,$G_2 = (V_2, E_2)$,满足如下条件:$V_2 \subseteq$

$V_1, E_2 \subseteq E_1$，即 V_2 为 V_1 的子集，E_2 为 E_1 的子集，称图 G_2 为图 G_1 的子图。

（10）权和网。在图的边或弧中给出相关的数称为权。权可以代表一个顶点到另一个顶点的距离或耗费等，带权图一般称为网。

（11）连通图和非连通图。在无向图中，若从顶点 i 到顶点 j 有路径，则称顶点 i 和顶点 j 是连通的。若任意两个顶点都是连通的，则称此无向图为连通图，否则称为非连通图。

（12）连通分量。在无向图中，图的极大连通子图称为该图的连通分量。任何连通图的连通分量只有一个，即它本身，而非连通图有多个连通分量。

（13）强连通图和非强连通图。在有向图中，若从顶点 i 到顶点 j 有路径，则称顶点 i 和顶点 j 是连通的，若图中任意两个顶点都是连通的，则称此有向图为强连通图，否则称为非强连通图。

3.4.2　图的存储结构

图的存储结构有邻接矩阵、邻接表、逆邻接表以及十字链表等，其中邻接矩阵和邻接表最常用。

1. 邻接矩阵

若 $G = (V, E)$ 是一个具有 $n(n \geqslant 1)$ 个结点的图，则 G 的邻接矩阵是一个 n 阶方阵。在邻接矩阵表示中，除了存放顶点本身信息外，还用一个 n 阶方阵表示各个顶点之间的关系。方阵中只有 0 和 1 元素。若顶点 V_j 邻接于 V_i 时（从 V_i 到 V_j 有边相连），则矩阵中第 i 行第 j 列元素值为 1，否则为 0。显然，图的邻接矩阵很容易用顺序存储方式的数组存储。

图 3-38 所示无向图和有向图的邻接矩阵如图 3-39 所示。

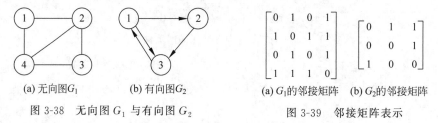

(a) 无向图 G_1　　(b) 有向图 G_2

图 3-38　无向图 G_1 与有向图 G_2

(a) G_1 的邻接矩阵　(b) G_2 的邻接矩阵

图 3-39　邻接矩阵表示

邻接矩阵有如下特点。

（1）对于无向图邻接矩阵。

- 矩阵是对称的。
- 第 i 行或第 i 列 1 的个数为顶点 i 的度。
- 矩阵中值为 1 的个数的一半为图中边的数目。
- 很容易判断顶点 i 和顶点 j 之间是否有边相连（看矩阵中第 i 行 j 列的值是否为 1）。

（2）对于有向图邻接矩阵。

- 矩阵不一定是对称的。
- 第 i 行中 1 的个数为顶点 i 的出度。
- 第 i 列中 1 的个数为顶点 i 的入度。
- 矩阵中 1 的个数为图中弧的数目。
- 很容易判断顶点 i 和顶点 j 是否有弧相连。

图的邻接矩阵可以定义两个数组分别存储顶点信息(数据元素)和边或弧的信息(数据元素之间的关系),其存储结构形式定义如下:

在用邻接矩阵存储图时,除了用一个二维数组存储用于表示顶点间相邻关系的邻接矩阵外,还需用一个一维数组来存储顶点信息,还有图的顶点数、边数和权值等信息。不同类型的图定义稍有不同,例如图 3-38(a)中图的描述如下:

```
# define maxvertexnum 4                              //最大顶点数设为4
typedef int vertextype;                              //顶点类型设为整型
typedef int edgetype;                                //边的权值设为整型
typedef struct
{
    vertextype vexs[maxvertexnum];                   //顶点表
    edgeType edges[maxvertexnum][maxvertexnum];      //邻接矩阵,即边表
    int n,e;                                         //顶点数和边数
}Mgragh;                                              //Mgragh是以邻接矩阵存储的图类型
```

2. 邻接表

邻接表是图的链式存储结构。若将每个顶点的边用一个单链表链接起来,若干个顶点可以得到若干个单链表,每个单链表都有一个头结点,所有头结点组成一个一维数组,这样的链表为邻接链表或邻接表。

在邻接表中,对图中每个顶点建立一个单链表,第 i 个单链表中的结点表示依附于顶点 V_i 的边(对有向图是以顶点 V_i 为尾的弧。若是以顶点 V_i 为头的弧,则称逆邻接表)。

邻接表中头结点及表结点结构如图 3-40 和图 3-41 所示。

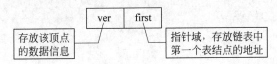

图 3-40　头结点结构

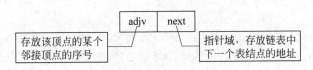

图 3-41　表结点结构

图 3-38 所示无向图和有向图的邻接表如图 3-42 所示。

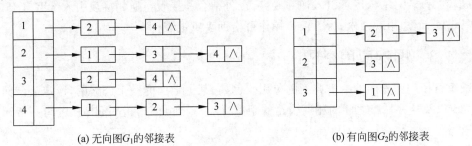

(a) 无向图 G_1 的邻接表　　　　　　　(b) 有向图 G_2 的邻接表

图 3-42　图的邻接表

从邻接表图示中可以得出如下结论。

（1）对于无向图的邻接表。

- 第 i 个链表中结点数目为顶点 i 的度。
- 所有链表中结点数目的一半为图中边数。
- 占用的存储单元数目为 $n+2e$。

（2）对于有向图的邻接表。

- 第 i 个链表中结点数目为顶点 i 的出度。
- 所有链表中结点数目为图中弧数。
- 占用的存储单元数目为 $n+e$。

邻接表的相关定义函数如下：

```
#define MAXVEX 100                          //最大顶点数,由用户定义
typedef char VertexType;                    //顶点类型
typedef int EdgeType;                       //边上的权值,类型由用户定义

typedef struct EdgeNode                     //边表结点
{
    int adjvex;                             //邻接点域,存储该顶点对应的下标
    EdgeType weight;                        //用于存储权值,对于非网图可以不需要
    struct EdgeNode * next;                 //链域,指向下一个邻接点
} EdgeNode;

typedef struct VextexNode                   //顶点表结点
{
    VertexType data;                        //顶点域,存储顶点信息
    EdgeNode * firstedge;                   //边表头指针
} VextexNode, AdjList[MAXVEX];

typedef struct
{
    AdjList adjList;
    int numNodes, numEdges;                 //图中当前顶点数和边数
} GraphAdjList;
```

图的邻接矩阵存储易于求顶点度（区分有/无向图）和邻接点，易判断两点间是否有弧或边相连，但不利于稀疏图的存储，因弧不存在时也要存储相应信息，且要预先分配足够大的空间。

图的邻接表存储对于稀疏图可相对节省空间，对有向图易求顶点出度与邻接点，但求入度难度较大。若只求入度可引入逆邻接表，也可结合邻接表与逆邻接表引入十字链表，对无向图易求度，但边出现两次，为方便边操作可借助多重链表。

3.4.3　图的应用举例

最短路径问题是图的一个典型的应用。例如，某一地区的一个公路网，给定了该网内的 n 个城市以及这些城市之间的相通公路的距离，能否找到城市 A 至城市 B 之间一条距离最近的通路呢？

如果将城市用点表示，城市间的公路用边表示，公路的长度作为边的权值，那么，这个问题就可归结为在图中，求点 A 到点 B 的所有路径中边的权值之和最短的那一条路径。这条路径就是两点之间的最短路径，并称路径上的第一个顶点为源点，最后一个顶点为终点。此

类问题称为单源点的最短路径问题,即给定带权有向图 $G=(V,E)$ 和源点 $v \in V$,求从 v 到 G 中其余各顶点的最短路径。

迪杰斯特拉算法是解决有向图中最短路径问题常用的解决方法。迪杰斯特拉算法的主要特点是以起始点为中心向外层层扩展,直到扩展到终点为止。首先求出长度最短的一条最短路径,然后参照它求出长度次短的一条最短路径,以此类推,直到从顶点 v 到其他各顶点的最短路径全部求出为止。

算法的基本思想如下。

(1) 设置两个顶点的集合 S 和 $T=V-S$,集合 S 中存放已找到最短路径的顶点,集合 T 存放当前还未找到最短路径的顶点。

(2) 初始状态时,集合 S 中只包含源点 v_0,然后不断从集合 T 中选取到顶点 v_0 路径长度最短的顶点 u 加入集合 S 中,集合 S 每加入一个新的顶点 u,都要修改顶点 v_0 到集合 T 中剩余顶点的最短路径长度值,集合 T 中各顶点新的最短路径长度值为原来的最短路径长度值与顶点 u 的最短路径长度值加上 u 到该顶点路径长度值中的较小值。此过程不断重复,直到集合 T 的顶点全部加入 S 中为止。

算法步骤如下。

(1) 初始化源点 A 到其他顶点的距离,若其他顶点与源点 A 无直接相连的边,则认为源点 A 到该顶点的距离为无穷大。

(2) 选择当前距离源点 A 最近的顶点 X(顶点 X 未被选择过)。

(3) 以 X 点为参照,更新源点 A 到其他未被选择过的点 M 的距离,若 A→X→M 小于 A→M 的距离,则使用新距离替换原距离;若 A→X→M 大于或等于 A→M 距离,则保持原距离不变。

(4) 重复步骤(2)、步骤(3),直到选取完所有的点为止。

## 第 4 章

遍历、查找和排序

数据查找是对数据的最常见操作。排序是将一组无序的序列调整为有序的序列,很显然经过排序的数据序列能提高查找的速度。遍历是指沿着某条搜索路线,依次对数据集合中每个结点各做一次且仅做一次访问。一般来说,遍历和排序是快速查找的先行步骤。不同的遍历、查找和排序算法具有不同的效率。

4.1 算法

4.1.1 算法的定义及描述

广义地说为了解决某一问题而采取的方法和步骤,称为算法。在计算机中,算法通常是指用计算机来解决某一类问题的程序或步骤,这些程序或步骤必须是明确的和有效的,而且能够在有限步骤之内完成。在运用计算机程序解决问题的过程中,算法设计有着举足轻重的地位和作用,算法是程序设计的核心,也是程序设计的灵魂。算法的好坏,直接影响程序的通用性和有效性,影响解决问题的效率。

一个算法应有一个或多个输出,这些输出的量同输入有着某些特定的关系。无输出的算法是没有任何意义的。

算法可以用多种不同的方法描述,常用的表示方法如下。

(1) 流程图。

(2) 自然语言。

(3) 伪代码。

(4) 计算机语言。

自然语言就是指人们日常使用的语言,可以是汉语、英语或其他语言。用自然语言表示的优点是通俗易懂,缺点是文字冗长,容易出现歧义性。伪代码是用介于自然语言和计算机语言之间的文字和符号(包括数学符号)来描述算法。图 4-1 为常用的流程图符号。

4.1.2 算法设计的要求

算法具有下列 5 个重要特性。

1. 有穷性

算法都必须在有限步骤(即有限时间)内结束。若执行无限步骤后不终止就不能称为算

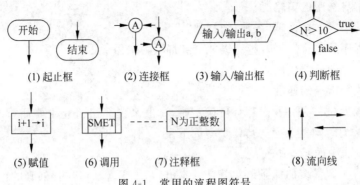

图 4-1 常用的流程图符号

法,只能称为算法模型的计算方法。数学中有些计算方法在界定收敛条件之前是不终止的。

例 4.1 一个不能终止的程序。

代码如下:

```
example ()
{   printf("student");}
main()
{   printf("请稍等…………");
    while(1)
        example();
}
```

2. 确定性

算法中每条指令必须有确切的含义,理解时不会产生二义性。在任何条件下,算法只有唯一的一条执行路径,即对于相同的输入只能得到相同的输出。

3. 可行性

可行性是指在算法中描述的操作都是可以通过已经实现的基本运算执行有限次实现的,也指可以证明整个算法实施后得到预期的解。

4. 输入

一个算法应有零个或多个的输入,这些输入取自于某个特定对象的集合。

5. 输出

对算法的每次输入,算法具有一个或多个与输入值相联系的输出值。

4.1.3 算法的效率度量

在实际应用中,随着问题规模的扩大,通常以算法所需要的时间(空间)的增长速度为标准衡量算法的效率。借用字母 O 表示数量级的概念,例如 $O(1)$、$O(n)$、$O(n\log_2 n)$ 等,称其为时间(空间)复杂度。

1. 时间复杂度

一般情况下,算法的时间复杂度指程序中基本操作模块 n 重复执行的次数,用函数 $f(n)$ 表示,如 $O(1)$、$O(\log_2 n)$、$O(n)$、$O(n\log_2 n)$、$O(n^2)$ 等;例如 $O(1)$ 表示基本语句的执行次数是一个常数,一般来说,只要算法中不存在循环语句,其时间复杂度就是 $O(1)$。$f(n)$ 越小,算法的时间复杂度越低,算法的效率就越高。

程序在计算机上运行所需时间取决于下列因素。

（1）算法本身选用的策略。

（2）问题的规模。规模越大,消耗时间越多。

（3）书写程序的语言。语言越高级,消耗时间越多。

（4）编译产生的机器代码质量。

（5）机器执行指令的速度。

当问题规模及硬件条件及运行环境确定时,一般来说算法研究主要侧重于算法本身的策略。求解算法的时间复杂度的具体步骤如下。

（1）找出算法中的基本语句。

算法中执行次数最多的那条语句就是基本语句,如果算法中包含嵌套的循环,则基本语句通常是最内层的循环体,如果算法中包含并列的循环,则将并列循环的时间复杂度相加。

（2）计算基本语句执行次数的数量级。

只需计算基本语句执行次数的数量级,这就意味着只要保证基本语句执行次数的函数中的最高次幂正确即可,可以忽略所有低次幂和最高次幂的系数。

例如,包含两个非嵌套 for 循环的算法程序中,如果第一个 for 循环的时间复杂度为 $O(n_1)$,第二个 for 循环的时间复杂度为 $O(n_2)$,则整个算法的时间复杂度为 $O(n_1+n_2)$。

例 4.2 百钱百鸡问题,中国古代数学家张丘建的《算经》中有一著名的"百钱买百鸡问题":用 100 文钱买来 100 只鸡,公鸡 5 文钱一只,母鸡 3 文钱一只,小鸡 1 文钱 3 只。问在这 100 只鸡中,公鸡、母鸡、小鸡各是多少只?

设一百只鸡中公鸡、母鸡、小鸡分别为 x,y,z,本问题的最终求解是符合两个方程条件的 3 个未知数:

$$\begin{cases} x+y+z=100 \\ 5x+3y+z/3=100 \end{cases}$$

算法一:由于鸡和钱的总数都是 100,可以确定 x,y,z 的取值范围:

x 的取值为 1~20;

y 的取值为 1~33;

z 的取值为 3~99。

对于这个问题可以用穷举的方法,遍历 x,y,z 的所有可能组合,最后得到问题的解。

代码如下:

```
#include <stdio.h>
using namespace std;
int main()
{
    int x,y,z,m;
    for (x=0;x<=20;x++)
    for(y=0;y<=33;y++)
    for(z=0;z/3<=100;z++)
    {
      if (x+y+z==100 && x*5+y*3+z/3==100 && z%3==0)
      {
          printf("公鸡 %2d 只,母鸡 %2d 只,小鸡 %2d 只\n", x, y, z);
      }
    }
}
```

算法二：当公鸡与母鸡的数目确定了，小鸡的数目可用总数100减去公鸡与小鸡的数，于是三重循环可变为两重循环。

代码如下：

```c
# include < stdio. h>
using namespace std;
int main()
{
    int x,y,z;
    for (x = 0;x < = 20;x++)
    for(y = 0;y < = 33;y++)
    {
        z = 100 - x - y;
        if (x * 5 + y * 3 + z/3 == 100 && z % 3 == 0)
        {
            printf("公鸡 % 2d 只,母鸡 % 2d 只,小鸡 % 2d 只\n", x, y, z);
        }
    }
}
```

算法三：算法二中，当公鸡的数量确定，母鸡的数量是随公鸡数量的变化而变化，不需要每次都从零开始牧举到33结束。

```c
# include < stdio. h>
using namespace std;
int main()
{
    int x,y,z;
    for (x = 0;x < = 20;x++)
    for(y = 0;y < = 100/3 - x;y++)
    {
        z = 100 - x - y;
        if (x * 5 + y * 3 + z/3 == 100 && z % 3 == 0)
        {
            printf("公鸡 % 2d 只,母鸡 % 2d 只,小鸡 % 2d 只\n", x, y, z);
        }
    }
}
```

算法四：百钱百鸡问题求解的是符合两个条件的三种鸡的数量，是用两个方程求解三个未知数的问题。当把公鸡数 x 当成已知数：则根据方程解出母鸡、小鸡数，即

$$\begin{cases} y = 25 - 7 * x/4 \\ z = 75 + 3 * x/4 \end{cases}$$

这样算法四只用一重循环来确定公鸡的数量，母鸡和小鸡的数量由方程来计算。但要注意鸡的数量不可为负数和小数，要加以判断。

代码如下：

```c
# include < stdio. h>
using namespace std;
int main()
{
    int x,y,z;
```

```
for (x = 0;x <= 20;x++)
{
    y = 25 - 7 * x/4;
    z = 75 + 3 * x/4;
    if (y > = 0 && z > = 0 && x * 5 + y * 3 + z/3 = = 100 && z % 3 == 0)
    {
        printf("公鸡 %2d 只,母鸡 %2d 只,小鸡 %2d 只\n", x, y, z);
    }
}
```

程序的运行结果为：

```
 0    25    75
 4    18    78
 8    11    81
12     4    84
```

算法一使用了三重循环,时间复杂度为循环次数,即 $21\times34\times101$,算法二使用了两重循环,算法三又将两重循环的循环次数减少,而算法四借助数学方程解题,只用了一重循环。从算法一到算法四循环运行次数大幅减少。

可见,对于同一个问题,不同的思路有不同的算法。程序不断优化,效率不断提高。

2. 空间复杂度

空间复杂度是对一个算法在运行过程中临时占用存储空间大小的量度。

一个算法在计算机存储器上所占用的存储空间,包括存储算法本身所占用的存储空间、算法的输入输出数据所占用的存储空间和算法在运行过程中临时占用的存储空间。算法的输入输出数据所占用的存储空间是由问题本身决定的,是通过参数表由调用函数传递而来的,不随算法的不同而改变。存储算法本身所占用的存储空间与算法编程的长短成正比,要压缩这方面的存储空间,就必须编写出较短的算法。算法在运行过程中临时占用的存储空间随算法的不同而不同,是空间复杂度主要研究的对象。有的算法需要占用的临时工作单元数与解决问题的规模 n 有关,它随着 n 的增大而增大,当 n 较大时,将占用较多的存储单元。

同样,当一个算法的空间复杂度为一个常量,即不随被处理数据量 n 的大小而改变时,可表示为 $O(1)$;当一个算法的空间复杂度与 n 呈线性比例关系时,可表示为 $O(n)$。

本章涉及的算法效率主要分析时间复杂度。

4.2 遍历

遍历是指沿着某条搜索路线,依次对集合中每个结点各做一次且仅做一次访问。访问结点后所做的操作依赖于具体的应用问题。例如可以通过对所有元素的比较,完成查找运算,或者在插入或删除元素时找到操作的位置等。线性结构逻辑关系简单,遍历操作容易,本章主要讨论树及图的遍历方法。

4.2.1 二叉树的遍历

二叉树的遍历就是遵从某种次序,访问二叉树中的所有结点,使得每个结点仅被访问一次。在这里规定访问是输出结点信息,且以二叉链表作为二叉树的存储结构。遍历是二叉树最重要的运算之一,是二叉树进行其他运算的基础。

由于二叉树是一种非线性结构,每个结点可能有一个以上的直接后继,因此,必须规定遍历的规则,并按此规则遍历二叉树,最后得到二叉树所有结点的一个线性序列。

假设 L、R、D 分别代表二叉树的左子树、右子树、根结点,则遍历二叉树有以下 6 种规则:DLR、DRL、LDR、LRD、RDL、RLD。若规定二叉树中必须先左后右(左、右顺序不能颠倒),则只有 DLR、LDR、LRD 三种遍历规则。DLR 称为先序遍历,LDR 称为中序遍历,LRD 称为后序遍历。遍历操作是一个递归的过程。

1. 先序遍历

所谓先序遍历,就是根结点最先遍历,其次左子树,最后右子树。先序遍历二叉树的递归遍历算法描述如下。

若二叉树为空,则算法结束;否则递归执行如下操作。

(1)输出根结点。

(2)先序遍历左子树。

(3)先序遍历右子树。

算法程序如下:

```
typedef struct BiTNode
{   datatype data;
    struct BiTNode * lchild;
    struct BiTNode * rchild;
}BiTNode, * BiTree;
BiTree p;

void PreOrder (BTREE root)
{
    if (root!= NULL) {
    printf (" % d", root -> data);
    PreOrder (root -> lchild);
    PreOrder (root -> rchild); }
}
```

2. 中序遍历

中序遍历就是根结点在中间,先左子树,然后根结点,最后右子树。中序遍历二叉树的递归遍历算法描述如下。

若二叉树为空,则算法结束;否则递归执行如下操作。

(1)中序遍历左子树。

(2)输出根结点。

(3)中序遍历右子树。

算法程序如下:

```
void InOrder (BTREE root)
{
    if (root!= NULL) {
        InOrder (root -> lchild);
```

```
        printf ("%d", root->data);
        InOrder (root->rchild); }
}
```

3. 后序遍历

后序遍历就是根结点在最后，即先左子树，然后右子树，最后根结点。后序遍历二叉树的递归遍历算法描述如下。

若二叉树为空，则算法结束；否则递归执行如下操作。

（1）后序遍历左子树。

（2）后序遍历右子树。

（3）访问根结点。

算法程序如下：

```
void PostOrder (BTREE root)
{
    if (root!= NULL) {
        PostOrder (root->lchild);
        PostOrder (root->rchild);
        printf ("%d", root->data); }
}
```

例 4.3　对于如图 4-2 所示的二叉树，列出采用先序、中序、后序三种方法遍历的结果。

根据三种遍历的定义得到遍历结果如下。

（1）先序遍历序列：A B D E G H C F。

（2）中序遍历序列：D B G E H A C F。

（3）后序遍历序列：D G H E B F C A。

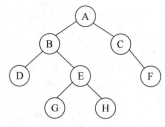

图 4-2　二叉树遍历

4.2.2　图的遍历

与树的遍历类似，图的遍历也是从某个顶点出发，沿着某条搜索路径对图中每个顶点各做一次且仅做一次访问。图的遍历是许多图的算法的基础。深度优先遍历和广度优先遍历是最为重要的两种方法，对无向图和有向图均适用。

1. 深度优先遍历

深度优先遍历类似于树的前序遍历，采用的搜索方法的特点是尽可能先对纵深方向进行搜索。

假设给定图 G 的初始状态是所有顶点均未曾访问过。在 G 中任选一顶点 v 为初始出发点（源点），首先访问出发点 v，并将其标记为已访问过；然后依次从 v 出发搜索 v 的每个邻接点 w。若 w 未曾访问过，则以 w 为新的出发点继续进行深度优先遍历，直至图中所有和源点 v 有路径相通的顶点均已被访问为止。若此时图中仍有未访问的顶点，则另选一个尚未访问的顶点作为新的源点重复上述过程，直至图中所有顶点均已被访问为止。

例如，给定一个无向图 $G=(V,E)$ 从图中某顶点 V_i 出发，深度优先搜索的步骤如下。

（1）访问顶点 i，并将其访问标记置为访问过，即 visited$[i]=1$。

（2）搜索与顶点 i 有边相连的下一个顶点 j，若 j 未被访问过，则访问它，并将 j 的访问标记置为访问过，即 visited$[j]=1$，然后从 j 开始重复此过程，若 j 已访问，再看与 i 有边相连的其他顶点。

（3）若与 i 有边相连的顶点都被访问过，则退回到前一个访问顶点并重复刚才过程，直到图中所有顶点都被访问完为止。

用邻接表表示的图的深度优先遍历算法描述如下：

```
void dfs(int i)
{
    link * p;
    printf(" % d",a[i].v);                 //输出访问顶点
    visited[i] = 1;                        //全局数组访问标记置为 1 表示已访问
    p = a[i].next;
    while (p!= NULL)
    {
        if (!visited[p - > data]) dfs(p - > data); p = p - > next;
    }
}
```

例 4.4 对图 4-3 中的无向图 G_1，以顶点 V_1 为起点进行深度优先遍历。

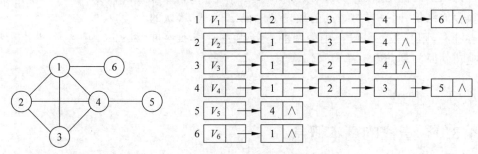

图 4-3 无向图 G_1 及其邻接表

从 V_1 出发，对 G_1 深度优先搜索的访问序列为 $V_1 \rightarrow V_2 \rightarrow V_3 \rightarrow V_4 \rightarrow V_5 \rightarrow V_6$。

对于深度优先搜索遍历，若设图 G 有 n 个顶点，e 条边，由于对邻接表中的每个顶点最多检测一次，共有 $2e$ 个表顶点，故完成搜索的时间为 $O(n+2e)$。

2. 广度优先遍历

广度优先遍历类似于树的按层次遍历，遍历时尽可能向广的方向去横向搜索。设图 G 的初始状态是所有顶点均未访问，在 G 中任选一顶点 i 作为初始点，则广度优先遍历的基本思想如下。

（1）访问顶点 i，并将其访问标志置为已被访问，即 visited[i]=1。

（2）依次访问与顶点 i 有边相连的所有顶点 $w_1, w_2, \cdots, w_t$。

（3）再按顺序访问与 $w_1, w_2, \cdots, w_t$ 有边相连又未曾访问过的顶点。

以此类推，直到图中所有顶点都被访问完为止。

用邻接表表示的广度优先搜索法非递归算法如下：

```
void BFS(int i)
{
 int q[n + 1];                              //定义队列
 int f,r; link * p;                         //p 为搜索指针
    f = r = 0; printf(" % d",a[i].v);
    visited[i] = 1 ; r++; q[r] = i;         //进队
    while (f < r)
    {
        f++; i = q[f];                      //出队 p = a[i].next;
```

```
        while (p!= NULL) {
            if (!visited[p->data]){
                printf(" % d",a[p->data].v);
                visited[p->data] = 1;
                r++; q[r] = p->data ;
            }
            p = p->next;
        }
    }
}
```

例 4.5 对图 4-4 中的无向图 G_2，以顶点 V_1 为起点进行
广度优先遍历。

采用广度优先遍历 G_2，假定由顶点 V_1 开始，则遍历的次
序是 $V_1 \rightarrow V_2 \rightarrow V_3 \rightarrow V_4 \rightarrow V_6 \rightarrow V_7 \rightarrow V_8 \rightarrow V_5$。

从逻辑上考虑图的广度优先遍历和深度优先遍历算法，
同一层的结点的优先级别一致，则遍历结果是不唯一的；如果
确定其存储结构，同一层的结点的优先顺序确定，一般默认的
是从左到右，则算法就是唯一的。图的广度优先遍历和深度
优先遍历的时间复杂度一样为 $O(n+2e)$。

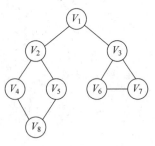

图 4-4 无向图 G_2 及其邻接表

4.3 查找

4.3.1 查找的基本概念

查找是根据给定的值，在一个数据集合中找出其关键字等于给定值的数据元素，若有这
样的元素，则称查找是成功的；此时查找的信息为给定数据元素的输出或指出该元素在表
中的位置；若表中不存在这样的记录，则称查找失败，并可给出相应的提示。

1. 查找方法

因为查找是对已存入计算机中的数据所进行的操作，所以采用何种查找方法，首先取决
于使用哪种数据结构来表示数据集合，即表中结点是按何种方式组织的。为了提高查找速
度，经常使用某些特殊的数据结构来组织表。因此在研究各种查找算法时，首先必须弄清这
些算法所要求适合的数据结构，特别是存储结构。常用的查找方法如图 4-5 所示。

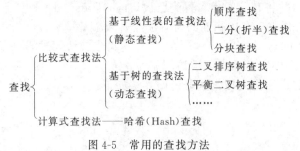

图 4-5 常用的查找方法

2. 平均查找长度

查找算法中的基本操作是将记录的关键字和给定值进行比较。要衡量一种查找算法的
优劣，主要是看要找的值与关键字的比较次数，所以用比较次数的平均值来评估算法的优

劣,称为平均查找长度(Average Search Length,ASL)。

　　假设每一元素被查找的概率相同,则查找每一元素所需的比较次数之和再取平均,即为 ASL。对于一个含有 n 个元素的表,查找成功时的平均查找长度可表示为

$$ASL = \sum_{i=1}^{n} P_i C_i$$

其中: n 是文件记录个数; P_i 是查找第 i 个记录的查找概率(通常取等概率,即 $P_i = 1/n$); C_i 是找到第 i 个记录时所经历的比较次数。

　　显然,ASL 值越小,时间效率越高。

4.3.2　顺序查找

1. 基本思想

　　顺序查找是一种最简单的查找方法,适用于顺序存储结构以及链式存储结构的线性表。从表的一端开始,逐个将当前元素的关键字和所要找的关键字进行比较,若找到该元素,则查找成功,返回其位置;若找不到该元素,则查找失败,返回一个空位置。

　　若用顺序表,查找可"从前往后"扫描,也可"从后往前"扫描;但用单链表,则只能"从前往后"扫描。顺序查找的表中元素可以是无序的。

2. 顺序查找的实现

　　顺序表的顺序查找程序如下:

```
int S_Search(S_TBL * tbl,keytype kx)   //在表 tbl 中查找关键码为 kx 的元素
{
    int i;
    tbl->data[0].key = kx;              //将 kx 放入 0 号位置(即将 0 号元素作为监视哨)中
    for(i = tbl->last; tbl->data[i].key!= kx; i-- )      //从表尾开始向前扫描
    return i;                          //返回 0,查找失败;否则,找到 kx 所在的数组元素的下标地址
}
```

3. 顺序查找的性能分析

　　从顺序查找的过程可知,比较次数 C_i 取决于所查找的记录在表中的位置。如查找表中最后一个记录时,仅需比较一次;而查找表中第一个记录时,则需比较 n 次;一般情况下

$$C_i = n - i + 1$$

在等概率条件下有

$$ASL = \sum_{i=1}^{n} P_i C_i = \frac{1}{n} \sum_{i=1}^{n} (n - i + 1) = \frac{n+1}{2}$$

　　优点:算法简单。对查找表无任何特殊要求,可以是顺序表也可以是链表,数据元素可以无序。

　　缺点:查找效率低。当元素较多时不宜采用顺序查找。

4.3.3　二分查找

1. 基本思想

　　二分查找,也称折半查找,是一种高效率的查找方法。如果线性表满足如下条件,则可

以采用二分查找方法。

(1) 线性表为顺序存储结构。

(2) 线性表按要查找的关键字排列有序。

基本思想：总是将要查找的关键字与其所在表区间的中间位置元素的关键字进行比较，若相同则查找成功，返回其位置；若小于中间位置元素关键字，假设线性表为升序，则继续在其前面子表中进行查找，若大于中间位置元素关键字，则继续在其后子表中进行查找，重复此过程，直到找到该元素或整个表已经查找完为止。

2. 二分查找的实现

若线性表按所要查找的关键字升序排列，设如下 3 个变量。

(1) low：查找区间的起始位置。

(2) high：查找区间的终止位置。

(3) mid：查找区间的中间位置。

初始状态如下：

```
low = 0
high = L -> last
mid = (low + high)/2
```

(1) k>a[mid].key。

```
low = mid + 1, high = L -> last, mid = (low + high)/2
```

(2) k>a[mid].key。

```
low = 0, high = mid - 1, mid = (low + high)/2
```

(3) k=a[mid].key。

查找成功，返回 mid 值。

二分查找程序如下：

```
int binsearch(node R[n + 1], elemtype k) {
    int low = 1, high = n, mid;
    while(low < = high) {
        mid = (low + high)/2;                    //取区间中点
        if(R[mid].key == k) return mid;          //查找成功
        else if (R[mid].key > k) high = mid - 1; //在左子区间中继续查找
            else low = mid + 1;                  //在右子区间中继续查找
    }
    return 0;                                     //查找失败
}
```

例如，针对有序序列{8,17,25,44,68,77,98,100,115,125}，采用二分查找方法查找数字 17 的步骤如图 4-6 所示。

3. 二分查找的性能分析

为了分析二分查找的性能，可以用二叉树来描述二分查找的过程。把当前查找区间的中点作为根结点，左子区间和右子区间分别作为根的左子树和右子树，左子区间和右子区间成为两个新的查找区间，对于新的查找区间分别再按同样的方法进行划分，如此反复，直到不能再分为止，由此得到的二叉树称为二分查找的判定树。因此，图 4-6 中给定的关键字序列{8,17,25,44,68,77,98,100,115,125}对应的判定树如图 4-7 所示。

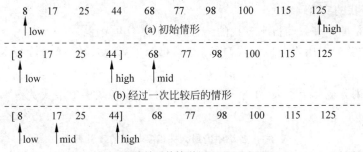

图 4-6　查找 $k=17$ 的示意图(查找成功)

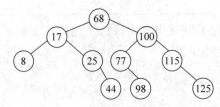

图 4-7　具有 10 个关键字序列值的二分查找判定树

从图 4-7 可知,查找根结点 68,需一次查找,查找 17 和 100,各需两次查找,查找 8、25、77、115 各需三次查找,查找 44、98、125 各需四次查找。结合二叉树的性质,可以得到如下特征。

(1) 二叉树第 k 层结点的查找次数各为 k 次(根结点为第 1 层),而第 k 层结点数最多为 2^{k-1} 个。

(2) 最大的结点号是 $n=2^h-1$(满二叉树),也即二分查找时表的长度。

(3) 有 n 个结点的判定树的深度为 $h=\log_2(n+1)$。

(4) 折半查找法在查找过程中进行的比较次数最多不超过其判定树的深度。

二分查找成功的平均查找长度为(假设每个结点的查找概率相等,都是 $P_i=1/n$)

$$\text{ASL}=\frac{n+1}{n}\log_2(n+1)-1$$

时间复杂度为 $O(\log_2 n)$。

4.3.4　分块查找

分块查找法要求文件中记录关键字"分块有序",即前一块中最大关键字小于后一块中最小关键字,而块内的关键字不一定有序。

1. 基本思想

对于块内无序、块间有序的线性表、分块查找的基本思想是块内采用顺序查找,块间采用二分查找。

先抽取各块中的最大关键字构成一个索引表,由于文件中的记录按关键字分块有序,则索引表呈递增有序状态。查找分两步进行:第一步先对索引表进行二分查找或顺序查找,以确定待查记录在哪一块;第二步在已限定的那一块中进行顺序查找。

用分块查找的文件不一定分成大小相等的若干块,块大小及其分法可根据文件的特征来定。分块查找不仅适用于顺序方式存储的顺序表,也适用于线性链表方式存储的文件。

2．分块查找的实现

分块查找是顺序查找和折半查找的结合，其算法不再表述。

例如，给定关键字序列为{23,15,12,9,20,**34,42,36,25,48**,60,51,74,86,55,**98,110,90,101,108**}。

可将该序列分成 4 个子表，每个子表有 5 个元素，则各块中的最大关键字构成的索引表如表 4-1 所示。

表 4-1　各块中的最大关键字构成的索引表

索引表（index）	1	2	3	4
起始地址 addr	1	6	11	16
最大关键字值 key	23	48	86	110

查找时先依据查找元素值，在索引表中按折半查找方法确定所在块区间，然后在对应的块中按顺序查找方法确定具体位置。

3．分块查找性能分析

分块查找平均查找长度介于顺序查找和二分查找之间。

$$ASL＝ASL\text{索引表}＋ASL（块内）$$

4.3.5　二叉排序树查找

二叉排序树查找属于动态查找，对于需要经常进行增删操作的序列，不适合用顺序存储，一般用链式存储。二叉排序树是最基本的存储方式。

1．二叉排序树的定义

二叉排序树是一棵空树或者一棵具有如下特征的非空二叉树：

（1）若它的左子树非空，则左子树上所有结点的关键字均小于根结点的关键字；

（2）若它的右子树非空，则右子树上所有结点的关键字均大于根结点的关键字；

（3）左、右子树本身又都是一棵二叉排序树。

二叉排序树中无关键字相同的元素。对二叉排序树进行中序遍历，得到的遍历序列是一个按关键码由小到大的序列。

2．二叉排序树的查找过程

例如，在二叉排序树 t 上查找关键码为 kx 的元素，若找到，返回其所在结点的指针，否则返回一个空指针。步骤如下：

（1）若二叉排序树为空，则查找失败。

（2）若二叉排序树为非空，将给定值 kx 与根结点关键码比较。

（3）若相等，则查找成功，结束查找过程，否则：

① 当给定值 kx 小于根结点关键码时，查找将在以左孩子为根的子树上继续进行，转到步骤（1）。

② 当给定值 kx 大于根结点关键码时，查找将在以右孩子为根的子树上继续进行，转到步骤（1）。

二叉排序树查找的递归算法如下：

```
NodeType * SearchData(NodeType * t, KeyType kx)
    { NodeType    * q = t;
```

```
        while(q)
           { if   (kx > q - > data.key)
                   return SearchData(t - > rchild, kx);        /* 在右子树中查找 */
              else if (kx < q - > data.key)
                   return SearchData(t - > lchild, kx);        /* 在左子树中查找 */
                else return q ;                                 /* 查找成功 */
              }
           return NULL ;                                        /* 查找不成功 */
        }
```

二叉排序树查找的迭代算法如下：

```
NodeType * SearchData(NodeType * t, KeyType kx)
    { NodeType * q = t;
       while(q)
          { if   (kx > q - > data.key)
                   q = q - > rchild;                            /* 在右子树中查找 */
              else if (kx < q - > data.key)
                   q = q - > lchild;                            /* 在左子树中查找 */
                else return q ;                                 /* 查找成功 */
              }
           return NULL;                                         /* 查找不成功 */
        }
```

3. 二叉排序树的创建

二叉排序树的创建步骤如下：

（1）为新结点申请空间并赋值。

（2）若二叉排序树为空，则首先单独生成根结点；否则判断被插入结点是其双亲结点的左孩子还是右孩子，然后将被插入结点作为叶子结点插入（新插入的结点总是叶子结点）。

4. 二叉排序树的插入运算

二叉排序树的插入运算首先确定插入位置，其方法与二叉排序树的查找类似，程序如下：

```
int InsertNode(NodeType ** t, KeyType kx)
/* 将关键码为 kx 的元素插入二叉排序树 * t 中，插入成功，则返回1,否则返回 0 */
  { NodeType * p, * q, * s; int flag = 0;
     if ( !SearchData( * t, &p, &q, kx))
     { s = (NodeType * )malloc(sizeof(NodeType));
       s - > data.key = kx; s - > lchild = NULL; s - > rchild = NULL;
       flag = 1;                                               /* 设置插入成功标志 */
       if (!p) * t = s;                                        /* 向空树中插入时 */
       else { if (kx > p - > data.key) p - > rchild = s;
                else p - > lchild = s; }
        }
     return flag;
    }
```

5. 二叉排序树的删除运算

二叉排序树的删除运算分为三种情况：

（1）若所删除结点为叶子结点，则将其双亲的相应的指针置空。

（2）若所删除结点只有左子树或只有右子树，则用其子树代替该结点。

（3）若所删除结点左右子树都有，则将删除结点的左子树的最右结点或右子树的最左结点替换删除结点。

4.3.6　哈希查找

对于频繁使用的查找表，希望平均查找长度 ASL＝0 只有一种办法，即预先知道关键字在表中的位置，也就是说，数据在表中的位置和关键字值之间存在一种确定的关系。哈希查找是基于此设想而产生的查找方法。

1. 哈希查找的相关概念

（1）哈希函数。

哈希函数是描述数据元素的关键字值与该元素存放位置之间对应关系的函数。

表示形式：$\mathrm{add}(a_i)＝\mathrm{hash}(k_i)$

其中：hash 为哈希函数名；

a_i 为线性表中的第 i 个元素；

k_i 为第 i 个元素的关键字值。

（2）哈希地址。

根据哈希函数及数据元素的关键字值所计算出的哈希函数值称为该元素的哈希地址。

（3）同义词。

映射到同一哈希地址上的关键字称为同义词。

（4）冲突。

理想情形下，每一个关键字对应一个唯一的地址，但是有可能出现这样的情形：多个不同的关键字对应同一个内存地址，这样，将导致后放的关键字无法存储，这种现象称为"冲突"。在散列存储中，冲突是很难避免的，除非构造出的散列函数为线性函数。哈希函数选得比较差，则发生冲突的可能性越大。

（5）哈希表。

按哈希地址及冲突的解决方法存放每个元素所生成的表称作哈希表。

（6）哈希表的长度。

哈希表中元素可存放的空间长度称为哈希表的长度，哈希表的长度应大于或等于数据元素的个数。

2. 哈希函数的构造方法

构造哈希函数的方法可以有多种，但必须使哈希地址尽可能均匀地分布在散列空间上，同时使计算尽可能简单。以下介绍一些常用的哈希函数构造方法。

（1）直接定址法。

哈希函数为关键字的线性函数：$H(\mathrm{key})＝\mathrm{key}$ 或 $H(\mathrm{key})＝a*\mathrm{key}+b$，地址集合的大小等于关键字集合的大小。

直接定址法计算简单，并且不会发生冲突，但当关键字分布不连续时，会出现很多空闲单元，将造成大量存储单元的浪费。

例如，统计某区年龄 20～45 岁的人数，年龄作为关键字，$H(\mathrm{age})＝\mathrm{age}-20$，哈希表地址如表 4-2 所示。

表 4-2　直接定址法

地址	0	1	2	3	4	5	6	...	8
人数	1200	1220	1250	1300	1350	1320	1400	...	2200

（2）数字分析法。

假设关键字集合中每个关键字都是多位数字组成，可以分析关键字全体，从中提取分布均匀的若干位或它们的组合作为地址。

例如，学生的生日按年、月、日顺序排列的数据为 951003、951123、960302、960712、950421、960215……。经分析，第 1 位、第 2 位、第 3 位重复的可能性大，取这 3 位的值为哈希地址造成冲突的机会增加，所以尽量不取前 3 位，而取后 3 位相对合理。

（3）平方取中法。

若关键字的每一位都有某些数字重复出现，可以先求关键字的平方值，通过平方扩大差别，平方值的中间几位受到整个关键字中的相应位的影响。

例如，设有一组关键字值为 ABC、BCD、CDE、DEF，其相应的机内码分别为 010203、020304、030405、040506。假设可利用地址空间的大小为 103，平方后取平方数的中间 3 位作为相当记录的存储地址，如表 4-3 所示。

表 4-3 平方取中法

关 键 字	机 内 码	机内码的平方	哈 希 地 址
ABC	010203	0104101209	101
BCD	020304	0412252416	252
BCD	020304	0412252416	252
CDE	030405	0924464025	464

（4）折叠法。

若关键字位数特别多，则可将它分割成几部分，然后取它们叠加和为哈希地址，有移位叠加和间界叠加两种处理方法。

例如，图书编号 10 位（0-442-20586-4），馆藏图书不到 10 000 种，构造 4 位数的哈希函数，采用移位叠加和间界叠加得到哈希地址如图 4-8 所示。

```
      移位叠加                        间界叠加

        5864                          5864
        4220                          0224
    +     04                      +     04
    -----------                    -----------
       10088                          6092
    H(key)=0088                    H(key)=6092
```

图 4-8 折叠法计算哈希函数值

（5）除留余数法。

除留余数法是令关键字被某个不大于哈希表表长（m）的数 p 去除，并所得余数为哈希地址，即

$$H(\text{key}) = \text{key} \bmod p, \quad p \leqslant m$$

除数 p 的选择非常重要。若 p 的大小适当，则可保证变换所得的 $H(K)$ 值落在给定的哈希表区域内。

例如，当 key=12,39,18,24,33,21 时，若取 $p=9$，则使所有含质因子 3 的关键字均映射到地址 0、3、6 上，从而增加了冲突的机会。

$$12 \bmod 9 = 3$$
$$39 \bmod 9 = 3$$

$$18 \bmod 9 = 0$$
$$24 \bmod 9 = 6$$

（6）随机数法。

选择一个随机函数，取关键字的随机值为它的哈希地址，即 $H(\text{key}) = \text{random}(\text{key})$。其中 random 为随机函数。通常关键字长度不等时采用此法。

3. 处理冲突的方法

处理冲突的含义是为产生冲突的地址寻找下一个哈希地址。能够完全避开冲突的哈希函数是很少的，在冲突发生时，寻找较好的方法解决冲突是一个很重要的问题。

（1）开放定址法。

开放定址法就是从发生冲突的单元开始，按照一定的散列次序，从散列表中找出一个空闲的存储单元，把发生冲突的待插入关键字存储到该单元中，从而解决冲突的发生。

为产生冲突的地址 $H(\text{key})$ 求得一个地址序列

$$H_0, H_1, H_2, \cdots, H_s$$

其中

$$H_0 = H(\text{key})$$
$$H_i = (H(\text{key}) + d_i) \bmod m \quad \{i = 1, 2, \cdots, k(k \leqslant m - 1)\}$$

其中：m 为表长，d_i 为增量序列。增量序列有 3 种取法。

① 线性探测再散列。

$d_i = c * i$，最简单情况 $c = 1$。

② 二次探测再散列。

d_i 的取值可能为 $1, -1, 2, -2, 4, -4, 9, -9, \cdots, k*k, -k*k \quad (k \leqslant m/2)$

③ 随机探测再散列。

d_i 是一组伪随机数列，或 $d_i = i * H(\text{key})$。

例 4.6 在长度为 11 的哈希表中已填有关键字分别为 $17, 60, 29$ 的记录，现有第四个记录，其关键字为 38，由哈希函数 $H(k) = k \bmod 11$ 得到地址为 5，若用线性、二次、伪随机等 3 种探测再散列方法添入哈希表的地址分别为 8，4，3，如图 4-9(a)～图 4-9(d)所示。

0	1	2	3	4	5	6	7	8	9	10
					60	17	29			

(a) 插入前

0	1	2	3	4	5	6	7	8	9	10
					60	17	29	38		

(b) 线性探测再散列

0	1	2	3	4	5	6	7	8	9	10
				38	60	17	29			

(c) 二次探测再散列

0	1	2	3	4	5	6	7	8	9	10
			38		60	17	29			

(d) 伪随机数列为 9，5，3，…的伪随机探测再散列

图 4-9　开放定址法

（2）再哈希法。

当发生冲突时,使用第二个或更多哈希函数计算地址,直到无冲突时为止。其缺点是计算时间增加。

（3）链地址法。

将所有关键字为同义词的记录存储在同一线性链表中,并用一维数组存放头指针。

例 4.7 已知一组关键字 19,14,23,1,68,20,84,27,55,11,10,79,哈希函数为 $H(\text{key})=\text{key mod }13$,用链地址法处理冲突,则可表示为如图 4-10 所示的形式。

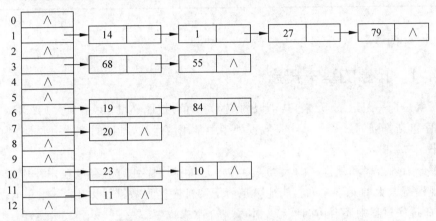

图 4-10 链地址法处理冲突时的哈希表

4. 性能分析

哈希查找按理论分析,它的时间复杂度应为 $O(1)$,它的平均查找长度为 ASL＝1,但实际上,由于往往存在冲突,它的平均查找长度将会比 1 大。对于一组相同的关键字,即使采用相同的哈希函数,但使用不同的处理冲突的方法,其平均查找长度也不一样。

决定哈希表查找的 ASL 有以下因素。

（1）哈希函数。

（2）选用的处理冲突的方法。

（3）哈希表的饱和程度,取决装载因子的大小。

（4）装载因子定义：$\alpha=n/m$。

一般情况下,可以认为选用的哈希函数是均匀的,讨论 ASL 可以不考虑它的因素。因此哈希表的 ASL 是处理冲突方法和装载因子的函数,可以证明,查找成功时结果如下。

（1）线性探测再散列,平均查找长度

$$S=(1+1/(1-\alpha))/2$$

（2）随机探测再散列,平均查找长度

$$S=\ln(1-\alpha)/\alpha$$

（3）链地址法,平均查找长度

$$S=1+\alpha/2$$

3 种冲突处理方法的比较如表 4-4 所示。

表 4-4　冲突处理方法的比较

冲突处理方法	优　　点	缺　　点
线性探测再散列	哈希表未满时,保证能找到一个不发生冲突的单元	容易使冲突在某个区域"堆积"
二次探测再散列	能较好地避免冲突的"堆积"现象	哈希表未满时,不一定能找到一个不发生冲突的单元
链地址法	不会产生堆积现象,平均查找长度较短	所用的空间要比开放地址法多

4.4　排序

4.4.1　排序的基本概念

排序就是把一组记录（元素）某个域的值（关键值）按照递增（由小到大）或递减（由大到小）的次序重新排列的过程。排序是数据处理中常用的运算,排序的目的主要是为了提高查找的效率。

排序分为内排序和外排序两大类:内排序是待排序序列完全存放在内存中进行排序,适用于规模不太大的元素序列;外排序是由于待排序序列数据量太大,不能完全存放在内存中,因此排序过程中还会访问外存。本章只介绍内排序。

对于某种排序算法,对任意一组出现关键字值相同的元素,经排序后这些关键字值相同的元素其前后次序不会改变,则称此排序算法是稳定的,否则是不稳定的。

例如,序列$\{3,25,18,\mathbf{18},16,19\}$（两个 18 分别用正常字体和粗体区分）。

若排序后的序列为$\{3\quad 16\quad 18\quad \mathbf{18}\quad 19\quad 25\}$,稳定。

若排序后的序列为$\{3\quad 16\quad \mathbf{18}\quad 18\quad 19\quad 25\}$,不稳定。

排序可以分为插入排序、交换排序、选择排序、归并排序等多种排序方式。分析一种排序方法,不仅要分析它的时间复杂性,而且要分析它的空间复杂性、稳定性和简单性等。

4.4.2　插入排序

插入排序的基本方法是:每步将一个待排序的记录按其关键值的大小插到前面已经排序的序列当中,直到全部插入为止。

1. 直接插入排序

（1）基本思想。

直接插入排序是把 n 个待排序的元素看成一个有序表和一个无序表,首先,令第一个元素作为初始有序表;依次插入第 $2,3,\cdots,k$ 个元素构造新的有序表,直至最后一个元素。排序共需进行 $n-1$ 趟。

（2）示例。

假设某序列包含元素集合为[38　20　46　38　74　91　12],采用直接插入排序的过程如下:

初始状态　　　　　　　　[38][20　46　38　74　91　12]

　第 1 趟　　　　　　　　[20　38][46　38　74　91　12]

第2趟	[20 38 46][38 74 91 12]
第3趟	[20 38 38 46][74 91 12]
第4趟	[20 38 38 46 74][91 12]
第5趟	[20 38 38 46 74 91][12]
第6趟	[12 20 38 38 46 74 91]

（3）算法程序。

```
void ins_sort(datatype R[], int n)
{ int i;
   for( i = 2;i < = n;i++)
   { R[0] = R[i]; ];              //i位置的元素暂存在R[0],以免在后移过程中被覆盖而丢失
     j = i - 1;                   //从i前面开始比较
     while( R[0].key < R[j].key )
     { R[j + 1] = R[j] ;          //元素后移
       j -- ; }                   //位置前移
     R[j + 1] = R[0] ;            //插入元素
   }
}
```

（4）算法分析。

从时间分析，外层循环进行 $n-1$ 次插入，每次插入至少比较一次（正序），移动两次；最多比较 i 次，移动 $i+2$ 次（逆序）（$i=1,2,\cdots,n-1$）。最快的情况是原序列为正序，最慢的情况是原序列为逆序。因此，直接插入排序的时间复杂度为 $O(n^2)$。

直接插入算法的元素移动是顺序的，该方法是稳定的。

2. 折半插入排序

（1）基本思想。

折半插入排序是结合直接插入排序与折半查找的排序方法，即先将第一个元素作为有序序列，进行 $n-1$ 次插入，在有序表中确定插入位置采用折半查找方法。

（2）算法程序。

```
void HalfInsSort(datatype R[], int n)
{  int i, j, low, high, mid;
   for (i = 2; i < = n; i++)
   {  R[0] = R[i];
      low = 1;     high = i - 1;
      while (low < = high)                  //在R[low..high]中折半查找有序插入的位置
      {   mid = (low + high) / 2;
          if ( R[0].key < R[mid].key)
             high = mid - 1;
          else low = mid + 1;
      }
      for (j = i - 1; j > = high + 1; j -- ) R[j + 1] = R[j];    //元素后移
      R[high + 1] = R[0]                     //插入
   }
}
```

（3）算法分析。

折半插入算法与直接插入算法相比，需要的辅助空间与直接插入排序基本一致。时间上，前者的比较次数比直接插入查找的最坏情况好，最好的情况坏，两种方法元素的移动次数相同，因此折半插入排序的时间复杂度仍为 $O(n^2)$。

折半插入算法与直接插入算法的元素移动一样是顺序的，因此该方法也是稳定的。折半插入排序只适用于顺序存储结构的排序表。

3. 希尔排序

（1）基本思想。

观察直接插入排序会发现在元素个数 n 较小时，效率很高；如果元素基本有序，即使 n 很大，效率仍然很高。

希尔排序又称缩小增量排序，是直接插入排序算法的一种更高效的改进版本。希尔排序的实质就是分组插入排序，先将待排序记录序列分割成若干子序列分别进行直接插入排序，待整个序列中的记录基本有序后，再全体进行一次直接插入排序。

先取一个小于 n 的整数 d_1 作为第一个增量，把全部记录分成 d_1 个组。所有距离为 d_1 的倍数的记录放在同一个组中。先在各组内进行直接插入排序；然后，取第二个增量 $d_2 < d_1$ 重复上述的分组和排序，直至所取的增量 $d_i = 1(d_i < d_{i-1} < \cdots < d_2 < d_1)$ 为止。步长因子中除 1 外应没有公共因子。

增量的一般取法为

$$d_t = 2^t - 1, \quad 1 \leqslant t \leqslant [\log_2 n]$$

其中，n 为表长。

（2）示例。

以步长为 5、3、1，对以下序列进行希尔排序，排序过程如图 4-11 所示。

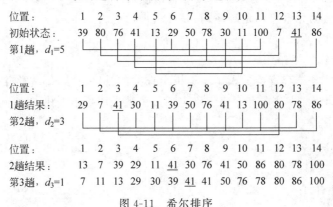

图 4-11 希尔排序

（3）算法程序。

```
void Shellins(datatype R[ ], int n, int dk)
 //希尔排序中的一趟排序，dk 为当前增量
{   for(i = dk + 1;i <= n;i++)                        //将 R[d + 1..n]分别插入各组当前的有序区
    if(R[i].key < R[i - dk].key)
    {   R[0] = R[i];j = i - dk;                        //R[0]是暂存单元
        while(j > 0&&R[0].key < R[j].key)              //查找 R[i]的插入位置
        { R[j + dk] = R[j]; j = j - dk;}               //元素后移，位置前移
        R[j + d] = R[0];                               //插入 R[i]到正确的位置上
    } //endif
} //ShellPass
void shellsort (datatype R[ ], int n, int d[ ],int t) //增量序列放在 d[0],d[1],…,d[t - 1]中
{
    for (k = 0;k < t;k++)
```

```
    shellins(R,n,d[k]);
}
```

（4）算法分析。

希尔排序优于直接插入排序，是因为希尔排序是按照不同步长对元素进行插入，当刚开始元素很无序的时候，步长最大，所以插入排序的元素个数很少，速度很快；当元素基本有序了，步长很小，插入排序对于有序的序列效率很高。

希尔排序的时间复杂度取决于步长的选择。平均情况下，希尔排序的时间复杂度为 $O(n\log_2 n)$，最坏情况下为 $O(n^{\wedge}1.5)$。

由于多次插入排序，虽然一次插入排序是稳定的，不会改变相同元素的相对顺序，但在不同的插入排序过程中，相同的元素可能在各自的插入排序中移动，最后其稳定性就会被打乱，所以希尔排序是不稳定的。

4.4.3 交换排序

交换排序是通过对待排序表中两个元素的关键码进行比较，若与排序要求相逆，则将二者次序进行交换，最终得到排序结果。常见的交换排序有冒泡排序和快速排序。

1. 冒泡排序

（1）基本思想。

为了形象地描述冒泡排序，可以形象地将待排序的 n 个记录按纵向排列，每趟排序时自下至上对每对相邻记录进行比较，若次序不符合要求（逆序）则交换其位置，就像水底下的气泡一样逐渐向上冒。该思想可以拓展成自上而下、自左而右、自右而左进行比较。需要进行 $n-1$ 趟比较，排序即可完成。

第 1 趟：将第 n 个到第 2 个元素和其前面的元素比较，位置不对交换次序。

交换结果：关键字最大的记录被交换至最后一个元素位置上。

第 2 趟：将第 n 个到第 3 个元素和其前面的元素比较，位置不对交换次序。

……

第 i 趟：将第 n 个到第 $i+1$ 个元素和其前面的元素比较，位置不对交换次序。

（2）示例。

对序列 $\{91,38,20,46,38,74,12\}$ 进行冒泡排序，排序过程见图 4-12。

初始状态	第 1 趟	第 2 趟	第 3 趟	第 4 趟	第 5 趟	第 6 趟
91	12	12	12	12	12	12
38	91	20	20	20	20	20
20	38	91	38	38	38	38
46	20	38	91	38	38	38
38	46	38	38	91	46	46
74	38	46	46	46	91	74
12	74	74	74	74	74	91

图 4-12 冒泡排序

提前结束的情况：

第 i 趟的两两比较时，没有位置不对的元素，则没有必要进行第 $i+1$ 趟。

R[1].key≤a(2).key≤a(3).key≤…≤a(n-i).key

（3）算法分析。

从冒泡排序的算法可以看出，若待排序的元素为正序，则只需进行一趟排序，比较次数为$(n-1)$，移动元素次数为0；若待排序的元素为逆序，则需进行$n-1$趟排序，比较次数为$(n^2-n)/2$，移动次数为$3(n^2-n)/2$，因此冒泡排序算法的时间复杂度为$O(n^2)$。由于其中的元素移动较多，所以属于内排序中速度较慢的一种。

冒泡排序算法只进行元素间的顺序移动，所以是稳定排序。

2. 快速排序

（1）基本思想。

快速排序是任取待排序序列中的某个元素作为基准元素（一般取第一个元素），将待排序元素分为左右两个子表，左子表中元素的关键字值小于基准元素的关键字值，右子表中的关键字则大于或等于基准元素的值，然后分别对两个子表继续进行划分，直至每一个子表只有一个元素或空为止，最后得到的便是有序序列。

（2）示例。

设初始序列为{49,38,65,97,76,13,27,49}，首先取第一个元素49作为关键字，形成两个子表，左子表中元素的值均小于49，右子表中的元素的值则大于或等于49。第一趟排序过程如图4-13所示。

0 low	1	2	3	4	5	6	7 high
49	38	65	97	76	13	27 high	49
27	38	65 low	97	76	13		49
27	38		97	76	13 high	65	49
27	38	13	97 low	76		65	49
27	38	13	49 high	76	97	65	49

图 4-13　快速排序

然后再对49左、右两个子表按递归方式进行相同操作。递归终止的条件是最终序列长度为1。

（3）算法程序。

取序列第一个记录为基准，存放在变量temp中，定义两个变量i、j分别指向序列第一个记录位置和序列最后一个记录位置。

```
void quicksort(ElemType R[], int left , int right)
{
    int i = left, j = right; ElemType temp = R[i];
    while (i < j)
    {
        while ((R[j] > temp)&&(j > i)) j = j - 1;
        if (j > i){ R[i] = R[j]; i = i + 1; }
        while ((R[i] < = temp)&&(j > i)) i = i + 1;
        if (i < j){ R[j] = R[i]; j = j - 1; }
    }
    //一次划分得到基准值的正确位置
    R[i] = temp;
```

```
    if (left<i-1) quicksort(R,left,i-1);         //递归调用左子区间
    if (i+1<right) quicksort(R,i+1,right);        //递归调用右子区间
}
```

（4）算法分析。

快速排序是一个递归过程,类似二叉排序树,利用序列第一个记录作为基准,将整个序列划分为左右两个子序列。只要某个记录的关键字小于基准记录的关键字,就移到序列左侧。快速排序的趟数取决于递归树的高度。

若快速排序出现最好的情形(左、右子区间的长度大致相等),则结点数 n 与二叉树深度 h 应满足 $\log_2 n < h < \log_2(n+1)$,所以总的比较次数不会超过 $(n+1)\log_2 n$。因此,快速排序的最好时间复杂度应为 $O(n\log_2 n)$。在理论上已经证明,这是快速排序的平均时间复杂度。

快速排序是一种不稳定的排序方法。

4.4.4 选择排序

（1）基本思想。

选择排序是每次从待排序的记录中选取关键值最小的记录,顺序放在已排序的记录序列的最后,直到全部排序完成。基于此思想的算法主要有简单选择排序、树形选择排序和堆排序。简单选择排序是最常用的选择排序方法。

简单选择排序即第 1 趟排序时从待排序的 n 个记录中选择出关键字最小(大)的记录,将其与第一个记录交换;第 2 趟,从第二个记录开始的 $n-1$ 个记录中选择出关键字最小(大)的记录,将其与第二个记录交换;如此下去,通过 $n-1$ 趟操作,整个数据表就排列有序。

（2）示例。

例如,对如下序列进行升序排序,每趟操作均从 $n-i$($i=0$ 到 $n-1$)个记录中选择出关键字最大值交换第 $i+1$ 位置。

初始状态	38	20	46	38	74	91	12
第 1 趟	**12**	20	46	38	74	91	38
第 2 趟	**12**	**20**	46	38	74	91	38
第 3 趟	**12**	**20**	**38**	46	74	91	38
第 4 趟	**12**	**20**	**38**	38	74	91	46
第 5 趟	**12**	**20**	**38**	38	**46**	91	74
第 6 趟	**12**	**20**	**38**	38	**46**	74	91

（3）算法程序。

```
Smp_Selecpass(ListType &r,int i)
{
    k = i;
    for(j = i+1;j<n;i++)
        if (r[j].key<r[k].key) k = j;
    if (k!= i) { t = R[i];R[i] = R[k];R[k] = t;}
}
```

```
Smp_Sort(ListType &r)
{
    for(i = 1;i < n−1;i++) Smp_Selecpass(R,i);
}
```

（4）效率分析。

在简单选择排序中，共需进行 $n−1$ 次选择和交换，每次选择需要进行 $n−i$ 次比较 $1 \leqslant i \leqslant n−1$，而每次交换最多需 3 次移动，因此总的比较次数和总的移动次数的表达式如下所示。

总的比较次数为

$$C = \sum_{i=1}^{n-1}(n−i) = n(n−1)/2$$

总的移动次数为

$$M = \sum_{i=1}^{n-1}3 = 3(n−1)$$

由此可知，简单选择排序的时间复杂度为 $O(n^2)$，所以当记录占用的字节数较多时，通常比直接插入排序的执行速度要快。

由于在简单选择排序中存在着不相邻元素之间的互换，因此，简单选择排序是一种不稳定的排序方法。

4.4.5 归并排序

归并的含义是将两个或两个以上的有序表合并成一个有序表。合并时顺序比较两者的相应元素，小者移入另一表中，反复如此，直至其中任一表都移入另一表为止。利用归并的思想就可以实现排序。二路归并排序是最常用的归并排序方法。

（1）基本思想。

假设初始的序列含有 n 个记录，可以看成 n 个有序的子序列，每个子序列的长度为 1，然后两两归并，得到 $\lceil n/2 \rceil$ 个长度为 2 或 1 的有序子序列；再两两归并，如此重复直到得到一个长度为 n 的有序序列为止。

（2）示例。

对序列 $\{49,38,65,97,76,13,06\}$ 进行归并排序，排序过程如图 4-14 所示。

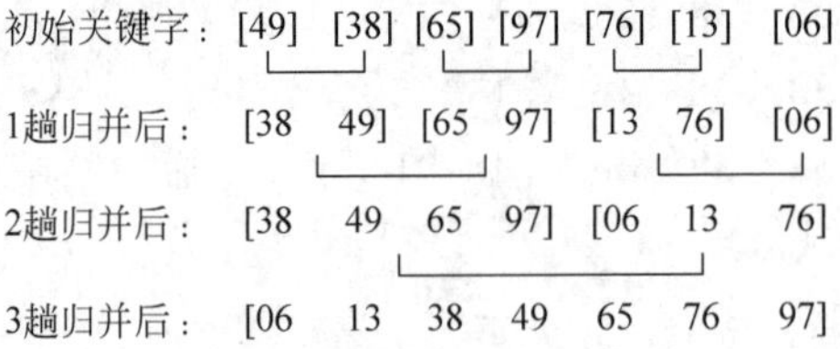

```
初始关键字： [49]  [38]  [65]  [97]  [76]  [13]  [06]

1趟归并后：  [38   49]  [65   97]  [13   76]  [06]

2趟归并后：  [38   49   65   97]  [06   13   76]

3趟归并后：  [06   13   38   49   65   76   97]
```

图 4-14 归并排序

（3）效率分析。

对 n 个元素的归并排序，两两过程对应由叶向根生成一棵二叉树的过程。所以归并趟数约等于二叉树的高度减 1，即 $\log_2 n$，每趟归并需移动记录 n 次，故时间复杂度为 $O(n\log_2 n)$。

归并排序是稳定的排序。

4.4.6　多关键字排序

多关键字排序指如果数据序列有多个关键字,每按一个关键字排序后在不改变前一次排序结果下再按第二,…,第 n 个关键字排序。

例如,在进行高考分数处理时,除了需对总分进行排序外,不同的专业对单科分数的要求不同,因此尚需在总分相同的情况下,按用户提出的单科分数的次序要求排出考生录取的次序。

(1) 基本思想。

例如,对 52 张扑克牌按以下次序排序:

♣2＜♣3＜…＜♣A＜♦2＜♦3＜…＜♦A＜♥2＜♥3＜…＜♥A＜♠2＜♠3＜…＜♠A

存在两个关键字:花色(♣＜♦＜♥＜♠)和面值(2＜3＜…＜A),并且"花色"地位高于"面值",有两种排序方法。

① 最高位优先法(Most Significant Digittalfirst,MSD)。

先按不同"花色"分成有次序的 4 堆,每堆均具有相同的花色;然后分别对每堆按"面值"大小整理有序。

② 最低位优先法(Least Significant Digittalfirst,LSD)。

先按不同"面值"分成 13 堆,将这 13 堆牌自小至大叠在一起(2,3,…,A);然后将这副牌整个颠倒过来再重新按不同的"花色"分成 4 堆;最后将这 4 堆牌按自小至大的次序合在一起。

MSD 与 LSD 特点如下。

按 MSD 排序,必须将序列逐层分割成若干子序列,然后对各子序列分别排序。

按 LSD 排序,不必分成子序列,对每个关键字都是整个序列参加排序;并且可不通过关键字比较,而通过若干次分配与收集实现排序。

(2) 效率分析。

假设 n 为记录数,d 为关键字数,r_d 为关键字取值范围(如十进制为10),多关键字排序一次完整的排序是分配+收集,也就是 $n+r_d$,而一共需要的排序趟数,就是关键字的数目 d,故时间复杂度为 $O(d(n+r_d))$。多关键字排序按优先级由低到高排,从第二次开始,必须是稳定排序算法。

4.4.7　小结

排序是一般数据查找的前提步骤。各种排序方式有各自的特点,几种排序方法总结如表 4-5 所示。

表 4-5　几种排序方法总结

排序方法	最好时间	平均时间	最坏时间	辅助空间	稳定性
冒泡排序	$O(n)$	$O(n^2)$	$O(n^2)$	$O(1)$	√
插入排序	$O(n)$	$O(n^2)$	$O(n^2)$	$O(1)$	√
简单选择排序	$O(n^2)$	$O(n^2)$	$O(n^2)$	$O(1)$	×
快速排序	$O(n\log_2 n)$	$O(n\log_2 n)$	$O(n^2)$	$O(n\log_2 n)$	×
归并排序	$O(n\log_2 n)$	$O(n\log_2 n)$	$O(n\log_2 n)$	$O(n)$	√

（1）平均时间性能。以快速排序法最佳，但最坏情况下不如堆排序和归并排序；在 n 较大时，归并排序比堆排序快，但所需辅助空间最多。

（2）简单排序以直接插入排序最简单，当记录"基本有序"或 n 值较小时，是最佳的排序方法，因此常和其他排序方法结合使用。

（3）从稳定性来看，大部分时间复杂度为 $O(n_2)$ 的简单排序法都是稳定的。然而，快速排序、堆排序和希尔排序等时间性能较好的排序都是不稳定的。一般来说，排序过程中的比较是在相邻的两个记录关键字之间进行的排序方法是稳定的。大多数情况下排序是按记录的主关键字进行的，则所有的排序方法是否稳定无关紧要。当排序是按记录的次关键字进行时，则应根据问题所需慎重选择。

## 第 5 章

操 作 系 统

计算机通常包含一个或多个处理器、内存、硬盘、键盘、鼠标、显示器、网络接口以及各种输入/输出(I/O)设备。操作系统是一种特殊软件,它的任务是对计算机上的硬件资源和运行的各种应用程序进行管理,并为应用程序提供一个简洁并且一致的硬件访问接口。

5.1 操作系统简介

5.1.1 操作系统的功能

大多数人都接触过一些常用的计算机操作系统,例如 Windows、Linux 或 macOS。很多人认为操作系统就是启动计算机后所面对的图形界面或命令行环境。图形用户界面称为 GUI,命令行环境则称为 Shell,它们实际上是计算机上安装的程序,严格来说并不是操作系统的一部分。

图 5-1 描绘了计算机总体的层次结构。从图中可以看出,底层是硬件,包括 CPU (Central Processing Unit,中央处理器)、内存、硬盘、显示器、键盘、鼠标等。硬件上面是软件。绝大部分计算机有两种运行模式:内核模式和用户模式。内核模式拥有最高权限,能访问所有硬件和执行任何指令。操作系统位于软件中最基础的层面,运行在内核模式。其余软件运行在用户模式,只能执行部分指令,并且不能直接执行 I/O 指令。启动计算机后,Shell 和 GUI 这些用户接口程序位于用户模式的最底层,用户可以通过 Shell 或 GUI 启动浏览器、字处理软件等其他应用程序。这些程序都要依赖操作系统提供的服务。操作系统一般直接运行在裸机上,为所有其他软件提供基础的运行环境。

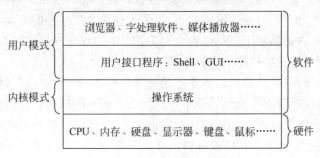

图 5-1 计算机总体的层次结构

　　IBM 的创立者托马斯·沃森曾说："全世界只需要 5 台计算机就足够了"。如果没有操作系统，这句话可能是对的。但操作系统的出现使得程序员和用户对计算机的操控变得极为便利。Windows 的易用性有目共睹，苹果计算机更是工业设计的永恒经典，并且这些系统还在不断演化，变得越来越美观易用。而近年的发展则让人们看到了另一个经典的工业设计典范 UNIX 的意外复兴。以 UNIX 为模板的开源操作系统 Linux 获得了网络服务器和嵌入式系统的很大市场份额，并且为智能手机操作系统的发展奠定了坚实的基础。

　　操作系统主要运行于内核模式，但也不能一概而论。有些操作系统，尤其是一些嵌入式操作系统，可能没有内核模式；有些操作系统则会让一些组件运行于用户模式。因此不能用是否运行于内核模式区分操作系统与应用软件。

　　从应用程序和程序员的角度来看，操作系统主要提供两大功能：一是管理各种硬件资源；二是对纷繁复杂的硬件进行抽象，为应用程序和程序员提供简洁一致的硬件访问接口。

　　计算机有多种类型和体系结构，CPU 指令、内存组织、I/O 和总线结构各不相同。不仅在机器指令层面编程是异常繁杂的工作，而且还要面对各种硬件形态。以硬盘为例，常见的就有 IDE、SATA、SCSI 等多种接口，其中任何一种接口在机器指令层面进行编程都是极为复杂的工作。如果编写应用程序要掌握各种接口类型硬盘的细节，将是不可能完成的任务。为了解决这个问题，操作系统提供了硬盘驱动程序，负责与硬盘进行交互，并为其他程序提供读/写硬盘数据块的接口。对于其他 I/O 设备，操作系统也有相应的驱动程序提供硬件控制和访问接口。

　　但就算是在这个层面，对于大多数应用来说还是太过繁杂。例如，存储数据的硬件可能是硬盘、闪存，甚至某个网络存储位置。如果每个有数据存取需求的应用程序都需要了解所有硬件，编程仍然是很困难的任务，而且很难应对新的硬件。因此，所有的操作系统都为数据存储介质提供了另一层抽象——文件。这样，编写应用程序时，只需要知道如何创建和读写文件即可，不用涉及具体的硬件细节，甚至不用关心使用的是哪种硬件。

　　从底层的角度来看，文件抽象也简化了所存储数据的模型。底层实现不用关心用户存储的是数码照片、电子邮件、歌曲、Web 页面还是电影。这样文件抽象就成了上层应用和底层硬件之间的一个接口，从而大大简化了各方面的工作，使得各种复杂的系统架构的发展成为可能。

　　就操作系统来说，可以认为操作系统就是一个接口，隐藏复杂的硬件细节，给程序（以及程序员）提供良好、清晰、优雅、一致的抽象和接口。正因为有了这个接口作为坚实的基础，程序员才能腾出手来集中精力发展各种功能强大、界面美观的应用。例如，基于 Linux 的内核就发展出了 Shell 命令行环境、Gnome 和 KDE 这些非常不一样的桌面环境以及安卓手机界面，各手机厂商又在此基础上进一步衍生出了各自的操作界面，所有这些都有赖于 Linux 内核提供的简洁而一致的接口作为支撑。

　　除了为应用程序提供硬件抽象，操作系统还需要对处理器、存储器、时钟、磁盘、鼠标、网络接口等各种设备进行管理。现代计算机系统允许多道程序同时运行。如果应用程序直接访问，同时运行的多道程序同时在打印机上输出信息，打印的结果很可能是一团糟。不仅打印机，应用程序在使用存储器、I/O 设备以及其他资源（文件、数据库等）时，都有可能互相干扰。因此，操作系统需要对所有这些资源的使用进行管理，记录哪个程序在使用什么资源，对资源请求进行分配，评估使用代价，并且为不同的程序和用户调解互相冲突的资源请求。

有一些资源的管理方式是轮流使用,即在时间上复用资源。例如,若系统中只有一个CPU,而多个程序需要在该CPU上运行,操作系统首先把该CPU分配给某个程序,在它运行了一段时间之后,让另一个程序开始在CPU上运行,然后是下一个,如此进行下去。由于这种轮流可以进行得极快,以至于用户会感觉程序是在同时连续运行。又如打印机,当多个打印作业要在同一台打印机上打印时,就可以采取排队的方式,轮流依次打印。

有一些资源的管理方式则是空间复用。例如,让多个运行的程序同时进驻内存,甚至让运行的程序只有部分指令段和数据段进驻内存。显然,这会带来效率和内存保护等问题,这些都有赖于操作系统来解决。磁盘也是典型的空间复用的例子。磁盘可能同时为许多用户保存文件,分配磁盘空间并记录谁正在使用哪个磁盘块,也是操作系统的典型任务。

5.1.2　操作系统的发展历史

操作系统的发展与计算机体系结构的发展关联密切。不同的计算机的发展阶段对应着不同的操作系统。

1937年,阿兰·图灵在论文中提出了图灵机和可计算性的概念,为计算机的研究打下了理论基础。在第二次世界大战之后,战争的需要刺激了计算机研究的发展。英国的Colossus和美国的ENIAC相继问世。随后冯·诺依曼对计算机的研发进行了总结,提出了由存储器、运算器、控制器和输入/输出设备组成的计算机体系结构,并且建议将程序和数据都存放在存储器中。冯·诺依曼的设计成了现代计算机的蓝图。

在20世纪40年代,计算机还只能用继电器和真空管等器件制造,程序则是用机器语言编写的,甚至还需要通过将上千根电缆接到电路板的方式来设计程序。当时还没有程序设计语言,更没有操作系统。使用机器得预约,程序员在墙上的机时表上预约一段时间,然后到机房中将电路板连到计算机里,运行过程中真空管还经常被烧坏。当时计算机主要是做简单的数学运算,例如计算三角函数表和对数表,或者计算弹道等。到了20世纪50年代,开始有了穿孔卡片,这时就可以将程序写在卡片上,不需要再插拔电路板,但其他过程则依然如旧。

到了20世纪50年代,晶体管的发明使得计算机的发展突飞猛进。计算机的成本显著降低,稳定性则大为提高,终于可以离开实验室,实现产品化。操作员、程序员和维护人员之间也有了明确的分工。这些机器现在被称作大型机,需要有专门的机房,由专业操作员进行操作。只有少数大企业、要害部门或资深大学才有实力配备。程序员先将程序写在纸上(用FORTRAN语言或汇编语言),然后制成穿孔卡片,再将卡片盒带到机房交给操作员,等待程序运行结束,输出结果。计算机运行完程序后,在打印机上输出计算结果,再由操作员将结果交还程序员。然后,操作员从送来的卡片盒中取出下一个任务输入计算机。这样做的效率很低,由于当时的计算机很昂贵,最好是能充分利用机时,因此批处理系统应运而生。

批处理的做法是首先批量地收集程序作业,然后用一台相对便宜的计算机将它们读到磁带上。在收集了一定数量的程序任务后,将磁带装到大型机的磁带机上。然后,操作员运行一个特殊的计算机操作程序,这个程序会从磁带上读入第一个程序任务并执行,并将结果输出到另一盘磁带上。每个任务结束后,操作程序会自动地从磁带上读入下一个任务并执行。当磁带上的一批程序任务全部执行结束后,操作员取下输入和输出磁带,将准备好的下一卷输入磁带装上去,再把输出磁带送去打印,早期的批处理系统如图5-2所示。

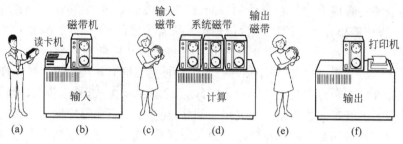

图 5-2　早期的批处理系统

典型的程序任务结构如图 5-3 所示。首先是 $JOB 卡片，它记录了程序的一些信息，例如最长运行时间、程序员的名字和账号；然后是 $FORTRAN 卡片，指令操作程序运行 FORTRAN 语言编译器；之后是待编译的源程序，然后是 $LOAD 卡片，指令操作程序加载编译好的目标程序；接着是 $RUN 卡片，指令操作程序执行该程序并使用后面的数据，$END 卡片标识任务结束。这些控制卡片起的作用类似现在的批处理命令和脚本程序的先驱，操作程序可以认为是操作系统的前身。

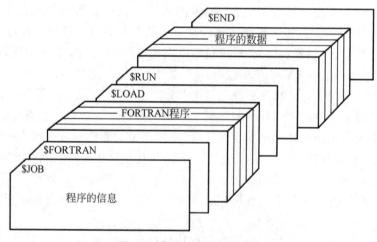

图 5-3　典型的程序任务结构

到了 20 世纪 60 年代，集成电路(Integrated Circuit，IC)技术开始成熟，采用了 IC 技术的计算机的性价比有了很大提升。大多数计算机厂商开始分化出两条不同的产品线：一条是大型科学用计算机，主要用于高计算强度的科学和工程计算；另一条是商用计算机，主要用于卡片磁带转录和打印服务。一开始这两种计算机无法兼容，但很快人们希望为小型计算机开发的程序也能放到大型机上运行。IBM 公司试图通过引入 System/360 解决这两个问题。360 是一个计算机系列，既有低档机也有高档机。这些计算机的价格和性能(速度、内存容量)各不相同，但是有相同的体系结构和指令集，因此，为一种型号编写的程序也可以在其他型号上运行。

360 系列既能适应简单的商用也能适应繁重的科学计算，同时还能挂载磁带机和打印机等各种外设。为了实现这个目的，IBM 开发了一个庞大的操作系统 OS/360，由数千名程序员编写的数百万行汇编语言代码构成，体量庞大。同时它还引入了后来很关键的一些技术，例如多道程序设计和外设联机并行操作(SPOOLing)技术。

以前的计算机没有多道程序的概念,如果当前任务要进行磁带或其他 I/O 操作,CPU 就只能空转,直至 I/O 操作完成。如果是计算强度高的科学和工程计算,I/O 操作的占比还相对较少,但如果是商业应用,打印等 I/O 操作的占比则相对较高,因此浪费的 CPU 时间也较多。多道程序的解决方案是将内存分几个部分,用于存放不同的程序任务。当一个任务在等待 I/O 操作完成时,另一个任务可以使用 CPU,从而提高 CPU 的利用率。如果在内存中同时驻留多个程序,则需要特殊的硬件来对程序进行保护,以避免程序的信息被其他程序破坏或窃取,如图 5-4 所示。

外设联机并行操作的实质是在输入/输出设备和主机之间增加缓存。例如计算机在执行当前任务时,可以让外设将下一任务的卡片读入磁盘,一旦当前任务结束,操作系统就能从磁盘读出新的任务,装进空出来的内存区域运行。在打印时也不是直接向打印机输出,而是将需要打印的文件存入特定的存储区或设备进行排队,让打印机外设依次打印队列中的输出文件,这样就提高了 I/O 速度,并且实现了多个程序任务共享外设。

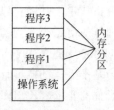

图 5-4　多道程序的概念

在多道程序设计的基础上,很快又衍生出了分时系统的技术。在分时系统中,有多台终端供用户同时登录。由于用户与计算机之间通常只有简短的命令交互,所以计算机能够为许多用户提供快速的交互式服务,同时还可以利用 CPU 的空闲时间在后台运行其他任务。当时的想法是计算机很昂贵,因此一个学校甚至整个城市都只需要一台大型计算机就够了,然后所有人都可以通过终端连接计算机。分时技术出现后,MIT、贝尔实验室和通用电气决定开发一种能够同时支持数百名分时用户的系统,该系统称作 MULTICS,设计目标是用一台计算机为波士顿地区所有用户提供计算服务。在当时看来,人手一台计算机的想法完全是不现实的。

到 20 世纪末,随着个人计算机的大行其道,计算服务的概念很快被抛弃。但是随着互联网的兴起,这个概念却以客户机/服务器架构和云计算的形式回归。在这种形式中,相对小型的计算机(包括智能手机、平板电脑等)连接到规模庞大的远程数据中心的服务器,本地计算机处理用户界面,而服务器进行计算。电子商务已经向这个方向演化了,简单的客户端连接着高性能服务器,这同 MULTICS 的设计精神非常类似。尽管 MULTICS 在商业上失败了,但 MULTICS 对随后的操作系统却产生了巨大的影响。

另一个主要的进展是小型机的崛起,其中包括 DEC 的 PDP 系列。PDP-1 计算机只有 4K 个 18 位的内存,每台售价 12 万美元,该机型非常热销。随着 PDP-1 的成功,很快有了一系列 PDP 机型,直至 PDP-11。曾参与 MULTICS 研发的贝尔实验室计算机科学家 Ken Thompson 找到了一台无人使用的 PDP-7 机器,并开始开发一个简化的 MULTICS 单用户版。他的工作导致了 UNIX 操作系统的诞生。UNIX 很快在学术界、政府部门和许多公司中流行起来。

由于源代码很容易得到,多个机构发展了自己的 UNIX 版本,并且互不兼容,从而导致了混乱。UNIX 有两个主要的版本:AT&T 的 System V 和加州大学伯克利分校的 BSD,另外还有一些小的变种。为了改变这种混乱的局面,IEEE 提出了一个 UNIX 标准,称作 POSIX,以便让程序能够在遵循标准的任何 UNIX 版本上编译运行,目前大多数 UNIX 版本都支持它。POSIX 定义了一套 UNIX 必须支持的系统调用接口。现在,很多非 UNIX 系统也支持 POSIX 接口。

出于技术共享的目的，1991 年，芬兰的 Linus Torvalds 决定编写一个免费的类 UNIX 系统——Linux，并且在开放源码运动的相互推动下，发展成了现在世界上应用最广泛的操作系统之一。

进入小型机时代后，20 世纪 70 年代初，大规模集成电路（Large-Scale Integrated circuit，LSI）技术开始成熟，在每平方厘米的硅片芯片上可以集成数千个晶体管，个人计算机时代到来了。从体系结构上看，个人计算机（最早称为微型计算机）与 PDP-11 是一样的，但价格却相去甚远。以往，公司的一个部门或大学里的一个院系才能配备一台小型机，而微处理器却使每个人都能拥有自己的计算机。1974 年，Intel 公司发布了第一代通用 8 位 CPU 8080，并请 Gary Kildall 为它写了一个基于磁盘的操作系统 CP/M。由于 Intel 公司不认为基于磁盘的微型计算机有什么前景，所以当 Kildall 要求 CP/M 的版权时，Intel 公司同意了他的要求。Kildall 在此基础上组建了一家公司 Digital Research，进一步开发和销售 CP/M。1977 年，Digital Research 重写了 CP/M，使其可以在使用 8080、Z80 等 CPU 的多种微型计算机上运行，从此控制了微型计算机世界达 5 年之久。

20 世纪 80 年代早期，IBM 公司设计了 IBM PC，想寻找可在上面运行的软件。IBM 公司同比尔·盖茨联系有关他的 BASIC 解释器的许可证事宜，同时询问他是否知道可在 PC 上运行的操作系统。盖茨向 IBM 推荐了 CP/M。让人遗憾的是 Kildall 拒绝与 IBM 会见，从而错过了一次改变历史的机会。结果，IBM 回头询问盖茨是否可以提供一个操作系统。盖茨了解到一家本地计算机制造商有合适的操作系统 DOS。他联系对方将 DOS 买了下来，然后雇用了 DOS 的作者 Tim Paterson，根据 IBM 的要求进行了修改，修改后的版本称为 MS-DOS，并随 IBM PC 捆绑销售，从此开启了微软的商业传奇。

用于早期微型计算机的 CP/M、MS-DOS 和其他操作系统都是采用命令行形式交互、通过键盘输入命令的。事实上，早在 20 世纪 60 年代，Doug Engelbart 就发明了图形用户界面，包括窗口、图标、菜单和鼠标。这些思想被施乐帕克研究中心用在了他们所研制的机器中。1979 年，乔布斯在帕克中心参观时见到了这套系统，立即意识到它的潜在价值。乔布斯从施乐公司挖来十几位工程师进行研发。1983 年，苹果公司推出使用鼠标的苹果计算机——LISA，由于过于昂贵，在商业上失败了。1984 年，苹果公司推出了里程碑式的计算机——Macintosh，由于价格更加便宜，并且界面对用户非常友好，从而取得了巨大的成功，并成了个人计算机历史上的传奇。苹果公司后来在开发 MAC 操作系统时采用了卡内基梅隆大学开发的 UNIX 内核 Mach。因此，尽管有着截然不同的界面，MAC OS X 实际上也是基于 UNIX。

受到 Macintosh 的启发，微软也开发了基于 GUI 的系统 Windows。早期的 Windows 是以 MS-DOS 为基础，仅仅是运行在 MS-DOS 上层的一个图形环境。直到 1995 年，Windows 95 才开始独立于 MS-DOS，只是用 DOS 来运行老的 DOS 程序。

另一个微软操作系统是 Windows NT，它同 Windows 95 兼容，但是内部是完全重新编写的。Windows NT 5.0 在企业网络市场取得了成功。1999 年，Windows NT 5.0 改名为 Windows 2000，微软期望它成为 Windows 98 和 Windows NT 5.0 的接替者。后来微软又发布了 Windows 98 的升级版 Windows Me。2001 年，发布了 Windows 2000 的一个升级版 Windows XP。Windows XP 取得了成功，基本上替代了原来所有的 Windows 版本。

2007年,微软公司发布了 Windows XP 的后继版——Vista,没有得到市场认可。随后全新的且并不那么消耗资源的 Windows 7 取得了成功。后来微软又发布了它的后继者 Windows 8 和 Windows 10。微软希望 Windows 10 会成为台式机、便携式电脑、笔记本电脑、平板电脑、手机、家庭影院电脑等各种设备上的主流操作系统。然而,很多计算机系统还是停留在 Windows 7。

个人计算机操作系统的另一个主要竞争者是基于 UNIX 的 Linux。Linux 在网络和企业服务器以及平板电脑和智能手机等领域占有很大市场,在个人计算机上也很常见,成了替代 Windows 的流行选择。

FreeBSD 源自 Berkeley 的 BSD,也是一个流行的 UNIX 变体。所有现代 Macintosh 计算机都运行着 FreeBSD 的某个修改版。在使用高性能 RISC 芯片的工作站上,UNIX 系统是标准配置,它的衍生系统在移动设备上被广泛使用,例如那些运行 iOS 和 Android 的设备。

几乎所有的 UNIX 系统都支持 X Window 系统(如众所周知的 X11)。X11 具有基本的视窗管理功能,允许用户通过鼠标创建、删除、移动和变化视窗。通常在 X11 之上还提供一个完整的 GUI,如 Gnome 或 KDE,使得 UNIX 在外观和感觉上类似于 Macintosh 或 Windows。

操作系统的另一个发展脉络是网络操作系统和分布式操作系统。在网络操作系统中,用户能够登录到一台远程机器上并将文件从一台机器复制到另一台机器,每台计算机都运行自己本地的操作系统,并有自己的本地用户。网络操作系统需要有网络接口控制器以及相应底层软件,同时还需要一些程序来进行远程登录和远程文件访问,除此以外与单处理器的操作系统没有本质区别。

分布式操作系统则是以一种传统单处理器操作系统的形式呈现在用户面前的,尽管它实际上是由多处理器组成的。用户一般不知道自己的程序在何处运行,也不知道自己的文件存放于何处,这些应该由操作系统自动和有效地处理。真正的分布式系统与集中式系统有着本质的区别。例如,分布式系统通常允许一个应用在多台处理器上同时运行,因此,需要更复杂的处理器调度算法来获得最大的并行度优化。网络中的通信延迟往往导致分布式算法必须能适应信息不完备、过时甚至不正确的环境,这与单机系统完全不同。

20世纪70年代,第一台手持电话开始出现。移动电话最初是身份的象征,现在移动电话已经渗入普通人的生活。虽然在电话上将通话和计算合二为一的想法在20世纪70年代就已经出现了,但第一台真正的智能手机直到20世纪90年代中期才出现。最初诺基亚和爱立信是智能手机市场的引领者。随着智能手机逐渐普及,手机操作系统之间的竞争也变得更加激烈。在智能手机出现后的第一个十年中,手机操作系统市场基本被 Symbian 主导。三星、索尼、爱立信、摩托罗拉和诺基亚都是使用 Symbian。然后,随着手机市场形势的变化,Symbian 的市场份额逐渐被侵蚀,这其中包括 RIM 公司的 Blackberry OS 和苹果公司的 iOS。2011年,诺基亚放弃 Symbian 并且宣布将 Windows Phone 作为自己的主流平台,从此开始进入低潮。在一段时间内,苹果公司和 RIM 公司是市场的宠儿。2008年谷歌发布了基于 Linux 的操作系统 Android,由于具有开源的优势,各手机厂商很容易基于 Android 开发自己的衍生系统,并且是基于 Java 编程,很快就占据了最大的市场份额。

5.1.3　操作系统的分类

随着计算机系统和应用环境的复杂化和多样化,操作系统也演化出了各种类型,可以把操作系统大致分为如下一些类型。

1. 大型机操作系统

虽然个人计算机的计算能力发展迅速，人类对高计算复杂度问题的追求却不会止步。在很多科研院所和大型公司都装备了规模庞大的大型机系统，并不断进行升级。这种大型机与个人计算机的主要差别在于其 CPU 数量和内存数量以及 I/O 能力。用于大型机的操作系统主要面向多个作业的同时处理，系统主要提供三类服务：批处理、事务处理和分时。批处理系统完成不需要交互式用户干预的周期性作业。事务处理系统负责大量小的请求，例如，电子商务网站交易处理。每笔交易的计算量都不大，但是系统必须每秒钟处理成千上万笔交易。分时系统允许多个远程用户同时登录计算机。目前，大型机操作系统基本被 Linux 占据，谷歌、阿里、腾讯等公司会根据自身需要开发特制的文件系统。

2. 服务器操作系统

服务器操作系统在服务器上运行，服务器可以是大型的个人计算机、工作站，甚至是大型机。它们通过网络同时为若干个用户服务，并且允许用户共享硬件和软件资源。服务器主要提供文件服务、数据库服务和 Web 服务。大型网站往往有多台服务器同时运行，为用户提供支持，处理海量 Web 请求。典型的服务器操作系统有 Solaris、FreeBSD、Linux 和 Windows Server。

3. 多处理器操作系统

获得大规模计算能力的另一个常用方式是用多个 CPU 组成单个的系统，依据连接和共享方式的不同，这些系统被称为并行计算机、多计算机或多处理器。它们采用的操作系统通常是配有通信、连接和一致性等专门功能的服务器操作系统的变体。

近来多核芯片逐渐普及，常规的个人电脑和手机也开始应用小规模的多核处理器，而且核的数量正与日俱增。不过多处理器操作系统的技术储备已足够成熟，很容易将其应用到多核处理器系统。难点在于应用程序如何充分运用多核的计算能力。许多主流操作系统，包括 Windows 和 Linux，都可以运行在多核处理器上。

4. 个人计算机操作系统

现代个人计算机操作系统都支持多道程序处理，通常都有几十个程序同时运行。随着多核处理器的普及化，它们的功能与服务器和多处理器操作系统已没有本质区别，主要区别在于个人系统需要为普通用户提供一流的交互体验。这类系统广泛用于字处理、电子表格、游戏和 Internet 访问。常见的个人计算机操作系统包括 Linux、Windows 7、Windows 10 和苹果公司的 OS X。

5. 掌上计算机操作系统

平板电脑和智能手机这类掌上计算机操作系统目前已得到普及。目前市场已经被谷歌的 Android（安卓）系统和苹果的 iOS 主导，虽然它们仍有很多竞争对手。现在大多数掌上计算机设备都是基于多核 CPU、GPS、摄像头、扬声器、麦克风、加速度传感器和各种用于身份识别的传感器，并且已经开发了多到数不清的第三方应用 App。

6. 嵌入式操作系统

嵌入式操作系统通常是指在某种设备中嵌入了计算芯片来控制设备和处理数据。典型的例子有微波炉、电视机、汽车等。主要的嵌入式操作系统有嵌入式 Linux、QNX 和 VxWorks 等。

7. 无线传感网络操作系统

随着计算和信息技术的普及化和泛在化,无线传感网络也在迅速发展,这类传感器网络可以用于建筑物周边保护、国土边界保卫、森林火灾探测、气象预测用的温度和降水测量、战场上敌方运动的信息收集等。传感器是一种内建有无线通信功能的电池驱动的小型计算机,它们能源有限,必须长时间工作在无人的户外环境中,通常是恶劣的条件下。其网络必须在个别结点失效的情况下仍然能稳定采集信息和传输数据。每个传感器结点都是一个计算机,因此结点上也需要运行一个小型的操作系统,通常这个操作系统是由事件驱动的,可以响应外部事件,或者基于内部时钟进行周期性的测量。该操作系统必须小且简单,因为这些结点的 RAM 很小,而且功耗要越低越好。TinyOS 就是一个用于传感器结点的操作系统。

8. 实时操作系统

实时操作系统的特征是将时间作为关键参数。例如,在工业过程控制系统中,计算机必须通过传感器收集生产过程的数据并根据数据及时控制执行器件做各种动作。这类系统通常必须满足严格的时间限制。例如,汽车在装配线上移动时,必须在限定的时间内进行规定的操作。如果焊接机器人焊接得太早或太迟都会毁坏汽车。如果某个动作必须绝对地在规定的时间内发生,这就是硬实时系统。工业过程控制、民用航空、军事以及类似应用中有很多这样的系统。另一类实时系统是软实时系统,在这种系统中,虽然有时间限制,但偶尔的超时是可以接受的,不会引起严重的后果。数字音频、多媒体系统和智能手机就是软实时系统。由于在实时系统中要满足时间限制,因此这类操作系统就是一个简单地与应用程序链接的库,各个部分必须紧密耦合并且彼此之间没有保护。这种实时系统的例子有 eCos。

掌上、嵌入式以及实时操作系统的分类有不少是彼此重叠的,所有这些系统都至少存在某种软实时情景。嵌入式和实时操作系统只运行系统设计师安装的软件,用户不能添加自己的软件,这样就使得保护工作很容易。掌上和嵌入式操作系统是给普通消费者使用的,而实时操作系统则更多用于工业领域。

9. 芯片卡操作系统

随着技术的发展和安全要求越来越高,现在的金融卡通常都包含有芯片,并且具备CPU。这类智能卡通常具有加密、通信、数据校验等多项功能,因此也有专用的操作系统。

5.2 操作系统与计算机硬件

操作系统需要对计算机底层硬件进行有效管理,并向应用程序(和程序员)提供硬件访问接口。程序员编程时不需要了解所有的硬件细节,但至少需要了解操作系统提供的硬件访问接口。因此只有了解现代计算机中主要的计算机硬件,才能理解操作系统的具体细节。

从概念上来说,可以如图 5-5 所示来理解个人计算机的硬件结构。计算机包含 CPU、内存以及各种 I/O 设备,这些部件都通过总线连接起来并相互通信。实际上现代计算机包含多条总线,其结构与此相似。

5.2.1 处理器

处理器(CPU)是计算机的心脏,是最主要的资源,所有的程序都必须由处理器来解释

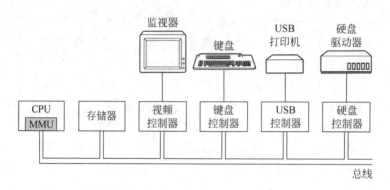

图 5-5　个人计算机中的部分硬件

和执行。处理器管理的主要目的是对处理器的分配和调度实施最有效的管理，以最大限度地提高处理器的能力。CPU 按周期方式执行指令，每个周期包括取指、译码、取数、执行、结果写回等环节，然后从内存中取指并执行下一指令。每种 CPU 都有一套专门的指令体系，一般来说互不兼容。x86 处理器不能执行 ARM 程序，ARM 处理器也不能执行 x86 程序。另外 CPU 通常都是计算机上运行最快的器件，CPU 在内部执行指令的速度比 CPU 读写外部内存的速度要快得多，CPU 内部都有一些用来保存关键变量和临时数据的寄存器。通常，可以认为指令分成三类：一类指令将数据从内存取入寄存器，或是从寄存器存入内存；一类指令对已取入寄存器的数据进行算术或逻辑运算；还有一类指令控制程序流程，即进行循环或跳转等操作。

　　除了用来保存变量和临时结果的通用寄存器之外，多数计算机还有一些专用寄存器，包括程序计数器、栈指针寄存器和程序状态字。程序计数器存储了将要取出的下一条指令的内存地址。在指令取出之后，程序计数器就被更新指向下一条指令。栈指针寄存器存储当前栈的栈顶地址。当前栈中存储了正在执行的进程的栈帧。一个栈帧与进程中的一次函数调用相对应，栈帧中保存了该次函数调用的参数、局部变量和返回值。程序状态字（PSW）寄存器包含了条件码位（由比较指令设置）、CPU 优先级、模式（用户态或内核态）以及各种其他控制位。

　　操作系统经常会中止正在运行的某个进程并启动（或继续）另一个进程。每当停止一个运行的进程时，操作系统必须保存所有寄存器的值，这样当该进程再次运行时，可以恢复这些寄存器的值，因此操作系统必须知晓所有的寄存器。

　　为了提高 CPU 的运行效率，现代 CPU 大多采用流水线设计。CPU 内部被分成多个单元，每个单元负责指令处理周期的不同环节。取指单元负责将指令从内存取到 CPU，译码单元负责对指令进行译码，执行单元则负责执行指令等。多个单元可以并行工作，当执行单元在执行指令 n 时，译码单元可以同时对指令 $n+1$ 译码，取指单元则读取指令 $n+2$。图 5-6 描述了 5 阶段流水线示意图。

　　还有一些 CPU 使用超标量流水线设计，见图 5-7，在这种设计中有多个执行单元。例如，一个 CPU 用于整数算术运算，一个 CPU 用于浮点算术运算，一个 CPU 用于布尔运算。每次有两个或更多的指令被同时取出、译码并装入暂存缓冲区中，直至它们执行完毕。一旦执行单元有空闲，就检查保持缓冲区中是否还有可处理的指令，如果有，就把指令从缓冲区

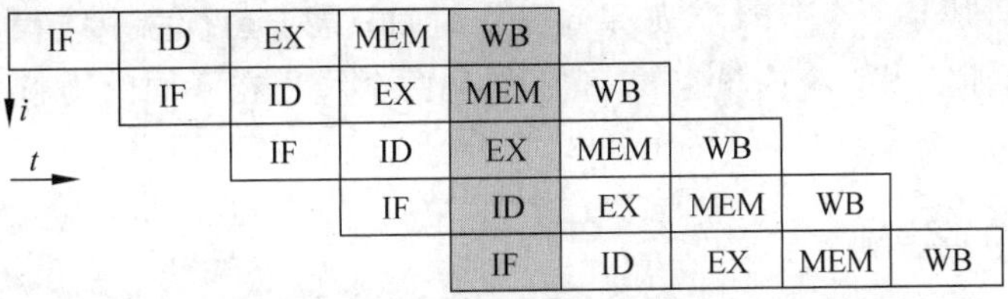

IF	ID	EX	MEM	WB				
	IF	ID	EX	MEM	WB			
		IF	ID	EX	MEM	WB		
			IF	ID	EX	MEM	WB	
				IF	ID	EX	MEM	WB

(IF=取指；ID=译码；EX=执行；MEM=存储器访问；WB=写回)

图 5-6　5 阶段流水线示意图

中移出并执行。这种设计会带来一个问题，就是指令经常会不按顺序执行。多数情况下，硬件层面会保证这种运算的结果与顺序执行指令的结果相同，但还是有一些复杂情形需要操作系统处理。

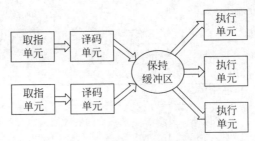

图 5-7　超标量流水线示意图

除了极少数简单的嵌入式系统 CPU 之外，多数 CPU 都有两种模式，即内核态和用户态。通常在 PSW 中有一个二进制位决定 CPU 处于哪种模式。当处于内核态时，CPU 可以执行指令集中的所有指令，并且使用硬件的所有功能。操作系统一般在内核态下运行，从而可以访问所有硬件。

用户程序则是在用户态下运行，仅允许执行整个指令集的一个子集和访问所有功能的一个子集。用户态一般不允许使用与 I/O 和内存保护有关的指令。当然，将 PSW 中的模式位设置成内核态也是不允许的。

为了使用操作系统所提供的服务，用户程序必须通过系统调用以进入内核。TRAP 指令把用户态切换成内核态，并启用操作系统。当有关工作完成之后，在系统调用后面的指令把控制权返回给用户程序。

随着 CPU 技术的迅速发展，一些更高级的特性也开始出现并迅速普及。例如多线程和多核技术。线程是操作系统能够进行运算调度的最小实际运作单位。多线程允许 CPU 同时持有两个不同的线程，并在纳秒级的时间尺度内来回切换。例如，如果某个线程要从内存中读一个字(需要等待多个时钟周期)，多线程 CPU 就可以切换至另一个线程。多线程并不是真正的并行处理。在一个时刻只有一个线程在运行，但是线程的切换时间减少到了纳秒级。

除了多线程，还出现了包含多个完整处理器或内核的 CPU，目前 8 核或 10 核 CPU 已经很常见。图形处理器(GPU)则更是包含成千上万个微核，GPU 擅长大规模并行处理简单运算，例如在图像应用中渲染多边形或模拟大规模神经网络。

操作系统需要对 CPU 是多线程还是多核进行区分，因为每个线程在操作系统看来就像是在单个 CPU 上运行。假设某个 CPU 有两个内核，每个内核支持两个线程。这样操作系统就可以把它看成是 4 个 CPU。如果在某个时间只需要运行两个线程，那么在一个内核上运行两个线程，而让另一个内核空转，就不如让两个线程在不同的内核上运行，那样效率要高得多。

5.2.2　内存

内存是计算机中的关键器件，也是计算机系统中的紧缺资源，所有的程序都必须调至内存中才能执行，内存管理在操作系统中占有极其重要的地位。内存与 CPU 之间的数据交互频繁。内存的速度应该尽可能快，以跟上 CPU 的速度；容量又要尽可能大一点，以驻留操作系统和多道客户程序以及数据；同时价格还要便宜。不过这三个要求很难同时满足，因此存储系统现一般采用层次结构，如图 5-8 所示，越上层的存储器速度越快，容量也更小。

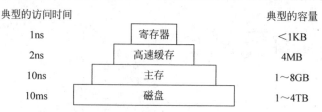

图 5-8　典型的存储系统的层次结构

存储系统的顶层是 CPU 中的寄存器。它们在 CPU 中处于最核心的位置，对它们的访问是没有时延的。寄存器典型的存储容量在 32 位 CPU 中为 32×32 位，在 64 位 CPU 中为 64×64 位。程序必须通过指令自行管理这些寄存器。

下一层是高速缓存，它通常由硬件控制。主存与高速缓存之间的吞吐以块的方式进行。当 CPU 需要获取某个内存地址的数据时，高速缓存硬件会检查相应的内存块是否已经在高速缓存中。如果在，称为高速缓存命中，就不需要通过总线访问主存。高速缓存命中一般只需要两个时钟周期。如果高速缓存未命中就必须访问内存，所需的时钟周期要多得多。数据从缓存中清除时，缓存块数据如果没有被改写，从缓存中清除时就不用写回内存。高速缓存也位于 CPU 内部，成本昂贵，容量有限。有些 CPU 具有两级甚至三级高速缓存，每级高速缓存都比前一级慢并且容量更大。缓存面临的主要问题是：如果未命中，应该把哪一块从缓存中移走，以放入需要的数据块。当存在多级缓存时，这个问题会更加复杂。

在存储层次结构中，再往下一层是主存。主存通常称为随机存取存储器（Random Access Memory，RAM）。存储器的容量为几百兆字节至若干吉字节，并且其容量正在迅速增长。所有不能在高速缓存中得到满足的访问请求都会转往主存。

除了主存之外，计算机还有少量只读存储器（Read Only Memory，ROM）。它们与 RAM 不同，在电源切断之后，ROM 中的数据不会丢失。只读存储器在工厂中就被编程完毕，然后再也不能被修改。ROM 速度快且便宜，常被用于存储计算机启动时的引导加载模块以及底层 I/O 设备控制。

E^2PROM（Electrically Erasable Programmable ROM，电可擦可编程 ROM）和闪存也是非易失性的，但是存储的数据可以擦除和重写，不过重写的速度比 RAM 要慢得多。闪存常用作便携式电子设备的存储媒介。

5.2.3　磁盘

存储层次结构再往下一层是磁盘(硬盘)。就单位容量成本来说,磁盘比 RAM 要低得多,容量也大得多,但磁盘的访问速度比 RAM 大约慢了三个数量级,因为磁盘需要做机械动作,如图 5-9 所示。

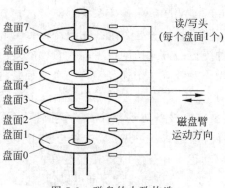

盘面7
盘面6
盘面5
盘面4
盘面3
盘面2
盘面1
盘面0

读/写头
(每个盘面1个)

磁盘臂
运动方向

图 5-9　磁盘的大致构造

在一个磁盘中有一个或多个金属盘片,它们以 5400 转/分、7200 转/分、10 800 转/分或更高的速度旋转。安装有读写头的机械臂悬横在盘面上读写数据。数据记录在磁盘的同心圆磁道上,每个磁道划分为若干扇区。低端硬盘的速率是 50MB/s,而高速磁盘的速率是 160MB/s。

还有一类硬盘称为固态硬盘(Solid State Drive,SSD),它没有做机械动作的部分,外形也不是圆盘。固态硬盘的数据存储在掉电不失的闪存中。

现代操作系统大多支持虚拟内存技术,这种技术将磁盘当作内存使用,使得期望运行大于物理内存的程序成为可能。方法是将程序放在磁盘上,而将主存作为一种缓存,用来保存最频繁使用的部分程序,这种机制需要 CPU 中的存储器管理单元(Memory Management Unit,MMU)的支持。缓存和 MMU 的出现对系统的性能有着重要的影响。

5.2.4　I/O 设备

计算机如果有了 CPU 和存储器就可以运行程序,但应用价值不大,因为无法与外界进行交互。I/O 设备是计算机与外界交互的渠道。I/O 设备一般包括两个部分:设备控制器和设备本身。设备控制器从操作系统接收命令,然后驱使设备执行各种动作来完成命令。

在许多情形下,对这些设备的控制是非常复杂和具体的,所以,控制器的任务是为操作系统提供一个相对简单的接口。例如,磁盘控制器从操作系统接收命令,读取磁盘 2 的 11206 号扇区,然后,控制器把这个扇区号转化为具体的柱面、扇区和磁头。转换时要考虑到外柱面比内柱面的扇区多,而且还要记录哪些扇区已经坏了等。磁盘控制器计算出数据的具体机械位置后,驱使磁头臂做动作,使其移动到相应的柱面,等待对应的扇区转动到磁头下面,数据读出后,去掉引导块并校验数据,最后再把读到的二进制位组成字并存放到硬盘自身的缓存中。

每类设备都有各自的特点,虽然设备控制器大大地简化了对设备的访问,但对于应用程序员来说还是太过繁杂。因此操作系统需要对各种设备进行抽象,以提供简洁而统一的访问接口。这就需要各设备厂商为操作系统提供设备驱动程序,将繁杂的设备控制转化为符合操作系统要求的统一的访问接口。而各操作系统的抽象接口不尽相同,所以设备厂商可能还需要为不同的操作系统提供不同的设备驱动程序。例如,扫描仪可能会配有适用于macOS、Windows 10、Windows 11 以及 Linux 的设备驱动程序。

设备驱动程序必须内嵌到操作系统中,这样才能在内核态运行。设备驱动程序也可以在内核外运行,现代的 Linux 和 Windows 操作系统都支持这种方式。不过绝大多数驱动程序仍然需要在内核态运行。只有很少一些系统在用户态运行全部驱动程序。在用户态运行的驱动程序必须能够以某种受控的方式访问设备,然而这并不容易。

将设备驱动程序装入操作系统有 3 个途径。第一个途径是将内核与设备驱动程序重新链接,然后重启动系统,UNIX 系统以这种方式工作。第二个途径是在一个操作系统文件中设置一个条目,描述清楚需要一个设备驱动程序,然后重启动系统。在系统启动时,操作系统找寻所需的设备驱动程序并装载,Windows 以这种方式工作。第三种途径是操作系统能够在运行时接收新的设备驱动程序并且立即将其安装好,无须重启系统。这种方式正在变得普及起来。USB 和 IEEE 1394 等热插拔设备都可以动态装载设备驱动程序。

操作系统对设备的操作一般都是通过读写设备控制器的寄存器进行。例如,磁盘控制器有用于指定磁盘地址、内存地址、扇区计数和读/写的寄存器。操作设备时,操作系统将参数传递给设备驱动程序的相应函数,然后设备驱动程序将命令翻译成对应的值,并写进设备寄存器中。设备寄存器一般都映射到了 I/O 端口地址空间。

在有些计算机中,设备寄存器不是映射到 I/O 空间,而是被映射到操作系统的地址空间(操作系统可使用的地址),这样,对它们的读写就不是用 I/O 指令,而是像常规地址一样读写。在这种计算机中,有专门硬件保护设备寄存器,防止应用程序直接读写这些存储器地址。在另外一些计算机中,设备寄存器被映射到一个专门的 I/O 端口地址空间中,每个寄存器都有一个端口地址。在这些机器中,提供了只有内核态才能使用的专门 IN 和 OUT 指令,供设备驱动程序读写这些寄存器用。这两种方式的应用都很广泛。

实现输入和输出的方式有 3 种。在最简单的方式中,用户程序发起一个系统调用,操作系统将其翻译成一个对应设备驱动程序的函数调用,然后设备驱动程序启动 I/O 并不断循环检查该设备,看该设备是否完成了工作。当 I/O 结束后,设备驱动程序把数据送到指定的地方并返回,然后操作系统将控制返回给调用者,这种方式称为轮询。

第二种方式是设备驱动程序启动设备并且让该设备在操作完成时发出一个中断,设备驱动程序直接返回,操作系统会阻塞调用者并安排执行其他任务。当设备驱动程序检测到该设备的操作完毕时,发出一个中断通知操作完成。

中断在操作系统中的作用非常重要,基于中断的 I/O 过程大致分为 4 步。

第 1 步:设备驱动程序通过写设备寄存器向设备控制器发命令,设备控制器操作设备执行命令。

第 2 步:当设备完成数据的读写后,控制器通过特定的总线发信号给中断控制器芯片。

第 3 步:如果中断控制器可以接收中断,它会向 CPU 的中断引脚发信号。

第 4 步:中断控制器把该设备的编号放到总线上,这样 CPU 读总线就可以知道哪个设备刚刚完成了操作。

图 5-10 给出了启动 I/O 设备并发出中断的过程。

一旦 CPU 决定响应中断,就会把程序计数器和 PSW 压入堆栈中,并且 CPU 被切换到用户态。通过设备编号可以在中断向量表中找到该设备中断服务程序的地址。中断服务程序结束后,CPU 会恢复程序计数器和 PSW 的值,继续运行先前运行的用户程序。

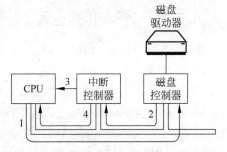

图 5-10　启动 I/O 设备并发出中断的过程

第三种方式是使用直接存储器访问(Direct Memory Access,DMA)通道。DMA 可以控制在内存和某些控制器之间的数据流,而无须 CPU 不断执行指令。CPU 对 DMA 控制器进行设置,说明需要传送的字节数、数据传送的源地址和目标地址,然后启动 DMA。DMA 传输完数据后,会触发一个中断。

5.2.5　总线

总线(bus)是计算机各种功能部件之间传送信息的公共通信干线。计算机的总线可以划分为数据总线、地址总线和控制总线,分别用来传输数据、数据地址和控制信号。CPU 与存储器、I/O 设备的通信主要通过总线进行,不止一条总线,而且考虑到设备的多样性,总线还有多种类型,各种总线的传输速度和功能都不相同,其中最主要的总线是 Intel 发明的 PCIE 总线。操作系统必须了解所有总线的配置和管理。

总线通常由多个设备共享,因此,当多个设备同时需要发送数据时,需要由仲裁器决定哪个设备可以使用总线。PCIE 不是这样,它使用独立的端到端通信。传统 PCI 总线使用并行方式,使用多条导线传送数据,例如 32 位的数据就要用 32 根导线。PCIE 则是使用串行方式,用一根导线串行传递所有数据,这样做的好处是不用确保所有 32 位的数据在同一时刻精确地到达目的地。通过同时使用多个数据通路,仍可以达到并行的效果。例如,可以使用 32 个数据通路并行传输 32 条消息。随着网卡和显卡的速度迅速增长,PCIE 标准也在持续更新。

在目前典型的计算机架构中,CPU 通过 DDR3 总线与内存通信,通过 PCIE 总线与显卡通信,通过 DMI 总线经 PCH 控制器与所有其他设备对话。PCH 控制器又通过通用串行总线与 USB 设备通信,通过 SATA 总线与硬盘和 DVD 驱动器通信,通过 PCIE 与网卡通信,通过 PCI 总线与旧的 PCI 设备通信。

USB 将键盘、鼠标、打印机等所有慢速 I/O 设备与计算机连接。USB 采用一种小型的 4~11 针连接器,其中一些针为 USB 设备提供电源或者接地。USB 是一种集中式总线,其根设备每 1ms 轮询一次 I/O 设备,看是否有信息收发。USB 1.0 的速度可以达到 12Mb/s,USB 2.0 可以达到 480Mb/s,USB 3.0 则能达到不小于 5Gb/s 的速率。

所有 USB 设备都可以实现即插即用,而不像以前的设备那样要求重启。在即插即用技术出现之前,每个设备都有一个固定的中断请求级别和用于其 I/O 寄存器的固定地址。例如,键盘的中断级别是 1,并使用 0x60~0x64 的 I/O 地址,打印机是中断 7 级并使用 0x378~0x37A 的 I/O 地址等。由于 I/O 地址有限,而设备越来越多,这种固定配置就有可能产生冲突。即插即用的做法是由系统自动地收集有关 I/O 设备的信息,集中赋予中断级别和 I/O 地址,然后通知各设备所使用的数值。这个过程与计算机的启动密切相关。

5.2.6 计算机的启动过程

每台计算机上有一块主板，在主板上有一个称为基本输入输出系统（Basic Input Output System，BIOS）的程序。BIOS 内包含底层 I/O 程序，包括键盘输入、屏幕输出、磁盘 I/O 等。BIOS 存放在闪存中，是非易失性的，但是可以通过操作系统进行更新。

在计算机启动时会运行 BIOS 程序。它首先检查可用的内存数量、键盘和其他基本设备是否已安装并正常响应，然后扫描 PCIE 和 PCI 总线并找出连在上面的所有设备。即插即用设备也被记录下来。如果现有的设备和系统上一次启动时的设备不同，则对新的设备进行配置，然后，BIOS 尝试启动设备。用户可以在系统刚启动之后进入 BIOS 配置程序，对设备配置进行修改。系统会根据 BIOS 配置的顺序依次尝试从 CD-ROM、USB 或硬盘启动。启动设备上的第一个扇区被读入内存并执行，这个扇区中包含一个对保存在启动扇区末尾的分区表进行检查的程序，以确定哪个分区是可以启动的分区，然后，从该分区读入第二个启动引导模块，对操作系统进行加载并启动。

对于每种设备，操作系统通过 BIOS 获得配置信息。系统检查对应的设备驱动程序是否存在。如果没有，系统会要求用户在机器的存储设备上查找该设备的驱动程序或者从网络上下载。一旦有了设备驱动程序，操作系统就将它们加入内核，初始化相关的数据表，创建所需的所有上下文进程，并在终端上启动 Shell 或 GUI。

5.3 操作系统的相关概念

操作系统的主要任务是为用户程序服务。为用户程序提供服务又可以归结为四方面的问题：一是为运行的程序提供 CPU 资源，即 CPU 管理或进程管理；二是为运行的程序提供内存资源，即内存管理；三是为运行的程序提供输入输出抽象，也就是文件系统；四是对计算机上的设备进行管理。

5.3.1 进程

1. 进程的概念

进程（process）是操作系统中最重要的概念之一。进程是系统进行资源分配和调度的一个可并发执行的独立单位。

进程本质上是一个正在执行的程序。每个进程都有一个地址空间，在这个地址空间中，进程可以进行读写。地址空间中存放有程序的可执行指令、数据以及堆栈。

程序与进程的区别如下。

（1）相同的程序可以在两个以上的进程中运行（如可以创建多个进程运行网页浏览器程序）。

（2）程序是作为文件存放在磁盘中，运行时读到内存；而进程是在系统运行期间动态创建的，生命周期不会跨越系统运行周期。

（3）程序只有程序语句及有初值数据变量和无初值变量；而进程需要有要处理的输入数据。

通过分析多道程序系统，可以了解创建进程的工作方式。用户先打开短消息聊天客户端,然后启动一个下载工具,下载一个很大的视频文件,然后打开文本编辑工具写课程作业,顺便还打开浏览器准备随时上网查资料。同时,后台还运行了查收电子邮件的进程。这样就有了至少五个活动进程:聊天软件客户端、下载工具软件、字处理软件、Web 浏览器以及电子邮件接收程序,此外操作系统为了提供各种服务还要在后台运行许多进程。对用户来说,它们似乎是同时在运行,事实上,操作系统是不断在周期性地挂起一个进程,然后运行另一个进程。

2. 进程的状态

在任何时刻,一个进程要么正在执行,要么没有执行,因此可以认为总是处于以下两种状态之一:运行态或未运行态。但是进程处于未运行态时可能有几种原因:一是现在可以运行,但是需要等待分配 CPU 资源;二是进程在等待某些事件发生(例如 I/O 操作完成)。因此一般是将未运行态分成两个状态:就绪态和阻塞态。另外进程的创建需要一个过程,比如先创建进程控制块,再把程序加载到内存,创建过程中的进程一般称为处于新建态。进程结束后处于释放过程中的进程则称为处于退出态。如图 5-11 所示为进程状态模型。

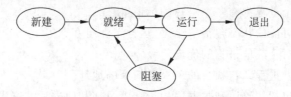

图 5-11　进程状态模型

进程可能有以下这些状态转换过程。

(1) 新建→就绪。操作系统新建好一个进程后,将其从新建态转换到就绪态。

(2) 就绪→运行。切换运行进程时,操作系统从就绪态的进程中选择一个。

(3) 运行→退出。当前正在运行的进程已经完成或取消,将被操作系统终止。

(4) 运行→就绪。正在运行的进程用完了分配的时间段,或是有优先级更高的进程需要运行,则运行进程转换为就绪态。

(5) 运行→阻塞。如果进程请求了必须等待的某些事件,则进入阻塞态。

(6) 阻塞→就绪。一旦所等待的事件发生了,处于阻塞态的进程转换到就绪态。

操作系统提供了各种对进程进行管理的系统调用,包括创建进程和终止进程的系统调用。例如,在用命令行形式与操作系统交互时,用户实际上是通过终端(键盘和显示器)与命令解释器或 Shell 的进程进行交互。当用户输入一条命令要求编译一个程序时,Shell 就会创建一个新进程执行编译程序。当执行编译的进程结束时,它会执行一个系统调用终止自己。

若一个进程能够创建一个或多个进程(称为子进程),而且这些进程又可以创建子进程,根据这些进程之间的创建关系就可以构造一棵树,这棵树称为进程树,见图 5-12。另外在完成某些任务时可能需要多个进程相互合作,这时相关进程之间经常需要彼此通信,这种通信称为进程间通信。

3. 进程控制块

一个进程被暂时挂起后,当该进程再次运行时,进程的状态必须与被挂起之前完全相同,因此在挂起时该进程的所有信息都要保存下来。例如,为了读写信息,进程打开了若干文件,对每个被打开文件有一个指向当前读写位置的指针。在进程暂时被挂起时,所有这些指针都必须保存起来,这样在该进程恢复运行时,执行的读写操作才能读写到正确的位置。

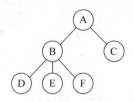

(进程A创建两个子进程B和C，进程B创建3个子进程D、E和F)

图 5-12 一棵进程树

所以，为了便于操作系统对进程进行管理，一个进程除了代码和数据之外，还需要一系列状态信息。与一个进程有关的所有信息，除了该进程自身地址空间的内容以外，均存放在操作系统的一张表中，这张表称为进程表，操作系统用数组或链表结构组织管理系统中的进程表，当前存在的每个进程都在其中占一项，这一表项称为进程控制块，如表 5-1 所示。进程控制块包括以下内容。

（1）标识符。每个进程都有一个唯一的标识符。

（2）状态。进程可能的状态包括就绪态、运行态和阻塞态等。

（3）优先级。相对于其他进程的优先等级。

（4）程序计数器。进程即将执行的下一条指令的地址。

（5）内存指针。包括代码段和数据段的指针以及和其他进程共享内存块的指针。

（6）上下文数据。进程执行时 CPU 寄存器中的数据。

（7）I/O 状态信息。包括 I/O 请求、分配给进程的 I/O 设备和进程使用的文件列表等。

（8）记账信息。可能包括处理器时间总和、使用的时钟数总和、时间限制等。

表 5-1　进程控制块

信 息 名	信 息 说 明	内 容
标识信息	用于标识一个进程	进程名
说明信息	用于说明进程的各种情况	进程状态
		等待原因
		进程程序存放位置
		进程数据存放位置
现场信息	用于保留进程存放在处理器中的各种信息	通用寄存器内容
		控制寄存器内容
		程序状态字寄存器内容
控制信息	用于进程的调度	进程优先级
		队列指针

进程控制块是操作系统用来支持多道进程的重要数据结构。当进程被中断时，操作系统会把程序计数器和 CPU 寄存器（上下文数据）保存到进程控制块中，进程状态也被改变为其他的值，例如阻塞态或就绪态。然后操作系统可以另选一个处于就绪态的进程进入运行态，把这个进程的程序计数器和上下文数据加载到寄存器中，这个进程就可以开始执行。

为便于对系统中的各进程进行管理和控制，必须把所有进程的 PCB 按一定方式组织起来。可以用链表方式组织 PCB 表，对同种状态的进程，其 PCB 在一个链上，这个链称为一个队列，如图 5-13 所示。队列通常按状态分为执行队列、就绪队列、阻塞队列。

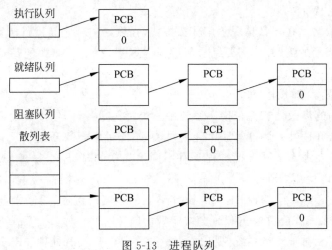

图 5-13　进程队列

4. 进程的调度

进程的调度是指由于操作系统管理了系统的有限资源,当有多个进程(或多个进程发出请求)要使用这些资源时,因为资源的有限性,必须按照一定的原则选择进程(请求)来占用资源。

进程调度目的是指控制资源使用者的数量同时选取资源使用者许可占用资源。

一般来说,调度分 3 个层次,如图 5-14 所示。

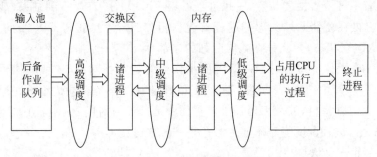

图 5-14　3 种调度的工作情况

(1) 高级调度。高级调度又称作业调度,它决定处于输入池中的哪个后备作业可以调入系统,成为一个或一组就绪进程。

(2) 中级调度。中级调度又称对换调度,它决定处于交换区中的就绪进程中哪一个可以调入内存,以便直接参与对 CPU 的竞争。在内存资源紧张时,将内存中处于阻塞状态的进程调至交换区。

(3) 低级调度。低级调度又称进程调度或处理机调度,它决定驻在内存中的哪一个就绪进程可以占用 CPU,使其获得实在的执行。

进程调度方式分为不可剥夺(或不可抢占)方式和可剥夺方式两种。

(1) 不可剥夺方式。一个进程在获得处理机后,除非运行结束或进入阻塞状态等原因主动放弃 CPU,否则一直运行下去。

(2) 可剥夺方式。在某些条件下系统可以强制剥夺正在运行的进程使用处理机的权利,将其分配给另一个合适的就绪进程。

5. 进程调度的策略

进程调度的策略是在什么情况下用什么方式，在就绪进程之间进行切换和分配 CPU。

在设计进程调度的策略时，需要综合考虑很多因素，在统筹兼顾的基础上，应尽可能针对应用场景采取最合适的调度策略。

进程调度需要考虑的因素如下。

（1）资源利用的高效性。充分使用系统中各类资源，尽可能使多个设备并行工作。

（2）调度的低开销性。调度算法不能太复杂，不能带来大的开销。

（3）公平性。在考虑不同类型进程具有不同优先权的基础上，尽量公平地对待各个进程，使它们能均衡地使用处理机。

（4）针对性。考虑不同的设计目标，设计不同的策略。例如，对于批处理系统，应提高运行效率，取得最大的作业吞吐量和减少作业平均周转时间；对于交互式分时系统，应能及时响应用户的请求；对于实时系统，要求能对紧急事件作出及时处理和安全可靠。

6. 进程调度算法

进程调度算法要求满足高资源利用率、高吞吐量、用户满意等原则。

常用调度算法有先来先服务（First Come First Served，FCFS）调度算法、时间片轮转算法、优先级调度算法、多级反馈队列调度算法等。

（1）先来先服务（FCFS）调度算法。

思想：按照进程进入就绪队列的时间次序分配 CPU。

特点：具有不可抢占性的特点，一旦进程占用了 CPU，一直运行到结束，或者因阻塞而自动放弃 CPU，处在就绪队列头部的进程首先获得 CPU，一旦获得 CPU 的进程主动释放 CPU，要么进入阻塞状态，要么挂在就绪队列的尾部。

问题：当一个大作业运行时会使后到的小作业等待很长时间，这就增加了作业平均等待时间。对于 I/O 繁忙的进程，每进行一次 I/O 作业都要等待其他进程的一个运行周期结束后才能再次获得处理机，故大大延长了该类作业运行的总时间，使作业不能有效利用各种外部设备资源。该进程调度算法不能为紧急进程优先分配 CPU。

（2）时间片轮转算法。

思想：各就绪进程轮流运行一小段时间，这一小段时间称为时间片。在时间片内，如进程运行任务完成或因 I/O 等原因进入阻塞状态，该进程就提前让出 CPU。当一个进程耗费完一个时间片而尚未执行完毕，调度程序就强迫它放弃处理机，使其重新排到就绪队列末尾。

特点：时间片轮转为剥夺式调度算法，即当时间片用完后，即使当前进程没有执行结束，也会被剥夺 CPU。时间片轮转算法比较适合交互式分时系统。

系统的效率与时间片大小的设置有关。如时间片过大，系统与用户间的交互性就差，用户响应长；如时间片太小，进程间切换过于频繁，系统开销就增大。包括进程切换相关开销（保存、恢复现场等）大，频繁执行调度算法开销大。

优化方案：可将时间片分成多个规格，如 10ms、20ms 或 50ms 等。按时间片大小将就绪进程排成多个队列。排在小时间片的进程被调度的频率比较高，将交互性强的进程排在小时间片队列，而将计算性较强的进程排在长时间片队列。这样可以提高系统的响应速度和减少周转时间。

（3）优先级调度算法。

思想：为反映出各进程的重要和紧迫程度，系统赋予每个进程一个优先数，用于表示该进程的优先级。调度程序总是从就绪队列中挑选一个优先级最高的进程，使之占有处理机。

具体实现方式如下。

① 静态优先级调度。优先级在进程创建时已经确定。在进程运行期间该优先级保持不变。

② 动态优先级调度：优先级在进程运行中，可以动态调整。

分配优先级需要考虑的因素如下。

① 系统进程应当赋予比用户进程高的优先级。

② 短作业的进程可以赋予较高的优先级。

③ I/O 繁忙的进程应当优先获得 CPU。

④ 根据用户作业的申请，设置进程的优先级。

静态优先级调度比较适合实时系统，其优先级可根据事件的紧迫程度事先设定。动态优先级调度可根据实际情况调整优先级，处理更灵活，如表 5-2 所示。

表 5-2 动态优先级调度

实际情况	提高优先级	降低优先级
进程状态	CPU 忙的进程，在其 I/O 阶段就应提高其优先级	大规模运算阶段，可以降低该进程的优先级
实时交互	运行到某一阶段的进程，需要和用户交互才能继续，也应当在该阶段提高优先级，以减少用户等待的时间	
运行时间	进程在就绪队列中等待的时间越长，就可提高其优先级	进程占用 CPU 时间越长，就可降低其优先级
占用资源	根据进程在运行阶段占用的系统资源，如内存、外部设备的数量和变化来改变优先级	

（4）多级反馈队列调度算法。

设置多个优先级队列；队列中进程分配的时间片大小不同；新进程进入系统，被置于最高优先级队尾，如图 5-15 所示。

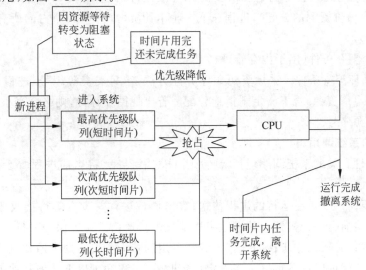

图 5-15 高优先级进程抢占低优先级进程

7．死锁

（1）死锁的定义。

在一个进程集合中，若每个进程都在等待某些事件（指释放资源）的发生，而这些事件又必须由这个进程集合中的某些进程来产生，就称该进程集合处于死锁状态。

例如，以下为一个竞争外设导致死锁的例子。

死锁示例如下所示：

进程 A   进程 B

① 申请输入设备   ① 申请输出设备

② 申请输出设备   ② 申请输入设备

③ 释放输入设备   ③ 释放输出设备

④ 释放输出设备   ④ 释放输入设备

如果执行次序为：进程 A①→进程 B①……，则发生死锁，如图 5-16 所示。

（2）死锁的条件及死锁的防止。

出现死锁的系统必须同时满足下列四个必要条件。

① 互斥。必须存在需要互斥使用的资源。

② 占有等待。一定有占有资源而又等待其他资源的进程。

③ 非剥夺。系统中进程占有的资源未主动释放时不可以剥夺。

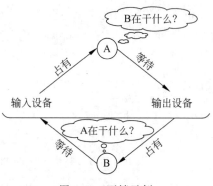

图 5-16　死锁示例

④ 循环等待。进程集合 $\{P_0, P_1, \cdots, P_n\}$，$P_i$ 等待 $P_i + 1$，P_n 等待 P_0。

死锁研究的对象主要包括死锁避免、死锁检测、死锁恢复和死锁防止。其中死锁防止最为重要，通常破坏死锁发生的 4 个必要条件中的任何一个即可防止死锁。

① 破坏互斥占用条件。让资源共享使用（但有些资源必须互斥）。

② 破坏占有等待条件。将进程所要资源一次性分给进程，要么没分到一个资源，要么全部满足（适合廉价资源的分配），进程在下一轮申请资源时，释放所占的所有资源（用完一个再用下一个）。

③ 破坏非剥夺条件（用于内存管理、CPU 管理等）。

④ 破坏循环等待条件。采用资源顺序分配方法，给每类资源编号，进程只能按序号由小到大的顺序申请资源，若不满足则拒绝分配。若出现循环等待，则必会有小序号资源序号大于大序号资源序号。

8．进程的系统调用

与进程管理有关的系统调用包括等待一个子进程结束、将当前进程所运行的程序替换为另一个程序等。

有时，需要向一个正在运行的进程传送信息，而该进程并没有等待接收信息。例如，一个进程通过网络向另一台机器上的进程发送消息进行通信。为了保证一条消息或消息的应答不会丢失，发送者要求它所在的操作系统在指定的若干秒后给一个通知，这样如果对方尚未收到确认消息就可以进行重发。在设定该定时器后，程序可以继续做其他工作。

在限定的秒数流逝之后,操作系统向该进程发送一个警告信号。此信号引起该进程暂时挂起,无论该进程正在做什么,系统将其寄存器的值保存到堆栈,并开始运行该进程预先设定好的一个信号处理过程,比如重新发送可能丢失的消息。这些信号是软件模拟的硬件中断,除了定时器之外,该信号可以由各种原因产生。许多由硬件检测出来的陷阱,如执行了非法指令或使用了无效地址等,也被转换成该信号并交给这个进程。

系统管理器给每个进程赋予一个用户号(UID),这个 UID 就是启动该进程的用户 UID。子进程拥有与父进程一样的 UID。用户可以是某个组的成员,每个组也有一个组号(GID)。

在 Linux 系统中,有一个超级用户,在 Windows 中,也有一个管理员,它们具有特殊的权力,可以无视一些保护规则。

5.3.2 地址空间

每台计算机都有内存,用来存储正在执行的程序。较复杂的操作系统允许在内存中同时运行多道程序。为了避免它们互相干扰(包括操作系统),需要能够对内存进行保护和重定位。现代操作系统大多数都通过将各种存储器抽象为地址空间解决两个问题。地址空间是一个进程可用于内存寻址的一套地址集合。每个进程都有自己的地址空间,并且这个地址空间独立于其他进程的地址空间。

逻辑地址又称虚地址,是相对地址,一般从 0 开始,每个程序的地址空间是独立的。

绝对地址又称实地址,是内存中真正的物理地址地址。程序在编译过程中会进行地址的转换,如图 5-17 所示。

图 5-17　地址转换过程

为了能让每个程序都有独立的地址空间,一个解决办法是使用地址动态重定位技术。动态重定位技术将每个进程的地址空间映射到物理内存的不同位置,这通常是在 CPU 中配置两个特殊的寄存器:基址寄存器和界限寄存器。当进程运行时,程序的起始物理地址被装载到基址寄存器中,程序的长度则装载到界限寄存器中。每当进程访问内存取指或读写数据时,在地址被发送到地址总线之前,CPU 硬件会把基址值加到进程发出的地址值中。同时 CPU 还会检查程序提供的地址值是否大于界限寄存器的值,如果越界,就会产生错误并终止访问。

为了允许多道程序并存,一般来说内存越大越好。但实际上,在典型的现代操作系统中,计算机完成引导后就会启动几十甚至上百个进程,而且用户也会启动一些进程。所有进程所需的 RAM 数量总和通常要远远超出存储器能够支持的范围。因此操作系统需要应对内存超载的问题。常用于处理内存超载的方法有两种:一种是交换技术,即把空闲进程存回磁盘,在运行时再完整地放到内存上,如图 5-18 所示,加载 D 进程时,A 进程被交换出去,然后在 B 进程被交换出去后,A 进程再被交换进来;另一种方法是虚拟内存,该技术允许程序在运行时只有一部分被调入内存。虚拟内存的基本原理是将程序的地址空间分割成多个块,这些块称为页面。页面被映射到物理内存,但并不是所有页面都必须在内存中才能运行程序。如果程序用到的地址属于已经映射到物理内存的页面，则由内存管理单元直接进行寻址；如果程序用到的地址属于没有映射到物理内存的页面，则由操作系统进行调度，将被引用的页面载入物理内存并重新执行失败的指令。

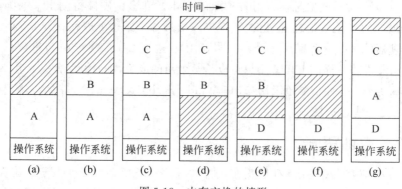

图 5-18   内存交换的情形

5.3.3   文件

文件系统是操作系统的另一个关键概念。操作系统的一项主要功能是隐藏磁盘等存储设备的数据块管理细节，为用户程序提供一个良好、清晰、一致的独立于设备的抽象文件模型，并将各种 I/O 设备的读写也抽象为文件读写。与文件系统有关的系统调用包括创建文件、删除文件、读文件和写文件等。相关的系统调用需要在读写文件前先在磁盘上定位和打开文件，在读写文件结束之后关闭该文件。

大多数操作系统用目录（文件夹）的概念对文件进行组织。操作系统也提供了相应的系统调用，如创建和删除目录，将文件放入目录中，从目录中删除文件等。目录项可以是文件或者目录，这样就用层次结构将文件组织了起来。目录层次结构中的每一个文件都可以通过从目录的顶部即根目录开始的路径名来确定。绝对路径名包含了从根目录到该文件的所有目录清单，目录之间用斜线隔开。

进程和文件都可以组织成树状结构，但这两种树状结构有不少不同之处。一般进程的树状结构层次不深，很少超过三层，而文件树状结构的层次常常多达四层、五层或更多层。进程和文件在所有权及保护方面也有所区别，子进程只有父进程才能控制和访问，而文件和目录通常文件所有者之外的其他用户也可以访问。

Linux 系统给每个文件赋予一个 9 位的二进制保护码，9 位保护码分 3 段，第 1 段用于文件所有者，第 2 段用于与所有者同组的其他成员，第 3 段用于其他用户。每个段包含 3 位，分别为 rwx 位，r 位用于读访问控制，w 位用于写访问控制，x 位用于执行访问控制。例如，保护码 rwxr-x--x 的含义是所有者可以读、写或执行该文件，其他的组成员可以读或执行，但不能写，而其他人可以执行，但不能读和写。

每个进程都有一个工作目录，对于没有以斜线开头给出绝对地址的路径，将默认在这个工作目录下寻找。进程可以通过系统调用指定新的工作目录。

在读写文件之前，首先要打开文件，检查其访问权限。若权限许可，系统将返回一个小整数，称作文件描述符，供后续操作使用。若禁止访问，系统则返回一个错误码。

在 Linux 系统中文件系统还有安装的概念。很多计算机都有光驱和 USB 接口，可以插入光盘或 USB 存储盘。Linux 系统对这些可移动介质的处理办法是将光盘或 USB 盘上的文件系统安装到主文件树上。以图 5-19 为例,在 mount 调用之前,根文件系统与光盘上的文件系统是分离的。此时光盘上的文件系统还无法使用,因为无法说明文件路径。Linux 系统不允许在路径前面加上驱动器名称,因为这会引入操作系统应当屏蔽的硬件细节。代替的方法是用 mount 系统调用将光盘上的文件系统连接到根文件系统的某个目录上。在图 5-19(b)中,光盘上的文件系统安装到了目录 b 上,这样就可以访问文件/b/x 以及/b/y。

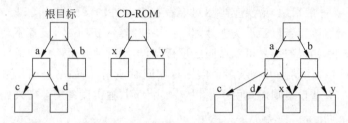

(a) 安装前,CD-ROM 上的文件不可访问 (b) 安装后,它们成了文件层次的一部分

图 5-19 安装前后的文件

在 Linux 系统中另一个重要的概念是特殊文件。提供特殊文件是为了使对 I/O 设备的访问像对文件的访问一样。这样,就可以用读写文件的系统调用来对 I/O 设备进行读写。特殊文件有两种类型:块特殊文件和字符特殊文件,分别对应两类设备。块特殊文件对应那些由可随机存取的块组成的设备,如磁盘等;字符特殊文件用于打印机、键盘和其他接收或输出字符流的设备。在 Linux 系统中,特殊文件保存在/dev 目录中。

还有一种特殊的文件是管道。管道是一种虚文件,它可连接两个进程,如图 5-20 所示。如果进程 A 和 B 之间建立了管道,当进程 A 对进程 B 发送数据时,可以把数据写入管道,就好像写文件一样;进程 B 可以通过读管道得到数据,就好像读文件一样。通过管道,在 Linux 中两个进程之间的通信就与读写普通文件一样了。

进程 管道 进程
(A)━━━━(B)

图 5-20 由管道连接的两个进程

5.3.4 输入/输出

所有的计算机都有用于输入/输出的设备,包括键盘、显示器、打印机等。操作系统需要对这些设备进行管理。每个操作系统都有管理其 I/O 设备的 I/O 子系统。有一些 I/O 软件是独立于设备的,可以应用于许多 I/O 设备。还有一些 I/O 软件,例如设备驱动程序,是专门为特定的 I/O 设备设计的。

I/O 设备大致分为两类:块设备和字符设备。块设备将信息存储在固定大小的块中,每个块有自己的地址,所有传输以一个或多个完整的连续块为单位。块设备的基本特征是每个块都能独立于其他块进行读写。硬盘、光盘、USB 盘是最常见的块设备。字符设备以字符为单位发送或接收一个字符流,而不考虑任何块结构。字符设备是不可寻址的。打印机、鼠标、键盘等都是字符设备。

对 I/O 设备的控制和访问需要一系列 I/O 软件的支持。在设计 I/O 软件时对应着几个关键问题。

（1）如何让应用程序具有设备独立性。也就是说设计出的应用程序应当可以访问任意 I/O 设备而无须事先指定设备。例如视频播放软件能够从硬盘、光盘或 USB 盘上读取文件，而这些对于视频播放软件以及程序员来说应当都是无差别的。同样的，对于需要打印输出结果的软件来说，无论输出的目的地是打印机还是屏幕，应当也是无差别的。这在现代操作系统中一般是通过将设备抽象为文件，并通过文件系统的方式进行组织。

（2）错误处理。一般来说，错误应当尽可能在接近硬件的层面得到处理。如果在控制器层面能够处理，控制器就应当自己设法去处理。如果控制器处理不了，设备驱动程序就应当处理。在大部分情况下，错误的恢复可以在底层进行，而高层软件甚至不用知道发生了错误。

（3）设备共享。有些设备可以供多个应用程序同时使用，例如多个用户可以同时打开同一个磁盘上的文件，有些设备则需要由单个用户独占使用，独占设备还会带来死锁的问题。

5.3.5　Shell

操作系统的主要功能是对资源进行管理并为应用程序提供服务，如果是无须与人交互的嵌入式系统，仅此就够了，但如果是个人计算机或智能手机这样需要与人交互的系统，则还需要提供命令行或图形交互环境，它们其实是操作系统附带的程序，不是操作系统的组成部分。

在 Linux 系统中，Shell 因为高效而受到程序员的欢迎。用户登录时，系统根据配置文件会启动一个 Shell 或 GUI。Shell 以终端作为标准输入和标准输出。首先显示提示符，提示用户 Shell 正在等待接收命令。假如用户输入：

```
date
```

Shell 会创建一个子进程，并运行 date 程序。在该子进程运行期间，Shell 会等待它结束。在子进程结束后，Shell 再次显示提示符，并等待下一行输入。

用户可以将标准输出重定向到一个文件，如：

```
date > file
```

也可以将标准输入重定向，如：

```
sort < file1 > file2
```

该命令启动 sort 程序，将 file1 作为输入，将 file2 作为输出。

一个程序的输出可以通过管道作为另一程序的输入，例如：

```
cat file1 file2 file3 | sort >/dev/lp
```

这个命令会启动 cat 程序，将 3 个文件合并，结果输出到 sort 程序进行排序。sort 的输出又被重定向到文件/dev/lp 中，也就是打印机。

如果用户在命令后加上一个"&"符号，则 Shell 将不等待其结束，而直接显示出提示符，启动的程序会在后台运行，用户则可以继续与命令行交互。

5.4　系统调用

操作系统的功能主要是为用户程序提供抽象和管理计算机资源。就用户程序来说，重要的是前者，例如，创建、写入、读出和删除文件。资源管理部分对用户程序来说可以视为黑箱,由操作系统自动完成。这样,用户程序和操作系统之间的交互主要是通过抽象,也就是系统调用接口。作为用户程序的程序员,必须了解和熟悉这个接口。不同的操作系统提供的调用接口也各不相同。

以读文件系统调用 read 为例,见图 5-21。read 有 3 个参数:第一个参数说明要从哪里读,也就是读哪个文件,第二个参数说明数据要读到哪里去,也就是目标缓冲区,第三个参数说明要读多少数据,也就是读取的字节数。用 C 程序调用的形式如下:

```
count = read(fd, buffer, nbytes);
```

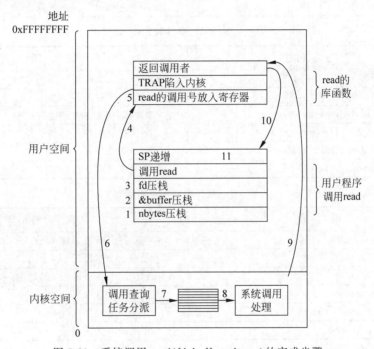

图 5-21　系统调用 read(fd,buffer,nbytes)的完成步骤

系统调用会在返回值中返回实际读出的字节数。一般这个值和 nbytes 一样,但也可能更小,例如如果遇到了文件末尾就读不到那么多数据。

如果系统调用不能执行,返回值会被置为−1,并且在全局变量 errno 中会放入错误号。系统调用因为涉及资源占用等诸多因素,有可能发生各种异常。因此应用程序在进行系统调用时都应当检查调用返回值,以便在发生异常时进行处理。

在进行系统调用时,系统调用编号会被放在指定的寄存器中,然后执行 TRAP 指令,将用户态切换到内核态,并从内核的一个固定地址开始执行。TRAP 指令与调用指令非常类似,它们都跳转到某个远处位置的指令,并将返回地址压栈。但是,TRAP 指令会切换到内核态,而普通的函数调用指令不会改变运行模式。另外,TRAP 指令并不能跳转到任意地址上,而是给出内存中一张表格的索引号,这张表格中含有跳转地址。

然后内核代码根据系统调用号查找正确的系统调用指针,再进行具体的系统调用处理。一旦系统调用处理完成,控制权就会返回给位于用户空间的系统调用库函数,并进一步返回到用户程序。最后用户程序会进行弹栈操作,继续执行后面的指令。

Linux 系统遵循的可移植操作系统接口(Portable Operating System Interface of

UNIX，POSIX）标准给出了 100 个过程调用，主要分成进程管理、文件管理、目录和文件系统管理以及杂项 4 类，Linux 系统调用见表 5-3～表 5-6。

表 5-3　进程管理

调　用	说　明
pid＝fork()	创建与父进程相同的子进程
pid＝waitpid(pid,&statloc,options)	等待一个子进程终止
s＝execve(name,argv,environp)	替换一个进程的核心映像
exit(status)	终止进程执行并返回状态

表 5-4　文件管理

调　用	说　明
fd＝open(file,how,…)	打开一个文件进行读写
s＝close(fd)	关闭一个打开的文件
n＝read(fd,buffer,nbytes)	把数据从文件读到缓冲区中
n＝write(fd,buffer,nbytes)	把数据从缓冲区写到文件中
position＝lseek(fd,offset,whence)	移动文件指针
s＝stat(name,&buf)	获取文件的状态信息

表 5-5　目录和文件系统管理

调　用	说　明
s＝mkdir(name,mode)	创建一个新目录
s＝rmdir(name)	删去一个空目录
s＝link(d1,d2)	创建一个新目录项 d2，并指向 d1
s＝unlink(name)	删去一个目录项
s＝mount(special,name,flag)	安装一个文件系统
s＝umount(special)	卸载一个文件系统

表 5-6　杂项

调　用	说　明
s＝chdir(dirname)	改变工作目录
s＝chmod(name,mode)	修改一个文件的保护位
s＝kill(pid,signal)	发送信号给一个进程
seconds＝time(&seconds)	自 1970 年 1 月 1 日起的流逝时间

在 Linux 系统中，只有 fork 可以创建新的进程。fork 会创建一个当前进程的副本，包括所有的文件描述符、寄存器等内容。在 fork 之后，原来的进程与其子进程就开始分别运行，然后各自从 fork 函数返回。在子进程中，fork 会返回零，在父进程中，fork 返回的则是子进程的标识符（PID）。这样根据 fork 的返回值，进程就能知道自己是父进程还是子进程。

多数情形下，在 fork 之后，子进程需要执行与父进程不同的代码。以 Shell 进程为例，Shell 会从终端读取命令，创建一个子进程，然后子进程执行命令，原来的 Shell 进程则等待子进程结束，再读入下一条命令。为了等待子进程结束，父进程会执行 waitpid 系统调用，它只是将父进程挂起，直至某个子进程结束。waitpid 可以等待一个特定的子进程，也可以将第一个参数设为−1，等待任何一个子进程。waitpid 返回时，会将子进程的退出状态（是否正常退出等信息)写到第二个参数 statloc 所指向的内存位置。

Shell 调用 fork 创建一个新的子进程之后,这个子进程应当执行用户的命令,通常是执行用户指定的某个程序,这时子进程需要被替换成目标程序。通过 execve 系统调用可以实现这一点,这个系统调用会导致主调进程的整个核心映像被替换为指定文件中的程序。以下给出了简化的 Shell 程序。假设用户输入命令:

```
cp file1 file2
```

该命令将 file1 复制到 file2。在 Shell 创建子进程之后,子进程就会执行 cp,并将源文件名和目标文件名传递给它。以下为简化的 Shell 程序。

```
while (1)
{
    type_prompt( );                        //在屏幕上显示提示符
    read_command(command, parameters);     //从终端读取输入
    if (fork( ) != 0)                      //派生子进程
    {
        waitpid( - 1, &status, 0);         //父进程代码
    }
    else
    {
        execve(command, parameters, 0);    //子进程代码,执行命令
    }
}
```

如果进程需要读写文件,先要用系统调用 open 打开该文件。调用 open 时,要在第一个参数中用绝对路径名或指向工作目录的相对路径名指定要打开文件的名称,在第二个参数中用 O_RDONLY、O_WRONLY 或 O_RDWR 指定打开模式是只读、只写或是两者都可以,如果要创建一个新文件,可以使用 O_CREAT 作为参数。open 会返回相应的文件描述符,然后进程就可以用文件描述符进行读写操作。读写结束后,可以用系统调用 close 关闭文件。

在所有的系统调用中,最常用的调用可能是 read 和 write。每个打开的文件都有一个与之相关联的指向文件当前位置的指针。在顺序读写时,该指针通常指向下一个将要读写的字节。系统调用 lseek 可以改变该位置指针的值,这样就可以调整后续的 read 或 write 调用所读写的位置。调用 lseek 需要提供 3 个参数:第一个是文件描述符;第二个是位置偏移量;第三个说明该偏移量是相对于文件起始位置、当前位置还是文件的结尾。在修改了指针之后,lseek 会返回指针指向的绝对位置。

Linux 系统为每个文件保存了该文件的类型(普通文件、特殊文件、目录等)、大小、最后修改时间等其他信息。程序可以通过系统调用 stat 查看这些信息。调用 stat 需要提供两个参数:第一个参数指定了要查看的文件;第二个参数是一个地址值,stat 会将查到的信息写入该地址。如果文件已经打开,可以用系统调用 fstat 完成同样的工作,fstat 需要的参数是已打开文件的描述符。

还有一些系统调用与目录或文件系统有关,mkdir 和 rmdir 分别用于创建和删除空目录,link 则允许同一个文件以多个名称出现在文件系统树上的多个位置。例如某个开发团队中允许若干个成员共享一个共同的文件,每个人都在自己的目录中有该文件的链接并指向同一个文件。这种共享文件方式与每个团队成员都有一个副本不是同一回事,因为每个

人所拥有的链接指向的实际上是同一个文件,任何成员所做的修改都立即为其他成员所见,而对副本的修改不会影响到其他的副本。

在 Linux 系统中,目录其实也是文件,只不过是一种特殊的文件,这个文件其实是一张表格,目录中的每个文件在表格中占一个条目,条目中记录了该文件的名称和一个与该文件对应的编号(inode),通过 inode 号可以在一个特定的表格中查找到文件的信息,例如文件的拥有者和磁盘块的位置等。

假设/usr 目录中有两个子目录 ast 和 jim,在程序中执行语句:

```
link("/usr/jim/memo","usr/ast/note");
```

就会在 ast 目录中生成一个新的条目 note,/usr/jim/memo 和/usr/ast/note 这两个条目指向的是同一个文件,因此有相同的 inode 号。如果使用 unlink 系统调用将其中一个条目删除,实际文件不会被删除,因为还有其他目录中的条目指向这个文件。如果指向某个文件的所有条目都被删除了,操作系统就会把该文件从磁盘中删除。图 5-22 给出了系统调用 link 的过程。

<table>
<tr><td colspan="2">/usr/ast</td><td colspan="2">/usr/jim</td><td colspan="2">/usr/ast</td><td colspan="2">/usr/jim</td></tr>
<tr><td>16</td><td>mail</td><td>31</td><td>bin</td><td>16</td><td>mail</td><td>31</td><td>bin</td></tr>
<tr><td>81</td><td>games</td><td>70</td><td>memo</td><td>81</td><td>games</td><td>70</td><td>memo</td></tr>
<tr><td>40</td><td>test</td><td>59</td><td>f.c.</td><td>40</td><td>test</td><td>59</td><td>f.c.</td></tr>
<tr><td></td><td></td><td>38</td><td>prog1</td><td>70</td><td>note</td><td>38</td><td>prog1</td></tr>
</table>

(a) link调用之前的两个目录　　　　(b) link调用之后，ast目录中生成了新的条目note，与jim目录中的条目memo有相同的inode号，指向的是同一个文件

图 5-22　系统调用 link 示例

系统调用 mount 允许将一个文件系统安插到另一个文件系统的树上。例如用户插入了一个 USB 软盘,通过在程序中调用 mount,就可以将这个 USB 软盘上的文件系统添加到根文件系统中:

```
mount("/dev/sdb0","/mnt",0);
```

这里,第一个参数是 USB 驱动器 0 的块特殊文件名称;第二个参数是要被安插到树中的位置;第三个参数说明将要安装的文件系统是可读写的还是只读的,见图 5-23。

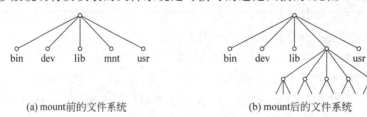

(a) mount前的文件系统　　　　　　(b) mount后的文件系统

图 5-23　mount 前后的文件系统

当不再需要一个文件系统时,可以用系统调用 umount 进行卸载。通过 mount 调用,Linux 系统可以将多个存储介质整合成一个统一的文件层次树,不用考虑文件在哪个驱动器上。

系统调用 chdir 可以改变进程的当前工作目录。在程序中调用:

```
chdir("/usr/ast/test");
```

之后,相对路径 xyz 对应的文件就是/usr/ast/test/xyz。工作目录的概念避免了总是需要使用冗长的绝对路径名。

在 Linux 系统中,每个文件都设置有一个保护模式。系统调用 chmod 可以改变文件的保护模式。例如,执行语句:

```
chmod("file",0644);
```

会将 file 文件的保护模式位改成 110100100,表示文件拥有者可以读写,同组其他用户和普通用户只能读。

系统调用 kill 会向目标进程发送一个信号。如果目标进程设置好了这个信号的处理程序,在进程收到信号时,相应的信号处理程序就会被执行,执行过程类似中断处理。如果该进程没有设置相应的处理程序,那么收到信号的进程就会被杀掉。

Windows 系统也有相应的系统调用。微软定义了一套函数接口,称为 Win32 应用编程接口。Win32 API 接口定义的系统调用有数千个,程序员可以通过这套函数获得操作系统的服务。表 5-7 给出了 Linux 系统调用对应的部分 Win32 API 调用。从 Windows 95 开始的所有 Windows 版本都支持或部分支持这个接口。由于 Windows 发行新版时微软会在接口中添加新的系统调用,所以很难定义 Win32 编程接口是由哪些系统调用构成。另外Win32 API 中有一大批调用完全是在用户空间进行的,而且一些系统调用在某个 Windows版本中在内核执行,在另一个版本中又在用户空间执行。

表 5-7　Linux 系统调用对应的部分 Win32 API 调用

UNIX	Win32	说　　明
fork	CreateProcess	创建一个新进程
waitpid	WaitForSingleObject	等待一个进程退出
execve	(无)	CreateProcess=fork+execve
exit	ExitProcess	终止执行
open	CreateFile	创建一个文件或打开一个已有的文件
close	CloseHandle	关闭一个文件
read	ReadFile	从一个文件读数据
write	WriteFile	把数据写入一个文件
lseek	SetFilePointer	移动文件指针
stat	GetFileAttributesEx	取得文件的属性
mkdir	CreateDirectory	创建一个新目录
rmdir	RemoveDirectory	删除一个空目录
link	(无)	Win32 不支持 link
unlink	DeleteFile	销毁一个已有的文件
mount	(无)	Win32 不支持 mount
umount	(无)	Win32 不支持 umount
chdir	SetCurrentDirectory	改变当前工作目录
chmod	(无)	Win32 不支持安全性(但 NT 支持)
kill	(无)	Win32 不支持信号
time	GetLocalTime	获得当前时间

Win32 API 中有许多系统调用与 Linux 系统中的系统调用有直接对应关系。CreateProcess 用于创建一个新进程，它相当于 Linux 系统中 fork 和 execve 的结合。Windows 中没有类似 Linux 的进程层次，所以不存在父进程和子进程的概念。在进程创建之后，创建者和被创建者是平等的。WaitForSingleObject 用于等待一个事件，等待的事件可以是多种可能的事件。如果有参数指定了某个进程，调用者将等待所指定进程的退出事件。进程退出使用的系统调用是 ExitProcess。Win32 API 中也有许多进行文件操作的系统调用，文件可被打开、关闭和写入。SetFilePointer 以及 GetFileAttributesEx 调用可以设置文件指针的位置和获取文件的属性。Windows 中有目录，目录分别用系统调用 CreateDirectory 以及 RemoveDirectory 创建和删除。系统调用 SetCurrentDirectory 可以设置当前目录。GetLocalTime 可获得当前时间。

Win32 接口中没有文件的链接和文件系统安装的概念，所以也不存在相应的系统调用。当然，Win32 中也有大量 Linux 中不存在的其他调用，特别是管理 GUI 的各种调用。

5.5　华为鸿蒙操作系统

华为鸿蒙操作系统（HUAWEI Harmony OS）是华为公司在 2019 年 8 月 9 日于东莞举行的华为开发者大会上正式发布的操作系统。它的问世，在全球引起反响。近年来，美国打压华为对鸿蒙操作系统的问世起了催生作用，代表中国高科技开展的一次战略突围，是中国解决诸多"卡脖子"问题的一个带动点。它的诞生改变了操作系统的全球格局。

5.2.1　鸿蒙操作系统简介

鸿蒙操作系统是华为公司耗时 10 年，由 4000 多名研发人员投入开发的一款基于微内核，面向 5G 物联网，面向全场景的分布式操作系统。鸿蒙的英文名是 Harmony，意为和谐。

鸿蒙操作系统是一款全新的面向全场景的分布式操作系统，创造了一个超级虚拟终端互联的世界，将人、设备、场景有机地联系在一起，将消费者在全场景生活中接触的多种智能终端实现极速发现、极速连接、硬件互助、资源共享，用合适的设备提供场景体验。

鸿蒙操作系统不是安卓系统的分支或简单修改，是与安卓、iOS 不一样的操作系统；它在性能上不弱于安卓系统，而且华为还为基于安卓生态开发的应用平稳迁移到鸿蒙操作系统上做好了衔接，能将相关系统及应用迁移到鸿蒙操作系统上，完成迁移及部署。新的操作系统将打通手机、计算机、平板电脑、电视、工业自动化控制、无人驾驶、车机设备、智能穿戴，统一成一个操作系统，并且该系统是面向下一代技术而设计的，能兼容全部安卓应用的所有 Web 应用。若安卓应用重新编译，在鸿蒙操作系统上，运行性能提升超过 60%。鸿蒙操作系统架构中的内核会把之前的 Linux 内核、鸿蒙操作系统微内核与 LiteOS 合并为一个鸿蒙操作系统微内核。创造一个超级虚拟终端互联的世界。同时由于鸿蒙系统微内核的代码量只有 Linux 宏内核的千分之一，其受攻击概率也大幅降低。

5.2.2　技术特性

1. 无缝连接

鸿蒙操作系统采用分布式架构和分布式虚拟总线技术，提供共享通信平台、分布式数据管理、分布式任务调度和虚拟外设。使用鸿蒙操作系统,应用程序开发人员将不必处理分布式应用程序的底层技术,从而使他们能够专注于自己的个人服务逻辑。

开发分布式应用程序将比以往任何时候都容易。基于鸿蒙操作系统构建的应用程序可以在不同的设备上运行,同时提供跨所有场景的无缝协作体验。

2. 流畅的性能

保证了延时引擎和高性能进程间通信（IPC)技术实现系统的流畅。系统通过确定性延迟引擎和高性能 IPC 技术解决性能不佳的挑战。

3. 安全性更高

系统采用全新的微内核设计,拥有更强的安全特性和低时延等特点。微内核设计的基本思想是简化内核功能,在内核之外的用户态尽可能多地实现系统服务,同时加入相互之间的安全保护。微内核只提供最基础的服务,比如多进程调度和多进程通信等。通过统一IDE 支撑一次开发,多端部署,实现跨终端生态共享。

4. 一致性

鸿蒙操作系统凭借多终端开发 IDE,多语言统一编译,分布式架构 KIT 提供屏幕布局控件以及交互的自动适配,支持控件拖拽,面向预览的可视化编程,从而使开发者可以基于同一工程高效构建多端自动运行 App,实现真正的一次开发,多端部署,在跨设备之间实现共享生态。华为方舟编译器是首个取代安卓虚拟机模式的静态编译器,可供开发者在开发环境中一次性将高级语言编译为机器码。此外,方舟编译器未来将支持多语言统一编译,可大幅提高开发效率。

5.6　小结

可以从两个角度认识操作系统:资源管理的角度和计算机抽象的角度。从资源管理的角度来看,操作系统的任务是高效管理计算机系统的各个部分。从计算机抽象的角度来看,操作系统的任务是为应用程序以及应用程序员提供比实际机器更便于理解和运用的抽象。这些抽象包括进程、地址空间以及文件等概念。

操作系统的发展与现代计算机技术的发展伴随始终,操作系统最早是替代计算机操作员,后来发展到早期批处理系统,然后又发展到多道程序系统以及个人计算机系统。

操作系统同硬件交互密切,计算机由处理器、存储器以及 I/O 设备组成,这些部件通过总线连接。

所有操作系统构建所依赖的基本概念是进程、存储管理、I/O 管理、文件管理和安全。

操作系统的核心是它所提供的系统调用,这些系统调用体现了操作系统提供给用户程序的接口和服务。

## 第 6 章

数据库系统

数据库是按照数据结构组织、存储和管理数据的仓库。当今时代是信息和知识大爆炸的时代,信息时代的核心无疑是信息技术,而信息技术的核心则在于数据的处理与存储。

6.1 数据库系统概述

6.1.1 数据、数据模型与数据库

1. 信息、数据与数据处理

信息是人们对客观物质世界的直接描述和反映,用于人与人之间进行知识的传递。数据是用来说明人类活动的事实或事物的一些文字、数字或符号描述。例如学生的课程成绩、某个商品的价格、数量等。所以,数据是信息的具体表示形式,而信息是数据的内涵,是对数据语义的解释。数据表示了信息,信息只有通过数据形式表示出来才能被人们理解和接受。

数据的表现形式有数字、文字、图形、图像、声音、语言等。

一般来说,数据必须经过处理才能产生对人类有用的信息。数据处理是通过人力或机器,将收集到的数据加以系统处理,归纳出有价值信息的过程。常见的数据处理方式有数据的收集、存储、分类、排序、计算或加工、检索、传输、转换等。数据处理常被称为信息处理。

2. 数据模型

模型是现实世界特征的模拟和抽象。在数据库系统中用数据模型抽象、表示和处理现实世界中的数据和信息。数据库技术中研究的数据模型分为两层:一层是面向用户的,称为概念模型;另一层是面向计算机系统的,称为结构模型,如图 6-1 所示。

数据库系统支持的概念模型主要有层次模型、网状模型、关系模型和面向对象模型。

(1)层次模型。

层次模型是数据库系统中最早使用的模型,它的数据结构类似一棵倒置的树,每个结点表示一个记录类型,记录之间的联系是一对多的联系。

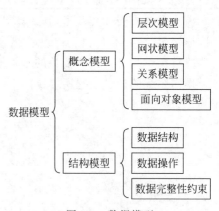

图 6-1 数据模型

在层次模型中,每个记录类型可以包含多个字段,不同记录类型之间、同一记录类型的不同字段之间不能同名。如果要存取某一类型的记录,就要从根结点开始,按照树的层次逐层向下查找,查找路径就是存取路径。

层次模型结构简单,容易实现,对于某些特定的应用系统效率很高,但如果需要动态访问数据(如增加或修改记录类型)时,效率并不高。另外,对于一些非层次性结构(如多对多联系),层次模型表达起来比较烦琐和不直观。

(2)网状模型。

网状模型采用网状结构表示实体及实体之间的联系。网状结构的每个结点代表一个记录类型,记录类型可包含若干字段,联系用链接指针表示,去掉了层次模型的限制。

与层次模型相比,网状模型提供了更大的灵活性,能更直接地描述现实世界,性能和效率也比较好。网状模型的缺点是结构复杂,用户不易掌握,记录类型联系变动后涉及链接指针的调整,扩充和维护都比较复杂。

层次模型和网状模型都是成功的数据模型,基于这些模型构造了一些成功的数据库管理系统。但是,这两种模型共同的缺点是用户在处理数据库中的数据时,必须非常清楚数据之间的层次或网状联系,实现较困难。当用户需求发生了变化时,就可能需要修改数据模型的结构,严重时可能需要修改整个系统。层次模型、网状模型结构实例如图 6-2 所示。

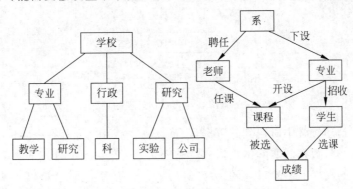

图 6-2 层次模型、网状模型结构实例

(3)关系模型。

关系模型采用二维表格结构来表示实体和实体之间的联系,是目前应用最多,也是最为重要的一种数据模型。二维表由行和列组成。在关系模型中,现实世界的数据组织成一些二维表格,这些表格称为"关系",用户对数据的操作抽象为对关系的操作。关系模型的理论基础是关系代数。

关系模型概念清晰,结构简单,实体、实体联系和查询结果都采用关系表示,用户比较容易理解。另外,关系模型的存取路径对用户是透明的,程序员不用关心具体的存取过程,减轻了程序员的工作负担,具有较好的数据独立性和安全保密性。

关系模型也有一些缺点,在某些实际应用中,关系模型的查询效率有时不如层次模型和网状模型。为了提高查询的效率,有时需要对查询进行一些特别的优化。

(4)面向对象模型。

20 世纪 80 年代以来,虽然在数据处理领域中普遍使用关系模型数据库,但是随着计算机技术的飞速发展,新的应用领域不断出现,数据处理技术的要求也比一般事务处理环境复杂得多。在很多领域中，一个对象由多个属性来描述，而属性本身又是一个对象，也有自身的内部结构，即构成了复杂的对象。这些要求使关系模型的描述能力存在不足，由此发展了面向对象数据模型。在面向对象数据模型中不仅定义了数据结构，还定义了作用于此结构上的操作，对象外部只能通过操作接口访问对象。在面向对象数据模型中引入了一些比较抽象的概念，如对象、对象的属性、聚集、方法、对象的封装及消息、类与子类、继承等。面向对象数据库系统的研究成为国内外数据库系统领域的热点，并取得了重大的进展。

概念模型是对现实世界的数据描述，这种数据模型最终要转换成计算机能够实现的数据模型。现实世界的第二层抽象是直接面向数据库的逻辑结构，称为结构模型，这类数据模型涉及计算机系统和数据库管理系统。结构模型由以下 3 部分组成。

① 数据结构。实体和实体间联系的表示和实现。

② 数据操作。数据库的查询和更新操作的实现。

③ 数据完整性约束。数据及其联系应具有的制约和依赖规则。

3. 数据管理技术的发展

数据管理技术是指对数据的分类、组织、编码、存储、检索和维护的技术，其发展是和计算机技术及其应用的发展密不可分的。计算机进行数据处理的过程如图 6-3 所示，先将原始数据和对数据进行处理的算法输入计算机中，然后再由计算机进行处理，最后输出处理结果。

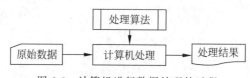

图 6-3　计算机进行数据处理的过程

由于在数据处理过程中所遇到的数据是有组织的，相互之间存在一定的联系，因此数据处理的效率和方式与数据的实际组织形式具有密切的关系。数据处理的水平是随着计算机硬件和软件技术的发展而不断发展的，大致经历了人工管理、文件管理以及数据库系统管理几个发展阶段。

（1）人工管理阶段。

20 世纪 50 年代中期之前，计算机的软硬件均不完善。硬件存储设备只有磁带、卡片和纸带，软件方面还没有操作系统，当时的计算机主要用于科学计算。这个阶段由于还没有软件系统对数据进行管理，程序员在程序中不仅要规定数据的逻辑结构，还要设计其物理结构，包括存储结构、存取方法、输入输出方式等。当数据的物理组织或存储设备改变时，用户程序就必须重新编制。由于数据的组织面向应用，不同的计算程序之间不能共享数据，使得不同的应用之间存在大量的重复数据，很难维护应用程序之间数据的一致性。

（2）文件管理阶段。

从 20 世纪 50 年代后期到 60 年代中期，数据管理发展到文件管理阶段。此时的计算机不仅用于科学计算，还大量用于文件管理。外存储器有了磁盘等直接存取设备。在软件方面，这一阶段的主要标志是计算机中有了专门管理数据库的软件——操作系统。从处理方式上讲，不仅有了文件批处理，而且能够联机实时处理。程序和数据可以分别存储为程序文件和数据文件，因而程序与数据有了一定的独立性。

文件管理系统比人工管理系统有了很大的改进,但这种方法仍有很多缺点。

① 数据冗余大,空间浪费严重。当不同的应用程序所需的数据有部分相同时,仍需建立各自的独立数据文件而不能共享相同的数据,并且相同的数据重复存放、各自管理,当相同部分的数据需要修改时比较麻烦,很可能造成数据的不一致。

② 数据和程序缺乏足够的独立性。文件中的数据是面向特定应用的,文件之间是孤立的,不能反映现实世界事物之间的内在联系。此外,应用程序所用的高级语言的改变,也将影响到文件的数据结构。

(3)数据库系统管理阶段。

20 世纪 60 年代后期,随着计算机在数据管理领域的普遍应用,人们对数据管理技术提出了更高的要求,希望面向企业或部门,以数据为中心组织数据,减少数据的冗余,提供更高的数据共享能力,同时要求程序和数据具有较高的独立性,当数据的逻辑结构改变时,不涉及数据的物理结构,也不影响应用程序,以降低应用程序研制与维护的费用。数据库技术正是在这样一个应用需求基础上发展起来的。从大型机到微型机,从 UNIX 到 Windows,推出了许多成熟的数据库管理软件,如 FoxBASE、FoxPro、Visual FoxPro、Oracle 和 SQL Server 等。今天,数据库系统已经成为计算机数据处理的主要方式。

概括起来,数据库系统管理阶段的数据管理具有以下几个特点。

① 采用数据模型表示复杂的数据结构。数据模型不仅描述数据本身的特征,还要描述数据之间的联系,这种联系通过所有存取路径表示。通过所有存储路径表示自然的数据联系是数据库与传统文件的根本区别。这样,数据不再面向特定的某个或多个应用,而是面对整个应用系统。如面向企业或部门,以数据为中心组织数据,形成综合性的数据库,为各应用共享。

② 由于面对整个应用系统使得数据冗余小,易修改、易扩充,实现了数据共享。不同的应用程序根据处理要求,从数据库中获取需要的数据,这样就减少了数据的重复存储,也便于增加新的数据结构,便于维护数据的一致性。

③ 对数据进行统一管理和控制,提供了数据的安全性、完整性以及并发控制。

④ 程序和数据有较高的独立性。数据的逻辑结构与物理结构之间的差别可以很大,用户以简单的逻辑结构操作数据而无须考虑数据的物理结构。

⑤ 具有良好的用户接口,用户可方便地开发和使用数据库。

文件管理系统与数据库管理系统的对比如图 6-4 所示。

图 6-4 文件管理系统与数据库管理系统的对比

4. 数据库

数据库技术是随着数据管理技术的需要和发展应运而生的。数据库,顾名思义,是用来存储数据的仓库，研究数据应该以怎样的形式，以何种关系，以什么样的结构进行存储，以及如何对数据进行访问、查询、统计和输出等操作。对应于不同的数据模型，数据库也分为网状数据库、层次数据库、关系数据库、面向对象数据模型为主要特征的数据库，其中应用最广泛的是关系数据库。

6.1.2 数据库系统

1. 数据库系统的构成

由数据库（Database，DB）、数据库管理系统（Database Management System，DBMS）、数据库应用系统、数据库管理员（Database Administrator，DBA）、用户、硬件系统和操作系统组成的系统称为数据库系统。

数据库系统可以实现有组织、动态地存储大量相关数据，提供数据处理和信息资源共享服务。数据库系统不仅包括存储在计算机中的数据，还包括相应的硬件系统、软件系统和各类用户，可以用图 6-5 来表示数据库系统中各部分的关系。

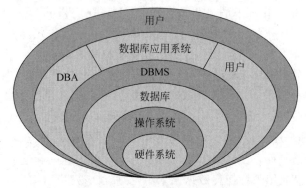

图 6-5　数据库系统的组成结构

（1）硬件系统。硬件系统是数据库赖以存在的物理设备。

（2）软件系统。软件系统主要包括操作系统、数据库管理系统、与数据库接口的高级语言及其编译系统，以及以 DBMS 为核心的应用开发工具。

一般来讲，数据库系统的数据处理能力较弱，所以需要提供与数据库接口的高级语言及其编译系统，以便开发相应的应用程序。

（3）数据库应用系统。数据库应用系统指为特定应用开发的数据库应用软件。例如，基于数据库的各种管理软件、管理信息系统、决策支持系统和办公自动化等都属于数据库应用系统。

（4）各类用户。参与分析、设计、管理、维护和使用数据库的人员均是数据库系统的组成部分。

2. 数据库的使用者

数据库一般有如下 3 类使用者。

（1）数据库最终用户。通过应用系统的用户界面使用数据库的人员。

（2）数据库应用系统开发人员。数据库应用系统开发人员包括系统分析员、系统设计员和程序员。系统分析员负责应用系统分析，他们和用户、数据库管理员相结合，参与数据库设计；系统设计员负责应用系统设计和数据库设计；程序员则根据设计要求进行编码。

（3）数据库管理员。数据库管理员是拥有最高特权的数据库用户，负责全面管理数据库系统。

为保障数据库的安全性，不同使用者拥有的操作权限不同，操作权限可由 DBA 进行设置。

3. 数据库管理系统

数据库管理系统是操纵和管理数据库的大型软件，用于建立、使用和维护数据库。它对数据库进行统一的管理和控制，以保证数据库的安全性和完整性。用户通过 DBMS 访问数据库中的数据，数据库管理员也通过 DBMS 进行数据库的维护工作。通过使用 DBMS，用户可以建立、修改和查询数据库数据，而不必关心这些数据在计算机中的具体存放方式和处理的具体细节。这样，可把一切处理数据的具体而繁杂的工作交给 DBMS 去完成。

DBMS 具有以下几方面的功能。

（1）数据定义。定义数据的结构、数据与数据之间的关联关系、数据的完整性约束等。

（2）数据操纵。实现对数据库中数据的操纵，包括插入、删除和修改数据。

（3）数据查询。实现灵活的数据查询功能，使用户可以方便地使用数据库中的数据。

（4）数据控制。实现对数据库数据的安全性控制、性能优化、并发控制、完整性控制等各方面的控制功能。

（5）数据管理。实现数据库的备份和恢复。

（6）数据通信。在分布式数据库或提供网络操作功能的数据库中还必须提供数据的通信功能。

目前国际上流行的关系数据库系统主要有 Oracle、SQL Server、DB2、Informix、Sybase、PostgreSQL、MySQL、Access 等。

4. 数据库系统的模式结构

实际的数据库系统多种多样，不同的数据模型，使用不同的数据库语言，建立在不同的操作系统之上，数据的存储结构也各不相同，但是大多数数据库系统在总的体系结构上都具有三级模式的结构特征。数据库系统的三级模式结构由外模式、概念模式和内模式组成，如图 6-6 所示。

（1）内模式（存储模式）是最接近物理存储的，也就是数据的物理存储方式。内模式负责描述数据库的物理存储结构，定义所有的内部记录类型、索引和文件的组成方式，以及数据控制方面的细节。由 DBMS 提供的工具或语言完成。内模式是整个数据库的最底层表示。

（2）概念模式（逻辑模式）是介于内模式和外模式之间的中间层次，描述的是数据的全局逻辑结构，是现实世界中数据库用户的数据抽象，描述整个数据库的结构，着重描述实体、属性、关系和约束。数据库系统的概念模式通常还包含有访问控制、保密定义和完整性检查等方面的内容，以及概念与物理之间的映射。

（3）外模式（用户模式）是最接近用户的，主要描述组成用户视图的各个记录的组成、相互关系、数据项的特征、数据的安全性和完整性约束条件，并实现外部与概念之间的映射。

三级模式结构的优点如下。

（1）保证数据的独立性。

（2）简化了用户接口。

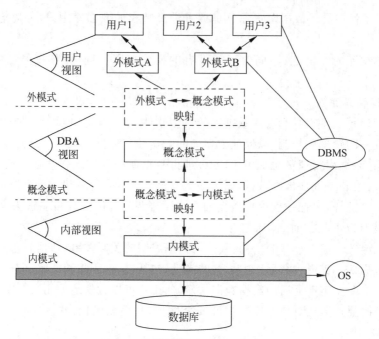

图 6-6　数据库系统的三级模式结构

（3）有利于数据共享。

（4）利于数据的安全保密。

6.2　关系数据库

关系数据库是目前各类数据库中非常重要的使用广泛的数据库。关系数据库以关系模型为基础。

6.2.1　关系概念模型

关系概念模型是主要通过实体-联系图描述现实世界的概念模型。实体-联系表示法简称 E-R(Entity-Relationship)方法。E-R 图提供了表示实体、属性和联系的方法。E-R 方法主要涉及如下概念。

1．实体

实体是信息世界中的基本单位。客观存在并可相互区别的事物称为实体。实体可以是具体的人、事或物，也可以是抽象的概念或联系（如一项设计或任务）。E-R 图中实体用矩形表示，矩形框内写明实体名。

2．属性

现实世界中的事物都有特征，在信息世界中使用属性这个概念来表示其特征。所以属性是实体所具有的某一特性的反映。一个实体可以由若干个属性描述。如学生档案表中，每个学生（实体）有学号、姓名、性别、出生日期等属性，这些属性构成了实体的属性集。E-R 图中属性用椭圆形表示，并用无向边将其与相应的实体连接起来。

3. 域

属性的取值范围称为该属性的域(domain)。如性别属性,它的取值范围可以是"男"和"女",又如姓名的属性域可以是长度不超过 4 个汉字的字符串等。

4. 实体型与值

实体有型与值之分,学生表中型是学号、姓名、性别、出生日期和总成绩,而其值是具体内容,如{2018010,王强,男,1998-05-01,480}等。

5. 关键字

唯一标识实体个体的一个或一组属性称为关键字(Key),如主关键字、外关键字。

6. 实体集

同型实体的集合称为实体集,如某学校所有学生的集合。

7. 联系

现实世界中事物内部以及事物之间的联系在信息世界中反映为实体内部的联系和实体之间的联系,如教师与学生、学生与成绩实体集之间联系。E-R 图中联系用菱形表示,菱形框内写明联系名,并用无向边分别与有关实体连接起来,同时在无向边旁标上联系的类型($1:1$、$1:n$ 或 $m:n$)

实体集之间的联系个数可以是单个的,也可以是多个的,主要有以下几种联系。

(1) 一对一联系($1:1$)。例如学校与校长。

(2) 一对多联系($1:n$)。例如学院与系。

(3) 多对多联系($m:n$)。例如学生与课程。

实体之间的一对一、一对多、多对多联系不仅存在于两个实体之间,也可存在于两个以上的实体之间;同一个实体集内的各实体之间也可以存在一对一、一对多、多对多的联系。

在学校中教师、学生及课程三个实体间的关系如图 6-7 所示。

图 6-7　教学管理中的 E-R 图

此图表示一个学生可选多门课程,而一门课程又有多个学生选修,一个教师可讲授多门课程,一门课程只由一位教师讲授。

6.2.2　关系结构模型

在关系模型中,实体以及实体间的联系都用关系来表示,关系结构模型是用二维表的形式表示实体和实体间联系的数据模型。关系结构模型一般包含关系数据结构、关系操作集合和关系完整性约束 3 部分,如图 6-8 所示。

1. 关系数据结构

关系数据结构非常单一,在用户看来,关系结构模型中关系数据结构就是二维表。这种表示方法对应于描述现实世界的概念模型的实体-关系法,这种数据结构虽然简单,但能够

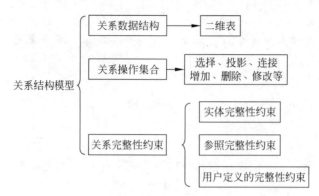

图 6-8　关系结构模型

表达丰富的语义,描述出现实世界的实体以及实体之间的各种联系。关系结构模型中的术语与二维表中术语的对应关系如表 6-1 所示。

表 6-1　关系结构模型中的术语与二维表中术语的对应关系

关系结构模型中术语	数据库二维表中术语	关系结构模型中术语	数据库二维表中术语
关系名	表名	属性	列
关系模式	表头(表格的描述)	属性名	列名
关系	二维表	属性值	列值
元组	记录或行	关键字	主关键字、外关键字

2. 关系操作

关系操作又称为关系运算。关系模型是以关系代数为理论基础的;数据库本质上就是一些数据的集合,所以对一个数据库的操作类似于对一些集合的操作。

关系运算的对象是关系,结果也是关系。关系的基本数据操作包括数据查询、数据插入、数据删除和数据修改。关系运算有两类:一类是传统的集合运算,包括合并、交集、求差、乘积等;另一类是专门的关系运算,包括选择、投影、连接、除法等。有些查询需要几个基本运算的组合,经过若干步骤才能完成。

(1) 传统的集合运算。

① 合并。设有两个关系 R 和 S,它们具有相同的结构。R 和 S 的并是由属于 R 或属于 S 的元组组成的集合,运算符为 $\cup$,记为 $T=R\cup S$。

② 求差。R 和 S 的差是由属于 R 但不属于 S 的元组组成的集合,运算符为 $-$,记为 $T=R-S$。

③ 交集。R 和 S 的交是由既属于 R 又属于 S 的元组组成的集合,运算符为 $\cap$,记为 $T=R\cap S$,$R\cap S=R-(R-S)$。

④ 乘积。乘积又称笛卡儿积,设有一个具有 n 个属性的关系 R 和另一个具有 m 个属性的关系 S,则它们的笛卡儿积 $T=R\times S$,T 的结构是 R 和 S 结构的连接,即前 n 个属性来自 R,后 m 个属性来自 S,属性个数等于 $n+m$,该关系的值是由 R 中的每个元组连接 S 中的每个元组所构成元组的集合。若设 R 和 S 分别具有 K_1 和 K_2 个元组,则 $R\times S$ 中元组的个数为 $K_1\times K_2$,运算符为 $\times$。

假设集合 A 为学生表中性别为男的学生集合,集合 B 为学生表中籍贯为湖南的学生集合,采用以上运算规则,A、B 集合的并、差、交和乘积运算可以很容易地得出运算结果。

（2）专门的关系运算。

专门的关系运算包括选择、投影、连接和除法运算四种。选择和投影运算都是属于单目运算，它们的操作对象只是一个关系。连接运算是二目运算，需要两个关系作为操作对象。

① 选择运算。选择运算是单目运算，它从一个关系 R 中选择出满足给定条件的所有元组，并同 R 具有相同的结构。选择运算是从关系 R 中选取使逻辑表达式 F 为真的元组，是从行的角度进行的运算。例如从学生表中查询 1989 年以后出生的学生名单。

② 投影运算。投影运算也是单目运算，它从一个关系 R 中按所需顺序选取若干属性构成新关系，设 A 是要从 R 中投影出的属性子集，则对关系 R 按属性子集 A 做投影运算记作 $\Pi A(R)$。这是从列的角度进行的运算，相当于对关系进行垂直分解。例如从学生表中查询所有学生的姓名和性别。

③ 连接运算。连接运算是从两个关系的笛卡儿积中选择属性满足一定条件的元组。在连接运算中，按照字段值对应相等为条件进行的连接操作称为等值连接，去掉重复属性的等值连接称为自然连接，例如查询选修了软件技术课程的所有学生姓名及学号。

如果关系 R 和 S 作自然连接时，把原本该舍弃的元组也保留在新的关系中，同时在这些元组新增加的属性上填上空值（NULL），这种操作称为"外连接"操作。外连接分为左外连接、右外连接和全外连接。

- 左外连接。在查询结果集中显示左边表中所有的记录，以及右边表中符合条件的记录。
- 右外连接。在查询结果集中显示右边表中所有的记录，以及左边表中符合条件的记录。
- 全外连接。在查询结果集中显示左右表中所有的记录，包括符合条件和不符合条件的记录。

④ 除法运算。在关系代数中，除法运算可理解为笛卡儿积的逆运算。

设被除关系 R 为 m 元关系，除关系 S 为 n 元关系，那么它们的商为 $m-n$ 元关系，记为 $R \div S$。商的构成原则是：将被除关系 R 中的 $m-n$ 列，按其值分成若干组，检查每组的 n 列值的集合是否包含除关系 S，若包含，则取 $m-n$ 列的值作为商的一个元组，否则不取。

3. 关系的完整性

关系的完整性是对关系模型中数据及其联系的约束条件，用以限定数据库状态及状态变化，以保证数据库中数据的正确性、一致性、有效性。

关系模型的完整性包括实体完整性、参照完整性和用户定义的完整性。其中，实体完整性和参照完整性是关系模型必须满足的完整性约束条件。

（1）实体完整性。

规则要求：在任何关系的任何一个元组中，主键的值不能为空值，也不能取重复的值。

目的：用于保证数据库表中的每个元组都存在且是唯一的。

例如，在关系学生表（学号，姓名，性别，出生日期）中，学号为主关键字且值不能为空和重复。

（2）参照完整性。

规则要求：不允许在一个关系中引用另一个关系中不存在的元组。

目的：用于确保相关联的表间的数据保持一致。

例如有两个基本关系为：学生（学号，姓名，系号）和系（系号，系名，系主任），其中学生实体中学号为主关键字，系号为外关键字，系实体中系号为主关键字。

这两个关系之间存在着属性的引用，即"学生"关系引用了"系"关系的主关键字"系号"。显然，"学生"关系中的"系号"必须是确实存在于"系"关系中的"系号"，即"系"关系中有该"系号"的记录。也就是说，"学生"表中不可能出现"系"表中没有的系号。所以，参照完整性规则就是定义外关键字与主关键字之间的引用规则。

（3）用户定义的完整性。

规则要求：由用户根据实际情况，定义表中属性的取值范围。

目的：用于保证给定字段中数据的有效性，即保证数据的取值在有效的范围内。

例如：性别只能是男和女、年龄不能为负值、成绩为 0～100 等。

虽然这些约束可以在程序中实现，但应该尽可能在关系模型中定义和检验这类完整性的机制，以便采用统一的系统的方法处理它们，减少应用程序中通过编程来判别的工作量。

6.3 结构化查询语言——SQL

SQL 是数据库系统的通用语言，是 Structured Query Language（结构化查询语言）的缩写。SQL 被 ANSI（American National Standards Institute，美国国家标准化组织）确定为数据库系统的工业标准。SQL 的历史与关系数据库的发展密切联系在一起。虽然不同厂商的 DBMS 对 SQL 的支持有细微不同，有些方面会有不同程度的扩充。但是利用 SQL，用户可以用几乎相同的语句在不同的数据库系统上执行同样的操作。

6.3.1 SQL 概述

1. SQL 的功能

SQL 是与 DBMS 进行通信的一种语言工具，它与 DBMS 的其他组件组合在一起，使用户可以方便地进行数据库的管理以及数据的操作，为用户提供了很好的可操作性。

SQL 提供如下 6 种主要功能。

（1）数据定义。SQL 能让用户自己定义所存储数据的结构，以及数据各项之间的关系。

（2）数据更新。SQL 提供了添加、删除、修改等数据更新操作。

（3）数据查询。SQL 提供从数据库中按照需要查询数据的功能，不仅支持简单条件的检索操作，而且支持子查询、查询的嵌套、视图等复杂的检索。

（4）数据安全。SQL 提供访问、添加数据等操作的权限控制，以防止未经授权的访问，可有效地保护数据库的安全。

（5）数据完整性。SQL 可以定义约束规则，定义的规则将存在数据库内部，可以防止因数据库更新过程中的意外事件或系统错误导致的数据库崩溃。

（6）数据库结构的修改。SQL 允许用户或应用程序修改数据库的结构。

2. SQL 的特点

SQL 语言之所以能够成为国际标准，是因为它是一个综合的、功能强大又简洁易学的语言。SQL 集多种功能于一身，充分体现了以下几方面的优点。

（1）功能强大。SQL 语言集数据定义、数据操纵和数据控制功能于一体。

（2）高度非过程化。用户只要提出"做什么"，而无须指明"怎么做"，存取路径的选择以及 SQL 语言的操作过程由系统自动完成，不但大大减轻了用户负担，而且有利于提高数据的独立性。

（3）简单易用。SQL 语言十分简洁，实现核心功能一般只要用到下面几个操作符（命令动词），如表 6-2 所示，因此容易学习和掌握。

表 6-2 SQL 操作符

功 能	操 作 符
数据定义	CREATE、DROP、ALTER
数据操纵	SELECT、INSERT、UPDATE、DELETE
数据控制	GRANT、REVOKE

（4）一套语法、两种使用方式。SQL 既是自含式语言，又是嵌入式语言。作为自含式语言，它能够独立地用于联机交互的使用方式，用户可以在终端上直接输入 SQL 命令对数据库进行操作；作为嵌入式语言，SQL 语句能够嵌入别的高级语言中，供程序员设计程序时使用。在这两种不同的使用方式下，SQL 的语法结构基本上是一致的。这种以统一的语法结构提供两种不同的使用方式，为用户提供了极大的灵活性与方便性。

SQL 语句的一般格式如下：

<命令动词> <操作的目的参数> <操作数据的来源> <操作条件> <其他子句>

6.3.2 数据定义

关系数据库的基本对象是表、视图和索引。因此，SQL 的数据定义语言就是针对这三类对象进行操作的，如表 6-3 所示。由于视图是基于基本表的虚拟表，索引依附于基本表，因此 SQL 一般不提供修改视图和修改索引的操作。

表 6-3 数据定义

操 作 对 象	创 建	删 除	修 改
表	CREATE TABLE	DROP TABLE	ALTER TABLE
视图	CREATE VIEW	DROP VIEW	
索引	CREAT INDEX	DROP INDEX	

1. 基本表操作

（1）创建基本表。

创建基本表的命令格式为：

CREATE TABLE <表名> (<列名> <数据类型> [<列级完整性约束>]
        [,<列名> <数据类型> [<列级完整性约束>],…]
            [,[<表级完整性约束>]] [<其他参数>])

该命令用于定义一个新的基本表的结构，指出基本表包括哪些属性，以及属性的数据类型和约束规则等。每个属性的类型可以是基本类型，也可以是用户事先定义的类型；完整性约束主要有主码（primary key）、检查（check）和外码（foreign key）3 种子句。

例 6.1 在一个教学管理的数据库应用中，建立如下 6 个表。

院系表(院系编号、院系名称、院系说明)

课程表(课程编号、课程名称、学分、课时)
教师情况表(编号、姓名、院系编号、年龄、职称)
学生情况表(学号、姓名、性别、出生日期、院系编号、入学成绩)
学生成绩表(学号、课程编号、成绩)
教师授课表(编号、课程编号、班级数、总人数)

可以使用以下语句分别创建：

```
CREATE TABLE 院系表
        (院系编号 char(2) NOT NULL,
        院系名称 varchar(50) NOT NULL,
        院系说明 varchar(2000) NULL,
        Primary Key (院系编号));
CREATE TABLE 课程表
        (课程编号 char(10) NOT NULL,
        课程名称 varchar(50) NOT NULL,
        学分 int NULL,
        课时 int NULL,
        Primary Key (课程编号));
CREATE TABLE 教师情况表
        (编号 int NOT NULL,
        姓名 char(10) NOT NULL,
        院系编号 char(2) NULL,
        年龄 int NULL,
        职称 char(16) NULL,
        Primary Key (编号),
        Foreign key (院系编号) references 院系表(院系编号));
CREATE TABLE 学生情况表
        (学号 int NOT NULL,
        姓名 char(10) NULL,
        性别 int null,          //可以分别用1、0代表男、女性别
        出生日期 date NULL,
        院系编号 char(2) NULL,
        入学成绩 int NULL
        Primary Key (学号),
        Foreign key (院系编号) references 院系表(院系编号));
CREATE TABLE 学生成绩表
        (学号 int NOT NULL,
        课程编号 char(10) NOT NULL,
        成绩 int NULL,
        Foreign Key (学号) references 学生情况表(学号) ,
        Foreign Key (课程编号) references 课程表(课程编号));
CREATE TABLE 教师授课表
        (编号 int NOT NULL,
        课程编号 char(10) NOT NULL,
        班级数 int check (班级数 between 1 and 6),
        总人数 int null,
        Foreign Key(编号) references 教师情况(编号);
        Foreign Key (课程编号) references 课程表(课程编号));
```

注意：

- 因为教师情况表引用了院系表的院系编号属性作为外码，所以必须先定义院系表，学生情况表也类似。

- 利用 NULL/NOT NULL 定义属性值是否为空。

- 使用了完整性子句来限制表或属性的约束,Foreign Key 体现了关系数据库的参照完整性。
- 新创建的基本表只是一个空表(没有任何记录),用户可以使用 INSERT 命令把数据插入基本表中。

(2) 修改基本表。

修改表操作包括增加新列、增加新的完整性约束、修改原有的列定义、删除已有的完整性约束等,命令格式为:

```
ALTER TABLE <表名> [ADD <新列名><数据类型>[<完整性约束>]
   [DROP <完整性约束>]
   [MODIFY <列名><数据类型>]
```

其中:ADD 子句用于增加新列、定义新列的类型和新列的完整性约束;

DROP 子句用于删除指定的完整性约束;

MODIFY 子句用于修改原有的列定义,如修改列名、列的数据类型等。

例 6.2 向教师情况表增加教师专业的属性,其数据类型为字符型。

```
ALTER TABLE 教师情况表 ADD 专业 varchar(20)
```

注意:新增加的属性列不能定义为 NOT NULL,因为增加一个属性后,原有记录在新增加的属性列上的值都被定义为空值。

例 6.3 将课程表的课程编号的数据长度由 char(10)改为 char(12)。

```
ALTER TABLE 课程表 MODIFY 课程编号 char(12);
```

(3) 删除基本表。

删除表的命令格式为:

```
DROP TABLE <表名>;
```

例 6.4 删除教师情况表。

```
DROP TABLE 教师情况表;
```

注意:基本表一旦被删除,表中的数据和在此表上建立的索引都将自动被删除,因此,执行删除基本表操作一定要格外小心。此外,当需要删除基本表时,必须在没有视图或约束引用基本表中的列时才能进行,否则删除操作将被拒绝。

2. 视图操作

视图是从若干基本表或其他视图构造出来的虚表。创建视图时,系统只将视图的定义存放在数据字典中,并不存储视图对应的数据,在用户使用视图时,系统才提取对应的数据。基本表的数据发生变化,从视图中查询得出的数据也将随之改变。视图定义后,可以和基本表一样被查询和删除。

(1) 创建视图。

创建视图的命令格式为:

```
CREATE VIEW <视图名>[(<列名 1>[,<列名 2>,…])][ AS < SELECT 查询子句>];
```

其中:

<视图名>是创建视图的名称;

　　<列名>是创建视图包含的属性,可以有若干列,多列之间用逗号隔开,如果视图名后的列名与 SELECT 查询子句中的列名完全相同时,视图名后的列名可以省略;

　　< SELECT 查询子句>是对基本表进行查询,获得视图所需要的数据。

　　从该命令可以看出,视图实际上是由 SELECT 查询子句查询基本表的数据而获得数据的,关于 SELECT 语句将在后续内容中进行介绍。

　　例 6.5　在学生情况表、学生成绩表基础上建立包含学生姓名、总分、平均分的视图。

```
CREATE VIEW 学生成绩 AS
SELECT 姓名,SUM(成绩) AS 总分,AVG(成绩) AS 平均分
FROM 学生情况表, 学生成绩表
WHERE 学生情况表.学号 = 学生成绩表.学号
GROUP BY 学生成绩表.学号;
```

　　(2) 删除视图。

　　视图创建后,如果想删除视图的定义,或者视图的某些基本表被删除,需要删除失效的视图时,可以采用视图删除语句,其命令格式为:

```
DROP VIEW <视图名>;
```

3. 索引操作

　　在表上建立索引是加快基本表数据查询速度的有效手段,可以根据需要在表上建立一个或多个索引,从而提高系统的查询效率。索引是通过建立索引文件来实现的,而索引文件实际上是基本表的投影,依附于基本表。

　　(1) 创建索引。

　　创建索引的命令格式为:

```
CREATE [UNIQUE][CLUSTER] INDEX <索引名> ON <表名>
    ( <列名>[< ASC|DESC >] [,<列名[< ASC|DESC >], …] )
```

其中:

　　<索引名>是将要建立的索引文件名或索引标识;

　　<列名>指明索引的关键字,可以建立在基本表的一列或多列上,多列之间用逗号分隔;

　　< ASC|DESC >定义是升序还是降序,ASC 为升序,DESC 为降序,默认为 ASC;

　　UNIQUE 表示此索引的每个索引值只对应唯一的数据记录;

　　CLUSTER 表示要建立的索引是聚簇索引。所谓聚簇索引是指索引项的顺序与表中记录的物理顺序一致的索引。在关键字上建立索引,会使得基本表按索引逻辑有序,而聚簇索引是将基本表按索引物理排序。一般来说,用户可以在最频繁查询的列上建立聚簇索引,以提高查询效率。显然在一个基本表上最多只能建立一个聚簇索引,建立聚簇索引后,更新索引列的数据时,往往导致表中记录的物理顺序的变更,因此,对于经常更新的列不宜建立聚簇索引。

　　此外,SQL 中的索引是非显式索引,也就是在索引创建以后,用户在索引删除前不会再用到该索引的名称,但是索引在用户查询时会自动起作用。

　　例 6.6　为教师情况表创建索引,按教师编号升序和姓名降序建立唯一索引。

```
CREATE UNIQUE INDEX 编号 index ON 教师情况表(编号 ASC, 姓名 DESC);
```

该命令在基本表教师情况表上建立了一个索引名为编号 index 的索引,该索引基于两个属性列,首先按编号升序排列,当编号相同时再按姓名降序排列,由于选择了 UNIQUE,所以每个索引值对应唯一的数据记录。

（2）删除索引。

创建索引是为了提高数据检索的速度,但是,如果数据更新频繁,系统就需要花费时间来维护索引。因此当一些索引经常不用时,为减少系统的维护时间,可以删除这些索引。删除索引的命令格式为:

```
DROP INDEX <索引名>;
```

6.3.3　数据操纵

SQL 语言的数据操纵是对数据库中的数据记录进行查询、插入、删除、修改操作,其中数据查询是 SQL 操纵语句的核心。正确应用 SELECT 语句实现复杂的查询功能在 SQL 语言学习中占了很大比例。

1. 数据查询

数据查询 SELECT 语句用于查询数据库并检索匹配指定条件的选择数据。SELECT 语句有 5 个主要的子句可以选择,FROM 是唯一必需的子句,每个子句有大量的选择项、参数等,命令格式为:

```
SELECT [ALL|DISTINCT] <目标列表达式> [,<目标列表达式>]…
FROM <表名或视图名>[,<表名或视图名>]…
[WHERE <条件表达式>]
[GROUP BY <分组列名>[HAVING <条件表达式>]]
[ORDER BY <排序字段>[ASC|DESC]];
```

功能:

根据 WHERE 子句的条件表达式,从 FROM 子句指定的基本表或视图中,找出满足条件的记录;再按 SELECT 子句中的目标列表达式,选出记录中的属性值,形成结果表。如果有 GROUP BY 子句,则将结果按分组列名的值进行分组,该属性列值相等的记录为一个组。如果 GROUP BY 子句还带有 HAVING 短语,则只有满足指定条件的组才能输出。如果有 ORDER BY 子句,则结果还要按排序字段的值进行升序或降序排列。

SQL 检索中可以使用统计函数,常用统计函数如表 6-4 所示。以下通过教学管理系统中的若干查询语句说明 SELECT 语句的部分功能。

表 6-4　常用统计函数

函　　数	功　　能
MIN	返回一个给定列中最小的数值
MAX	返回一个给定列中最大的数值
SUM	返回一个给定列中所有数值的总和
AVG	返回一个给定列中所有数值的平均值
COUNT	返回一个给定列中所有数值的个数
COUNT(＊)	返回一个表中的行数

例 6.7 在教学管理系统中进行多项查询。

（1）基于单表的简单查询。

查询所有学生信息，"＊"号代表所有列。

SELECT ＊ FROM 学生情况表;

查询男生的学号、姓名及生日。

SELECT 学号,姓名,生日 FROM 学生情况表 WHERE 性别 = '男';

查询学分大于 2 的课程的信息。

SELECT ＊ FROM 课程表 WHERE 学分>2;

查询学分不在 2～3 的课程信息。

SELECT ＊ from 课程表 where 学分 not between 2 and 3;

从学生情况表中查询姓"黄"的学生信息。

SELECT ＊ FROM 学生情况表 WHERE 姓名 LIKE '黄 % ';

查询所有主讲了课程的教师编号。

SELECT DISTINCT 编号 FROM 教师授课表;

因为每位教师主讲的课程不只有一门，加上 DISTINCT 选项去掉重复行。

（2）基于多表的简单连接查询。

查询女生的选课信息，包括姓名、学号及成绩。

SELECT 姓名,学生成绩表.学号,成绩 FROM 学生情况表,学生成绩表
WHERE 学生情况表.学号 = 学生成绩表.学号 AND 性别 = 0;

（3）嵌套查询。

查询女生的成绩信息，包括学号、课程号及成绩。

SELECT ＊ FROM 学生成绩表 WHERE 学号 IN (SELECT 学号 FROM 学生情况表 WHERE 性别 = 0);

（4）排序。

按学分进行升序查询课程信息。

SELECT ＊ FROM 课程表 ORDER BY 学分 ASC;

（5）简单计算查询。

查询学号为"2018100"的学生选修课程的考试成绩总分和平均分。

SELECT 姓名,SUM(成绩) AS 总分,AVG(成绩) AS 平均分
FROM 学生情况表 , 学生成绩表
WHERE 学生情况表.学号 = 学生成绩表.学号 and 学生情况表.学号 = '2018100';

（6）分组与计算查询。

GROUP BY 短语可按一列或多列分组，还可以用 HAVING 进一步限定分组的条件。

GROUP BY 子句一般跟在 WHERE 子句之后，没有 WHERE 子句时，跟在 FROM 子句之后；HAVING 子句必须跟在 GROUP BY 之后，不能单独使用。在查询中是先用 WHERE 子句限定元组，然后进行分组，最后再用 HAVING 子句限定分组。

求每个学生选课的考试成绩平均分。

SELECT 学号,AVG(成绩) FROM 学生成绩表 GROUP BY 学号;

在此查询中,先按学号属性进行分组,然后再计算每个学号的平均成绩。

在学生成绩表中求每个选课门数为 4 门的学生的总分和平均分。

SELECT 学号,SUM(成绩) AS 总分,AVG(成绩) AS 平均分;
FROM 学生成绩表
GROUP BY 学号 HAVING COUNT(*) = 4;

求平均成绩在 80 分以上的各课程的课程号与平均成绩。

SELECT 课程号,AVG(成绩) FROM 学生成绩表
GROUP BY 课程号 HAVING AVG(成绩)>80;

(7) 别名与自连接查询。

在连接操作中,要使用关系名作前缀,为简单起见,SQL 允许在 FROM 子句中为关系名定义别名,命令格式为:

<关系名><别名>

查询学生成绩表中的姓名、课程名、成绩。

SELECT 姓名,课程名,成绩;
FROM 学生情况表 S,课程表 C,学生成绩表 SC;
WHERE S.学号 = SC.学号 AND C.课程号 = SC.课程号

在上面的例子中,别名并不是必需的,但是在关系的自连接操作中,别名则是必不可少的。SQL 不仅可以对多个关系实行连接操作,也可将同一关系与其自身进行连接,这种连接就称为自连接。在这种自连接操作关系上,本质上存在着一种特殊的递归联系,也就是关系中的一些元组,根据出自同一值域的两个不同的属性,可以与另一些元组有一种对应关系。

查询先修课的课程名。在本例中,先修课号与课程号出自同一值域,会涉及自连接查询。

SELECT DISTINCT C2.先修课号, C1.课程名
FROM 课程表 C1,课程表 C2
WHERE C1.课程号 = C2.先修课号;

(8) 内外层相关嵌套查询。

前面讨论的嵌套查询是外层查询依赖于内层查询的结果,而内层查询与外层查询无关。但有时也需要内层、外层互相关的查询,这时内层查询的条件需要外层查询提供值,而外层查询的条件需要内层查询的结果。

2. 数据修改

UPDATE 语句用于修改表中某些记录的字段值,命令格式为:

UPDATE 表名
SET 列名 1 = 值表达式 1 [, 列名 2 = 值表达式 2, …] [WHERE 条件表达式];

例 6.8 将教师授课表的"软件技术基础"课程的总人数调整到 64 人。

UPDATE 教师授课表 SET 总人数 = 64 WHERE 课程名称 = '软件技术基础';

3. 数据插入

INSERT 语句用于在表中插入数据。插入数据有两种方式:一种是直接插入记录;另

一种将查询的返回结果当作记录插入。

（1）直接插入记录。

直接插入一条记录的命令格式为：

INSERT INTO 基本表名 [(列名表)] VALUES(记录值列表);

例 6.9 向课程表中插入一个新记录(101,计算机仿真技术,2,32)。

INSERT INTO 课程表 VALUES ('101','计算机仿真技术',2,32);

在本例中,因为插入值的数量以及它们的顺序与表中字段的数量和顺序完全一致,故可以省略列名表,否则需列出列名并与其后的插入数据顺序一致。

（2）插入查询结果。

可以将一个 SELECT 语句的查询结果插入基本表中,命令格式为：

INSERT INTO 基本表名 (列名表) SELECT 查询语句;

例 6.10 在教师授课表中,将课时数超过 32 课时的课程名称以及授课的班级总数插入另一个已存在的课程统计表（课程名称,班级数）中。

INSERT INTO 课程统计表 SELECT 课程名称,SUM(班级数) FROM 教师授课表 WHERE 课时数> 32 GROUP BY 课程名称;

4. 数据删除

DELETE 语句用于删除表中记录,命令格式为：

DELETE [FROM] 基本表名 [WHERE <条件表达式>]

注意：DROP 语句是删除表结构。DELETE 语句中没有使用 WHERE 子句时,表中所有记录会被删除,但结构不会被删除。

例 6.11 删除"软件技术基础"课程的所有成绩。

DELETE 学生成绩表 WHERE 课程编号 = (SELECT 课程编号 FROM 课程表 WHERE 课程名称 = '软件技术基础');

6.3.4 数据控制

数据控制包括数据的权限控制、并发控制和数据库恢复。

权限控制规定不同用户对于不同数据对象的操作权限。操作权限是由 DBA 和表的所有者根据具体情况决定的,DBA 和表的所有者有权定义与收回这种权力。

并发控制是指当多个用户并发地对数据库进行操作时,应对操作加以控制、协调,以保证并发操作能正确执行,并保持数据库的一致性。

数据库恢复指当发生各种类型的故障,使数据库处于不一致状态时,将数据库恢复到一致状态的功能。SQL 提供了并发控制及恢复的功能,支持事务、提交、回滚等概念。

1. 权限控制

存取权限控制语句包括授权语句（GRANT）和收权语句（REVOKE）。授权语句是使某个用户具有某些权限,收权语句是收回已授给用户的权限。只有被授予了某项操作权限的用户才能对数据库系统进行相应的操作。用户对数据的存取操作包括 INSERT、DELETE、UPDATE、SELECT。

（1）授予权限。

功能：对指定操作对象的指定操作权限授予指定的用户。

```
GRANT <权限>[,<权限>]…
[ON <对象类型><对象名>]
TO <用户>[,<用户>]…
[WITH GRANT OPTION];
```

用户对象可以是一个或多个用户，如指定了 WITH GRANT OPTION 子句，则获得某种权限的用户还可以把这种权限再授予给别的用户；授予关于属性列的权限时必须明确指出相应的属性列名。

例 6.12 把查询学生情况表和修改学生姓名的权限授给用户 user1。

```
GRANT UPDATE(姓名), SELECT ON TABLE 学生情况表 TO user1;
```

（2）收回权限。

授予的权限可以由 DBA 或其他授权者用 REVOKE 语句收回，命令格式为：

```
REVOKE <权限>[,<权限>]…
[ON <对象类型><对象名>]
FROM <用户>[,<用户>]…;
```

例 6.13 将用户 user1 在学生情况表上修改学生姓名的权限收回。

```
REVOKE UPDATE(姓名) ON TABLE 学生情况表 FROM user1;
```

2. 事务控制

事务控制指并发控制和恢复事务控制。事务（transaction）是一个不可分割的工作逻辑单元，在数据库系统上执行并发操作时事务是作为最小的控制单元来使用的，其包含的所有数据库操作命令作为一个整体一起向系统提交或撤销，这一组数据库操作命令要么都执行，要么都不执行。事务控制的主要目的是避免多用户同一时刻操作数据库时，一方修改或另一方查询，将看到不正确的结果，此外当系统出现异常时可防止数据的不正确操作。

用户可以按照实际操作的状态控制事务提交还是回滚，事务控制的语句有：

```
BEGIN TRANSACTION            //开始事务
COMMIT TRANSACTION           //提交事务
ROLLBACK TRANSACTION         //回滚事务
```

例如银行转账，将账户 A 上的金额 x 转到账户 B 上。数据库中操作顺序为：

① 先读入转账金额存入变量 x；

② 如果 A 余额＜x，取消转账；否则执行③；

③ 令 A－x；

④ B＋x 结束操作。

现在假设，当③执行完毕，系统突然出故障，不能执行④，那么账户 A 的钱少了，账户 B 的钱却没有增加，这肯定是不允许的。这种情况需要把①～④放入一个事务里，通过事务控制就可以实现要么全部成功执行，要么都不执行。

例 6.14 按照事务控制的方式处理以上银行交易系统。

```
BEGIN TRANSACTION T_ZZ
```

```
DECLARE @balance float , @x float;
SET @X = 200;                                    //设置转账金额
SELECT @balance = balance FROM UserTable WHERE account = 'count_A';
IF(@balance<@x) RETURN;
UPDATE UserTable SET balance = balance - @x WHERE account =  count_A;
UPDATE UserTable SET balance = balance + @x WHERE account =  count_B;
GO
COMMIT TRANSACTION T_ZZ;
```

6.4 数据库应用系统开发

6.4.1 数据库应用系统的结构

从数据库系统的服务方式和数据库最终用户的角度上看，数据库应用系统的结构主要包括客户机/服务器结构和浏览器/服务器结构两大类，前者主要应用于局域网，后者应用于广域网。

1. 客户机/服务器结构

客户机/服务器（Client/Server，C/S）结构如图 6-9 所示，数据库存放于服务器中，应用程序部署在客户端。在 C/S 结构中，C 为客户机，负责执行前台功能，如管理用户接口、数据处理和报告请求等。S 为服务器，执行后台服务，如管理共享外设、控制对共享数据库的操纵、接收并应答客户机的请求等。这种结构的优点是将一个应用系统分成两部分，由多台计算机分别执行，使它们有机地结合在一起，协同完成整个系统的应用，从而达到系统中软、硬件资源最大限度的利用。

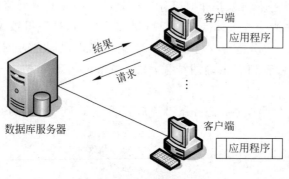

图 6-9　C/S 结构

2. 浏览器/服务器结构

浏览器/服务器（Browser/Server，B/S）结构是随着 Internet 技术的兴起对 C/S 结构的一种变化或者改进。如图 6-10 所示，在 B/S 结构中，B 为浏览器，S 为服务器，服务器上安装数据库。客户机上只要安装一个浏览器就能同数据库进行数据交互。

B/S 结构是利用 Web 服务器和网络脚本语言作为数据库操作的中间层，将 C/S 结构的数据库结构与 Web 密切结合，形成具有三层或多层 Web 结构 B/S 模式的数据库体系。

B/S 结构最大的优点是可以在任何地方进行操作而不用安装任何专门的软件。只要有一台能上网的计算机就能使用，客户端零维护，系统的扩展非常容易。

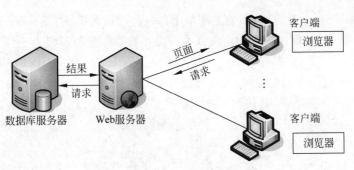

图 6-10　B/S 结构

6.4.2　数据库产品的选择

目前国际上流行的关系数据库系统主要有 Oracle、SQL Server、DB2、Informix、Sybase、MySQL、Access 等。

1. Oracle

Oracle 数据库系统是美国 Oracle 公司提供的以分布式数据库为核心的一组软件产品。在数据库领域一直处于领先地位，由于有先进技术的不断更新，目前 Oracle 产品覆盖甚广，成为世界上使用最广泛的关系数据系统之一。

Oracle 数据库具有运行稳定、功能齐全、性能优异等优点，在数据库产品中技术也比较先进，一般大型企业都会选择 Oracle 数据库，其产品支持最广泛的操作系统平台。

2. SQL Server

SQL Server 数据库是一款功能全面的数据库，可用于中小型企业单位，它由世界第一软件供应商 Microsoft 公司推出，与其他数据库相比，在操作性和交互性上有着很大的优势。SQL Server 只能在 Windows 上运行，能满足各种类型的企业客户和独立软件供应商构建商业应用程序的需要，偏重桌面应用，尤其是中小型企业，因此其使用范围有一定的局限性。SQL Server 已广泛用于电子商务、银行、保险、电力等与数据库有关的行业。

3. DB2

DB2 是 IBM 公司推出的一系列关系数据库管理系统，分别在不同的操作系统平台上服务。DB2 是内嵌于 IBM 的 AS/400 系统上的数据库管理系统，直接由硬件支持。它支持标准的 SQL 语言，具有与异种数据库相连的网关，具有速度快、可靠性好的优点。但是，只有硬件平台选择了 IBM 的 AS/400 才能选择使用 DB2 数据库管理系统。DB2 能在所有主流平台上运行（包括 Windows），最适于海量数据。DB2 在企业级的应用最为广泛，它的功能既能够满足大中型公司的需求，也可以用于中小型电子商务系统。

4. Informix

Informix 公司在 1980 年成立，目的是为 UNIX 等开放操作系统提供专业的关系型数据库产品。公司的名称 Informix 便是取自 Information 和 UNIX 的结合。Informix 第一个真正支持 SQL 语言的关系数据库产品是 Informix SE(Standard Engine)。Informix SE 是在当时的微机 UNIX 环境下主要的数据库产品，它也是第一个被移植到 Linux 上的商业数据库产品。

5. Sybase

Sybase 数据库是美国 Sybase 公司研制的一种关系数据库系统，是一种典型的 UNIX

或 Windows NT 平台上客户机/服务器环境下的大型数据库系统。Sybase 是一个面向联机事务处理，具有高性能、高可靠性的功能强大的关系数据库管理系统。

6. MySQL

MySQL 是目前非常受欢迎的 SQL 数据库管理系统，在 2009 年被 Oracle 公司收购，但是 MySQL 仍然是开源的，与其他数据库相比，它有着体积小、速度快、使用灵活等优点。目前 MySQL 被广泛地应用在 Internet 上的中小型网站中。

7. Access

Access 是由 Microsoft 公司发布的关系数据库管理系统，它结合了 Microsoft Jet Database Engine 和图形用户界面两项特点，是 Microsoft Office 的系统程序之一。Access 可用来开发软件，例如生产管理、销售管理、库存管理等各类企业管理软件，其最大的优点是简单易学。

6.4.3　数据库访问标准

在一个客户机/服务器结构或多层应用程序结构的数据库系统中，来自不同厂商的客户软件以及用户的应用系统要访问不同服务器中的数据，这些数据可能存在于不同厂商的关系数据库、非关系数据库、文件系统或其他系统中，要对这些数据进行透明地访问需要开放的访问接口。数据库访问技术将数据库外部程序与其通信的过程抽象化，通过提供不同的访问接口，简化了客户机访问数据库的过程。数据库接口可以分为专用接口和通用接口两种，虽然专用接口在数据库访问速度上优势更为明显，但专用接口具有较大的局限性，而通用接口由于提供了与不同的数据库系统通信的统一接口，从而可以通过编写相同的代码实现对多种类型数据库的复杂操作。下面讨论一些典型的标准化的通用数据库访问接口标准或技术。

1. ODBC

（1）ODBC 简介。

ODBC（Open Database Connectivity，开放数据库互联）是 Microsoft 公司开放服务结构中有关数据库的一个组成部分，它建立了一组规范，并提供了一组对数据库访问的标准 API。应用程序可以使用所提供的 API 来访问任何提供了 ODBC 驱动程序的数据库。ODBC 规范为应用程序提供了一套高层调用接口规范和基于动态链接的运行支持环境。ODBC 已经成为一种标准，目前所有的关系数据库都提供了 ODBC 驱动程序，使用 ODBC 开发的应用程序具有很好的适应性和可移植性，并且具有同时访问多种数据库系统的能力。这使得 ODBC 的应用非常广泛。

（2）ODBC 的体系结构。

ODBC 由四个部分：应用程序、驱动程序管理器、驱动程序、数据源组成，如图 6-11 所示。

驱动程序管理器用于连接各种 DBMS 的驱动程序（如 Oracle、SQL Server 等驱动程序），管理应用程序和 DBMS 驱动程序之间的交互通信。在 Windows 环境下，它实际是一个动态链接库（Dynamic Link Library，DLL），可以通过位于"控制面板"或"管理工具"的"ODBC 数据源"启动驱动程序管理器，其主要任务是管理安装的 ODBC 驱动程序和管理数据源，是 ODBC 中最重要的部件。

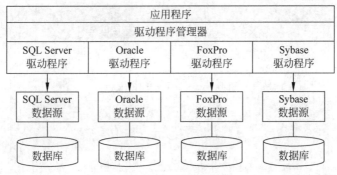

图 6-11　ODBC 体系结构

应用程序的主要流程有：调用 ODBC 函数，提交 SQL 语句给 DBMS，检索出希望的结果并对其进行处理。

（3）数据源及其创建。

由图 6-11 可知，应用程序使用 ODBC 访问数据库是依赖数据源（DSN）进行的，数据源是指数据库和相关的 DBMS，建立数据源就是指定数据库和 DBMS。数据源有 3 种类型：系统数据源、文件数据源和用户数据源。系统数据源是指当前机器上的任何用户都可以使用的数据源。文件数据源是可以在数据库用户之间共享的文件，只要用户有相同的 DBMS 驱动程序和数据库权限，就可以使用相同的文件数据源。用户数据源通常只对当前用户可见，并且只能存储在当前机器上使用。

应用程序要访问一个数据库，首先必须用 ODBC 驱动程序管理器注册一个数据源，管理器根据数据源提供的数据库位置、类型及驱动程序等信息，建立起 ODBC 与具体数据库的联系。这样，只要应用程序将数据源名提供给 ODBC，ODBC 就能建立起与相应数据库的连接。

在 Windows 环境下，依次打开“控制面板”→“管理工具”→“ODBC 数据源”，即可打开“ODBC 数据源管理器”对话框，如图 6-12 所示。在这个对话框中可以选择需要建立的数据源的类型，然后再单击“添加”按钮，打开“创建新数据源”对话框，如图 6-13 所示。在这个对话框中可以选择数据源驱动程序的类型，系统已经提供了一些可供选择的多种常见驱动程序。

ODBC 是一种底层的访问技术，因此，ODBC API 可以是客户应用程序，能从底层设置和控制数据库，完成一些高级数据库技术无法完成的功能；但不足之处在于 ODBC 只能用于关系型数据库，使得利用 ODBC 很难访问对象数据库及其他非关系数据库。

2. OLE DB

OLE DB 是一种数据技术标准接口，目的是提供一种统一的数据访问接口，这里所说的数据，除了标准的关系数据之外，还包括邮件数据、Web 上的文本或图形、目录服务等非关系数据。OLE DB 标准的核心内容就是要求以上这些数据存储都提供一种相同的访问接口，使得数据的使用者（应用程序）可以使用同样的方法访问各种数据，而不用考虑数据的具体存储地点、格式或类型。

3. DAO

DAO（Database Access Object，数据访问对象）是 Microsoft 公司推出的一种使用 Jet 引擎（Jet 数据库引擎是一种用来访问 Microsoft Access 和其他数据源的记录和字段的技

图 6-12 "ODBC 数据源管理器"对话框

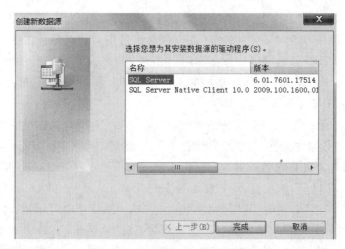

图 6-13 "创建新数据源"对话框

术)访问数据库的方法,是一种面向对象的界面接口。Jet 是第一个连接到 Access 的面向对象的接口,使用 Access 的应用程序可以用 DAO 直接访问数据库。由于 DAO 是严格按照 Access 建模的,因此,使用 DAO 是连接 Access 数据库最快速、最有效的方法。DAO 也可以连接到非 Access 数据库,例如,SQL Server 和 Oracle,但是需要 Jet 引擎解释 DAO 和 ODBC 之间的调用。

与 ODBC 一样,DAO 也提供了一组 API 供编程使用。相比而言,DAO 类提供了比 ODBC 类更广泛的支持。一方面,只要有 ODBC 驱动程序,使用 Microsoft Jet 的 DAO 就可以访问 ODBC 数据源;另一方面,由于 DAO 是基于 Microsoft Jet 引擎的,因而在访问 Access 数据库时具有更高的效率。

4. RDO

由于 DAO 是专门设计用来与 Jet 引擎对话的,因此需要 Jet 引擎解释 DAO 和 ODBC 之间的调用,这导致了较慢的连接速度和额外的开销。为了克服这样的问题,Microsoft 公司创建了 RDO(Remote Data Objects,远程数据对象)。

RDO 作为 DAO 的继承者,它将数据访问对象 DAO 提供的易编程性和 ODBC API 提供的高性能有效地结合在一起。DAO 是一种位于 Microsoft Jet 引擎之上的对象层,而 RDO 是封装了 ODBC API 的对象层。RDO 没有 Jet 引擎的高开销,再加上与 ODBC 的紧密关系,使它在访问 ODBC 兼容的数据库(如 SQL Server)时具有比 DAO 更高的性能。与 RDO 紧密关联的是 Microsoft RemoteData 控件。不过 RDO 是一组函数,而 Microsoft RemoteData 控件是一种数据源控件,它提供了处理其他数据绑定控件的能力。RDO 和 RemoteData 控件能编程访问 ODBC 兼容的数据库,而不需要本地查询处理,如 Microsoft Jet 引擎。RDO 能访问 ODBC API 提供的全部功能,但是它更容易使用。

5. ADO

ADO(ActiveX Data Object,ActiveX 数据对象)是基于 OLE DB 的访问接口,它是面向对象的 OLE DB 技术,继承了 OLE DB 的优点,属于数据库访问的高层接口。

DAO 与 RDO 只能处理后台为关系数据库的 DBMS,不能解决通用数据存储及通用数据访问。鉴于此,Microsoft 推出了数据库访问对象模型 ADO。ADO 技术是基于 OLE DB 的访问接口,它继承了 OLE DB 技术的优点,并且对 OLE DB 的接口做了封装,定义了 ADO 对象,简化了程序的开发。开发人员在使用 ADO 时,其实就是在使用 OLE DB,只不过 OLE DB 更加接近底层。ADO 是 DAO 和 RDO 的后继产物,提供比 DAO 和 RDO 更简单的对象模型。

ADO 是一种基于 COM 的数据库访问技术,可以访问关系数据库与非关系数据库,由于它是基于 COM 的,访问速度也较快,占用资源较小。

6. ADO.NET

ADO.NET 是对 ADO 的一个跨时代的改进,它提供了平台互用性和可扩展的数据访问。从命名可以看出 ADO.NET 是基于.NET Framework 的,这也是它与 ADO 最大的区别。ADO.NET 是 Microsoft 在.NET Framework 中负责数据访问的类库集,是在 OLE DB 技术及.NET Framework 的类库和编程语言的基础上发展而来,它可以让.NET 上的任何编程语言能够连接并访问关系数据库和非关系数据库数据,或是独立出来作为处理应用程序数据的类对象。ADO.NET 并不仅仅是 ADO 的下一个版本,它更是一个全新的架构、产品和概念。

图 6-14 描述了几种数据库访问技术之间的关系。

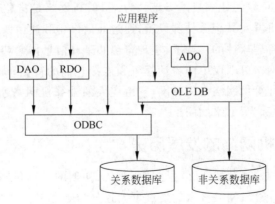

图 6-14　数据库访问技术之间的关系

## 第 7 章

计算机网络

计算机网络技术是通信技术与计算机技术相结合的产物。它把互联网上分散的资源融为有机整体,实现资源的全面共享和有机协作,使人们能够透明地使用资源的整体能力并按需获取信息。计算机网络技术是计算机产业发展最迅速、最有前途的发展方向。

7.1 计算机网络和因特网

7.1.1 计算机网络的定义

计算机网络是指独立自主计算机群的互连集合。"互连"意味着互相连接的计算机群能够互相交换信息,最终实现资源共享。"独立自主"指每台计算机是独立工作的,任何一台计算机都不能干预其他计算机的工作,计算机之间也没有主从关系。

从定义可以看出,计算机网络涉及以下几方面。

(1) 多台计算机相互连接起来才能构成网络,实现资源共享的目的。

(2) 多台计算机的连接,需要有一条通道实现相互通信、交换信息。这条物理通道的连接是由连接介质(有时称为信息传输介质)实现的。连接介质可以是双绞线、同轴电缆或光纤等有线介质,也可以是激光、微波或卫星等无线介质。

(3) 要实现信息的通信交换,计算机之间彼此需要有相关的约定和规则,即通信协议。

总结以上的特点,可以把计算机网络定义为:计算机网络是将分布在不同地理位置,且具有独立功能的计算机群及其相关外部设备,通过通信设备和通信线路连接,在网络操作系统和通信协议等网络管理软件的协调下,实现资源共享和信息传递功能的系统。

最简单的计算机网络可以仅由两台计算机和连接它们的链路,即两个结点和一条链路构成。目前最庞大的计算机网络是因特网,它由庞大的计算机网络通过大量路由器互联而成,因此因特网也常被称为"网络的网络"。

7.1.2 计算机网络的发展历史

计算机网络技术的发展起始于 20 世纪 50 年代,初期的计算机网络主要是基于主机架构的低速串行连接。计算机网络技术的发展可大致分为 4 个阶段。

(1) 第一代计算机网络属于面向终端的计算机网络,诞生于 20 世纪五六十年代,也被称为远程联机系统。系统主机具有独立的数据处理功能,但所连接的终端设备均无独立处理数据的功能。如由一台主机和全国范围内 1000 多个终端远程联机组成飞机订票系统,其结构如图 7-1 所示。

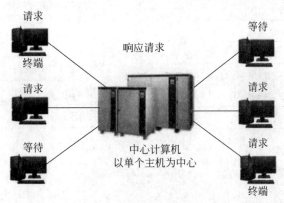

图 7-1　第一代计算机网络

(2) 20 世纪六七十年代,第二代计算机网络开始形成,其由多个自主功能的主机通过通信线路互连,构成计算机网络。以通信子网为中心,第二代网络为"以相互共享资源为目的,互连起来的具有独立功能的计算机集合"。第二代网络形成了计算机网络的基本概念。如美国国防部高级研究计划局协助开发的 ARPANET,其结构如图 7-2 所示。

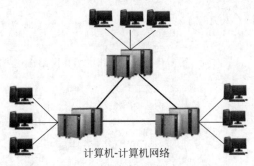

图 7-2　第二代计算机网络

(3) 20 世纪七八十年代,第三代计算机网络形成,其具有统一的网络体系结构,遵循国际标准的开放式和标准化。随着 ARPANET 的兴起,计算机网络技术高速发展,各计算机公司相继推出不同的网络体系结构以及相应的软硬件产品。由于存在不同的分层网络体系结构,不同产品之间很难实现互连,因此产生了两种国际主流体系结构:TCP/IP 体系结构和国际标准化组织的 OSI 体系结构。OSI 和 TCP/IP 的体系结构如图 7-3 所示。

(4) 20 世纪 90 年代,以 Internet 为代表,第四代计算机网络开始获得高速发展。第四代计算机网络的因特网结构如图 7-4 所示。

7.1.3　因特网的组成

根据因特网的工作方式,可将因特网分为边缘部分和核心部分,如图 7-5 所示。其中,因特网的边缘部分由连接在因特网上的主机群组成。因特网的核心部分由大量网络和连接这些网络的路由器组成。核心部分为边缘部分提供连通性和交换服务。

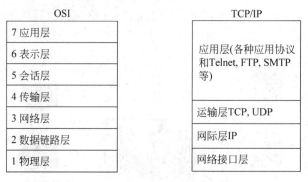

图 7-3　OSI 和 TCP/IP 的体系结构

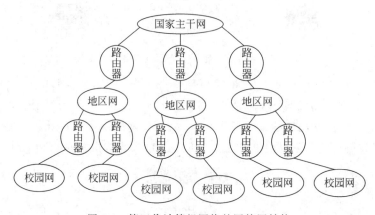

图 7-4　第四代计算机网络的因特网结构

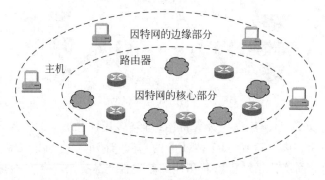

图 7-5　因特网的组成

1. 因特网的边缘部分

因特网的边缘部分连接所有因特网上的主机。在端系统中运行的程序之间，通信方式通常可以划分为客户端/服务器（C/S）方式和对等连接（P2P）方式两种。客户端是服务的请求方，而服务器是服务的提供方。客户端/服务器的工作方式如图 7-6 所示。

对等连接通信方式是指主机在通信时并不区分服务请求方还是服务提供方。对等连接通信方式如图 7-7 所示，当两台主机运行对等连接软件（P2P 软件）时，就可以进行平等的连接通信。

2. 因特网的核心部分

因特网的核心部分要向因特网的边缘部分的大量主机提供连通性，使边缘部分中的每

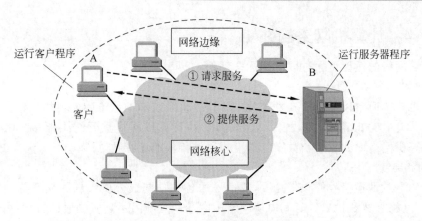

图 7-6　客户端/服务器的工作方式

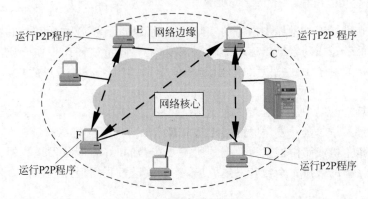

图 7-7　对等连接通信方式

台主机都能与其他主机进行通信,如传送和接收各种形式的数据。因特网核心部分示意图
如图 7-8 所示。

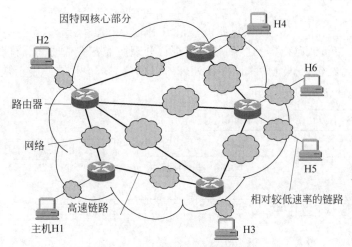

图 7-8　因特网核心部分示意图

　　路由器在因特网核心部分起特殊作用,是实现分组交换的重要构件,也是因特网核心部分最重要的功能。路由器在处理分组的过程中,先把收到的分组放入缓存,查找转发表,找出转发的端口,并把分组送到适当的端口转发出去。

7.1.4　计算机网络的性能

计算机网络的性能可通过以下指标来评估。

1. 速率

计算机系统通常以数字形式发送信号。计算机系统和信息论中使用的信息量单位是比特（bit）。发送信号的速率（即数据率或比特率）是计算机网络重要性能指标。比特率是指连接在计算机网络中的主机在数字信道上每秒钟传输的比特数。

2. 网络带宽

带宽的本意是指信号的频带宽度，或信号的各种不同成分所占据的频率范围。在计算机网络中，网络带宽是指单位时间内从网络中的某一点到另一点所能通过的"最高传输数据率"，单位是"比特每秒"或 b/s、bit/s。同时，常用的带宽单位有 kb/s、Mb/s、Gb/s、Tb/s。

3. 吞吐量

吞吐量用来测量现实世界中网络的实际数据量，以便了解实际能够通过网络的数据量。吞吐量受网络的带宽或网络额定速率的限制，实际上吞吐量往往比传输介质所标称的最大带宽小得多。例如对于 100 兆以太网，额定速率是 100Mb/s，吞吐量可能只有 80Mb/s。

4. 时延

数据在计算机网络中总时延可以表示为

$$总时延 = 发送时延 + 传播时延 + 处理时延 + 排队时延$$

发送时延指主机或路由器发送数据帧所需要花费的时间，即从发送数据帧的第一个比特开始到该数据帧的最后一个比特发送完毕，整个发送过程所经历的时间。发送时延的计算公式为

$$发送时延 = \frac{数据帧长度(b)}{信道带宽(b/s)}$$

传播时延指电磁波在信道中传播一定的距离而花费的时间。传播时延的计算公式为

$$传播时延 = \frac{信道长度(m)}{电磁波在信道上的传播速率(m/s)}$$

处理时延指主机或路由器在收到分组时进行处理所需花费的时间。排队时延是指分组在进入路由器后，在输入队列中排队等候处理所需要的时间。图 7-9 表示从结点 A 向结点 B 发送数据时 3 种时延的示意图。

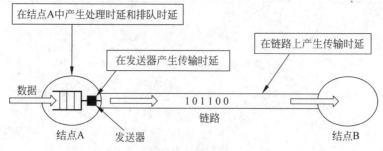

图 7-9　时延示意图

5. 时延带宽积

时延带宽积可以用传播时延与带宽的乘积表示。

$$时延带宽积 = 传播时延 \times 带宽$$

链路的时延带宽积可以用来表示链路可容纳的比特数。

6. 往返时间 RTT

往返时间表示从发送方发送数据开始到收到来自接收方的接收确认(假设接收方收到数据后便立即发送接收确认)的整个过程总共经历的时间。

7. 利用率

网络利用率分信道利用率和网络利用率。其中,信道利用率是指某一信道有百分之多少的时间是被有效利用的(即有数据传输)。网络利用率通常指全网络的信道利用率的加权平均值。

7.1.5 计算机网络的体系结构

计算机网络的体系结构是指网络体系中的各层及其协议的集合,同时也是计算机网络及其部件所应完成功能的精确定义,主要有 TCP/IP 体系结构和 OSI 体系结构。

OSI 是一个 7 层协议体系结构,OSI 是 Open System Interconnection 的缩写,意为开放式系统互连。从下到上,OSI 分别为物理层、数据链路层、网络层、传输层、会话层、表示层和应用层。TCP/IP(Transmission Control Protocol/Internet Protocol)为传输控制协议/因特网互联协议,又名网络通信协议,是 Internet 最基本的协议。协议采用了 4 层的层级结构,从上到下分别是应用层、传输层、网络层和网络接口层。OSI 的实现相对比较复杂且效率低,因此 TCP/IP 在市场上获得了比较广泛的应用。为综合两种体系结构的优点,通常采用一种 5 层协议的体系结构,如图 7-10 所示。

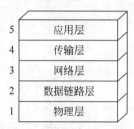

5	应用层
4	传输层
3	网络层
2	数据链路层
1	物理层

图 7-10 计算机网络 5 层协议的体系结构

作为和用户交互的最高层,应用层的任务是直接为用户的应用进程提供服务。

传输层的任务是为两个主机进程之间的通信提供服务。传输层有复用和分用两种功能。传输层主要使用两种协议:传输控制协议(TCP)是面向连接的协议,提供可靠的交付;用户数据报协议(UDP)是无连接的协议,数据传输单位是用户数据报,提供数据交付功能。

网络层负责为分组交换网上的不同主机提供通信服务,网络层把传输层传下来的报文段或用户数据报封装成分组或者包进行传送。网络层的数据传输单位是分组、包、IP 数据报、数据报,同时选择合适的路由,使得从源主机传输层传下来的分组能够通过路由器找到目的主机。

数据链路层的任务是将网络层交下来的 IP 数据报组装成帧,在两个相邻结点间的链路上透明地传送帧中的数据。

物理层的任务是透明地传输二进制比特流。

7.2 应用层

应用层协议定义了运行在不同端系统上的应用程序进程如何相互传递报文,包括相互交换的报文类型、各种报文类型的语法、各个字段的语义、各种报文的处理等,分为标准和非标准协议。标准应用层协议是已经被因特网管理机构标准化和归档的。应用层中的每个协议都是为了解决某一类应用问题，通过多个应用进程之间的通信和协同工作来完成。应用层的具体内容就是规定应用进程在通信时所遵循的协议。客户和服务器都是指通信中所涉及的两个应用进程。客户是服务请求方，服务器是服务提供方。该方式描述的是进程之间服务和被服务的关系。

TCP/IP 协议簇中的应用层协议如图 7-11 所示。

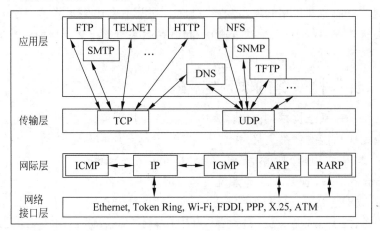

图 7-11 TCP/IP 协议簇中的应用层协议

7.2.1 域名系统

DNS 是 Domain Name System 的简称，即域名系统，它是一个分布式数据库，用来支持万维网上域名与 IP 地址相互映射。用户不用去记 IP 数据串，从而可以更方便地访问互联网。

因特网采用的是树状的域名结构，如图 7-12 所示。

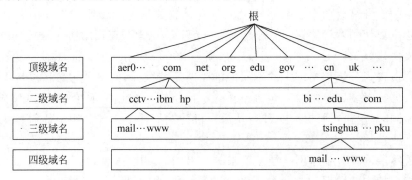

图 7-12 因特网的树状域名结构

每个 IP 地址对应一个主机名，主机名由一个或多个由逗号隔开的字符串组成，通过主机名就不用记住每台设备的 IP 地址，这就是 DNS 协议的功能。

7.2.2 Web 和 HTTP

Web 即全球广域网，它是一种基于超文本和 HTTP 的、动态交互的、跨平台的分布式图形信息系统，为浏览者在 Internet 上查找和浏览信息提供了图形化的、易于访问的直观界面。

万维网可以将图形、音频、视频信息集合于一体，在一页上同时显示色彩丰富的图形和文本。超文本传输协议（Hyper Text Transfer Protocol，HTTP）是一种用于分布式、协作式和超媒体信息系统的应用层协议。在 Internet 上的 Web 服务器上存放的都是超文本信息，客户机需要通过 HTTP 传输所要访问的超文本信息。HTTP 的主要特点如下。

（1）支持客户端/服务端模式，也是一种请求/响应模式的协议。

（2）HTTP 对事务的处理没有记忆能力。

（3）HTTP 本身也是无连接的，所谓的无连接就是服务器收到了客户端的请求之后，响应完成并收到客户端的应答之后，即断开连接。

7.2.3　文件传输协议

文件传输协议（File Transfer Protocol，FTP）是一种基于 TCP 的应用层协议，用来把一个主机的文件复制到另一个主机，不受操作系统的限制。TCP/IP 协议簇中，FTP 标准命令 TCP 端口号为 21，Port 方式数据端口为 20。FTP 只提供文件传输的基本服务，采用 C/S 模式，一个 FTP 服务器进程可以同时为多个客户进程提供服务。FTP 的服务进程分为主进程和从属进程。主进程用于接收新的请求，从属进程处理单个请求。

在进行文件传输时，FTP 的客户端和服务器之间会建立两个 TCP 连接，如图 7-13 所示。FTP 使用关闭连接来表示一个文件传送结束。若传送多个文件，则数据连接打开和关闭多次。

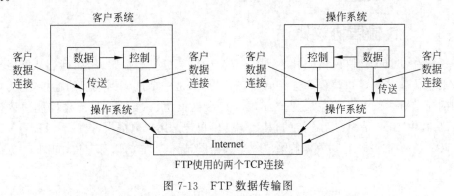

图 7-13　FTP 数据传输图

7.2.4　因特网中的电子邮件标准

电子邮件允许用户交换报文，为广大用户提供了便利，在因特网上非常受用户的欢迎。电子邮件所要遵循的标准如下。

1. 简单邮件传送协议

简单邮件传送协议（Simple Mail Transfer Protocol，SMTP）是定义邮件传输最常用的协议，使用 TCP 从客户机到服务器可靠地传输电子邮件报文，帮助每台计算机在发送或中转信件时找到下一个目的地，可以适应于各种网络系统。SMTP 规定了两个相互通信的 SMTP 进程之间如何交换信息。

2. 邮件读取协议 POP3 和 IMAP

邮件读取协议 POP 使用的是客户服务器的工作方式，不支持对服务器邮件进行扩展操作，现在所使用的版本是 POP3，主要用于支持使用客户端远程管理在服务器上的电子邮件。POP3 的删除模式可以允许用户从服务器上把邮件存储到本地主机上，同时删除保存在邮件服务器上的邮件。保存模式能够让邮件经过读取以后仍然保存在邮箱中。

因特网邮件访问协议 IMAP 主要作用是邮件客户端可以通过这种协议从邮件服务器上获取邮件的信息、下载邮件等。IMAP4 与 POP3 相比更为复杂，功能更为强大，改进了 POP3 的不足。IMAP4 所支持的功能有支持连接和断开两种操作模式，支持多个客户同时连接到一个邮箱，支持访问消息中的 MIME 部分和部分获取，支持在服务器保留消息状态信息，支持在服务器上访问多个邮箱，支持服务器端搜索，支持一个定义良好的扩展机制等。

3. 多用途因特网邮件扩充 MIME

MIME 扩展了电子邮件标准，使其能够支持非 ASCII 码字符文本、非文本格式附件（二进制、声音、图像等）。MIME 设定某种扩展名的文件用一种应用程序来打开的方式类型，浏览器会自动使用指定应用程序来打开。多用于指定一些客户端自定义的文件名，以及一些媒体文件的打开方式。

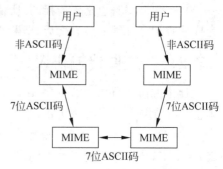

图 7-14　MIME 和 SMTP 的关系

MIME 和 SMTP 的关系如图 7-14 所示。

7.3　传 输 层

7.3.1　传输层协议概述

传输层是 TCP/IP 协议栈的核心，它不仅为应用层提供通信服务，而且还从网络层接收信息数据。传输层将客户端程序连接到服务器程序，是一个进程到进程的连接，它为两个进程之间的通信提供服务。传输层主要使用用户数据报协议（UDP）和传输控制协议（TCP）两种协议，其中 UDP 是面向无连接的，其数据传输单位是用户数据报，提供不保证可靠的信息交付；TCP 是面向连接的，其数据传输单位是数据段，提供可靠的信息交付，如图 7-15 所示。

图 7-15　传输层的逻辑链接

7.3.2　Internet 传输协议 UDP

UDP（User Datagram Protocol，用户数据报协议）是 OSI 参考模型中一种传输层协议，提供面向无连接的，且不可靠信息传送服务。

UDP 在传输通信数据时尽管是用最大努力交付，但发送出去的数据不一定能够按序到达；UDP 没有给 IP 服务增加任何东西，这就决定了 UDP 是一个比较简单的协议。在使用 UDP 传输一个简短的报文时，在发送方和接收方之间的交互要比使用 TCP 时少得多，而且 UDP 的发送速率不受网络影响。

7.3.3 Internet 传输协议 TCP

TCP(Transmission Control Protocol，传输控制协议)是 TCP/IP 协议簇中的另一个传输层协议，是一种面向连接的、可靠的、基于字节流的传输层通信协议，由 IETF 的 RFC 793 定义。TCP 提供进程到进程、全双工的且面向连接的通信服务，其中每条 TCP 的连接只能有两个端点(点对点)。

1. TCP 服务

(1) 流传递服务。

与 UDP 不同，TCP 是面向流的协议。在 UDP 中，进程发送一些带有预定义边界的报文给 UDP 进行传递。而 TCP 允许发送进程以字节流形式传输数据，并且接收进程也以字节流形式接收数据。

(2) 全双工通信。

TCP 提供全双工服务(full-duplex service)，即数据可以在同一时间双向流动，每方向 TCP 都有发送和接收缓冲区，它们能双向发送和接收数据。

(3) 多路复用和多路分解。

与 UDP 类似，TCP 在发送端执行多路复用，在接收端执行多路分解。然而，由于 TCP 是一个面向连接协议，因此需要为每对进程建立连接。

(4) 面向连接的服务。

与 UDP 不同，TCP 是一种面向连接的协议。位于站点 A 的一个进程与站点 B 的另外一个进程想要进行数据的发送和接收，步骤如下。

① 在两个 TCP 之间建立一个连接。

② 在两个方向交换数据。

③ 连接终止。

④ 可靠的服务。

TCP 是一种可靠的传输协议，它使用确认机制检查数据是否安全和完整地到达。

2. TCP 报文段

TCP 的传送数据单元是报文段，与 UDP 类似，一个报文段可以分为首部和数据两部分，如表 7-1 所示，除数据以外的所有字段都属于首部。

表 7-1 TCP 报文段格式

源端口(16 位)								目标端口(16 位)		
序列号(Sequence Number,32)										
确认号(Acknowledgement Number,32)										
数据偏移	保留字段	URG	ACK	PSH	RST	SYN	FIN	窗口大小(16 位)		
校验和(16 位)								紧急指针(16 位)		
可选项								填充		
数据										

其中源端口和目的端口各占 2 字节，分别写入源端口号和目的端口号；接下来是序列号，占 4 字节，在 TCP 字节流的传输中每字节都需要按顺序编号；确认号同样也占 4 字节，确认号表示下一个报文段的第一个数据字节的序号；数据偏移占 4 位；保留字段占 6 位，保留为以后所用，默认置为 0；接下来是 UGR（紧急号），当其置为 1 时表示此报文段有紧急数据，具有优先发送权；ACK（确认号），当其置为 1 时才确认该报文有效；PSH（推送号），置 1 有效，表示希望在输入一个命令后立即能收到对方的响应；RST（复位号），置 1 有效，表示重置；SYN（同步号），置 1 有效，表示连接请求；FIN（终止号），置 1 有效，表示此报文段发送方的数据已经发送完毕，并要求释放运输连接；窗口大小，占 2 字节，这个字段定义对方必须维持的窗口的大小；校验和，占 2 字节；紧急指针，占 2 字节，这个字段只有当 UGR 置 1 时才有效；可选项，在 TCP 头部中有多达 40 字节的可选信息。

7.3.4　TCP 拥塞和流量控制

1. 拥塞

在因特网之类的分组交换网络中存在拥塞（congestion）问题，即网络中的负载大于网络的容量就可能发生拥塞。拥塞控制（congestion control）能控制拥塞并将负载保持在容量以内，使网络中的路由器或链路不至于过载。拥塞控制是一个全局性的过程，由 4 个核心算法组成：慢启动（slow start）、拥塞避免（congestion voidance）、快速重传（fast retransmit）、快速恢复（fast recovery）。

2. 流量控制

流量控制是一种局部控制机制，作为接收方管理发送方发送数据的方式，可以防止接收方可用的数据缓存空间的溢出。早期的 TCP 只有基于窗口的流量控制（flow control）机制。滑动窗口允许发送方在收到接收方的确认之前发送多个数据段。窗口大小决定了一次可以传送的数据段的最大数目，在通信双方的连接过程中，窗口的大小是可变的，通信双方可以通过协商动态地修改窗口大小。在 TCP 的确认中，除指出希望接收的数据段序列号之外，还包括窗口通告，以指示接收方接收数据段的大小。

7.4　网络层

7.4.1　网络层提供的服务

网络层主要提供虚电路服务（Virtual Circuit，VC）和数据报服务（datagram service），解决网络与网络之间的通信问题。

虚电路服务是一种面向连接的通信方式。为了进行数据传输，网络中的两结点之间需要先建立一条逻辑通道，该逻辑通道临时建立并在会话结束时释放，称为"虚"电路。而因特网采用的是无连接、简单灵活的数据报服务，使得网络中的路由器可以做得比较简单，价格低廉，而进行可靠的传输由主机中的运输层完成。

7.4.2　网络协议

网络协议（Internet Protocol，IP）是 TCP/IP 体系中两个最主要的协议之一，也是最重要的因特网标准协议之一。IP 是为计算机网络相互连接进行通信而设计的协议。在因特网中,它是能使连接到网上的所有计算机网络实现相互通信的一套规则,规定了计算机在因特网上进行通信时应当遵守的规则。任何厂家生产的计算机系统,只要遵守 IP 就可以与因特网互联互通。

为了让全世界的网络互联起来,人们提出了虚拟互联网络的概念。由于互联的计算机网络都使用相同的网络协议,因此可以把互联后的计算机网络看成一个虚拟互联网络,如图 7-16 所示。所谓虚拟互联网络也就是逻辑互联网络,它的意思就是互联起来的各种物理网络的异构性本来是客观存在的,但是利用 IP 就可以使这些性能各异的网络在用户看起来好像是一个统一的网络。使用虚拟互联网络的好处是:当互联网上的主机进行通信时,就好像在一个网络上通信一样,而看不见互联的各具体的网络异构细节。

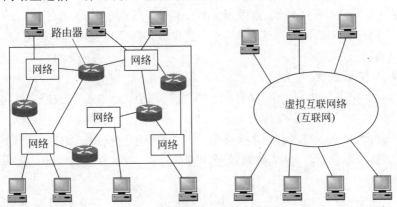

图 7-16　物理网络与虚拟互联网络

在 TCP/IP 体系中,IP 地址给因特网上的每台主机(或路由器)的每个接口分配一个唯一的 32 位的标识符。为了便于寻址以及层次化构造网络,每个 IP 地址包括两个标识码(ID),即网络 ID 和主机 ID。同一个物理网络上的所有主机都使用同一个网络 ID,网络上的一个主机(包括网络上工作站、服务器和路由器等)有一个主机 ID 与其对应。Internet 委员会定义了 5 种 IP 地址类型,即 A～E 类。其中 A、B、C 3 类由 Internet NIC 在全球范围内统一分配,D、E 类为特殊地址,以适合不同容量的网络。IP 地址具有以下一些特点。

(1) IP 地址都由网络 ID 和主机 ID 两部分组成,是一种分等级的地址结构。

(2) IP 地址是标志主机(或路由器)和链路的接口。

(3) 网络是指具有相同网络 ID 的主机的集合,用转发器或网桥连接起来的若干个局域网仍为一个网络。

(4) 在 IP 地址中,所有分配到网络 ID 的网络都是平等的。

目前 IP 有 4 和 6 两个版本号(简称为 IPv4、IPv6),地址分别为 32 位和 128 位,以便支持更大的地址空间,解决多种接入设备连入互联网的障碍。

7.4.3　IPv6

1. IPv6 协议概述

IPv6(Internet Protocol Version 6,互联网协议第 6 版)是新一代互联网协议,目的是取代现有的互联网协议第 4 版(IPv4)。IPv6 协议包括基本首部、扩展首部、地址空间。IPv6 首部格式如图 7-17 所示,首部固定长度是 40 字节。

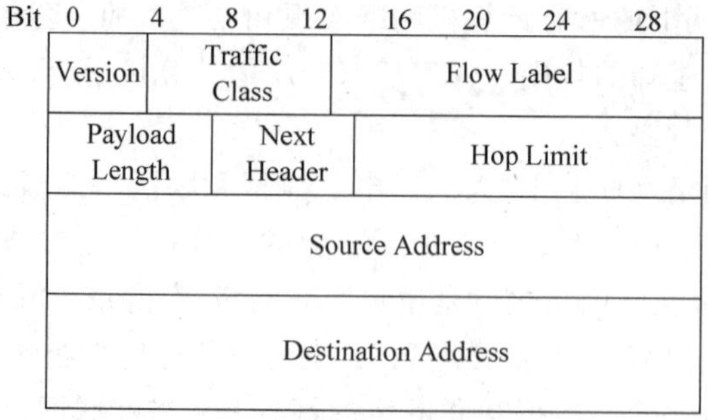

图 7-17　IPv6 首部格式表

IPv6 的地址可分为单播地址、组播地址和任播地址 3 类。IPv6 地址空间最小的地址分配块大小是 32 位，每个用户可以获得 48 位地址前缀。当没有有效地址时可采用该地址，可以采用全 0 地址。

2. IPv4 向 IPv6 过渡

目前 IPv4 和 IPv6 互相传递信息的技术主要分为双协议栈（dual stack）和隧道（tunneling）技术两种。

双协议栈技术是主机或者路由器上安装 IPv4 和 IPv6 协议栈，根据不同的协议栈进行互相通信。隧道技术就是将 IPv6 数据报重新进行封装，利用 IPv4 协议传输数据的方法。

3. ICMPv6

ICMPv6（Internet Control Message Protocol for the IPv6，互联网控制信息协议第 6版）是定义在 RFC 2463 中的 IPv6 基础协议，其协议类型号（IPv6 Next Header）为 58，一般是用于传递报文转发中的信息，包括错误信息。ICMPv6 报文的基本格式如表 7-2 所示。

表 7-2　ICMPv6 报文的基本格式

类　　型	代　　码	校　验　和
ICMP 报文体		

类型：表示 ICMPv6 报文类型，其值由报文的内容确定。

代码：确定 ICMPv6 更深层的信息，详细地对同一类型的报文进行分类。

校验和：检测 ICMPv6 的报文是否正确传送。

报文体：返回出错参数，记录出错报文片段，判断错误的原因。

7.4.4　因特网的路由选择协议

路由器是连接因特网中各局域网和广域网的设备，其根据信道情况自动选择路由，以最佳路径按前后顺序发送信号。

路由器大致分为路由选择和分组转发两部分。路由部分的核心构件是路由选择处理机。路由选择处理机有多个任务，如构造路由表，经常或定期和相邻路由器交换信息。分组转发部分由 3 部分组成：交换结构（switching fabric）、一组输入端口、一组输出端口。交换结构根据转发表进行处理，将某个端口进来的分组从另外一个合适的输出端口转发出去。

在因特网中，路由选择协议是分层次的，即因特网将整个互联网分为许多较小的自治系统（Autonomous System，AS）。路由分为静态路由和动态路由，其中动态路由协议又可分为内部网关协议和外部网关协议。动态路由协议分类如图 7-18 所示。

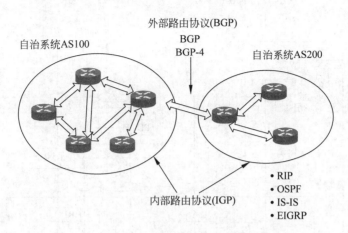

图 7-18　动态路由协议分类

7.4.5　虚拟专用网络

如果某公司有许多部门分布在距离很远的若干地点,而每个地点都有自己的专用网。假如各个专用网之间需要经常通信,有两种解决办法:一是租用电信公司的通信线路;二是利用公用的因特网作为各专用网之间的通信载体,这样的专用网又称虚拟专用网络(Virtual Private Network,VPN)。VPN 属于远程访问技术,依靠 ISP 和 NSP 在公用网络中建立专用的数据通信网络。为了保证数据安全,VPN 服务器和客户机之间的通信数据都进行了加密处理,如同专门架设了一个专用网络一样,但实际上 VPN 使用的是互联网上的公用链路,利用加密技术在公网上封装出数据通信隧道。VPN 的实现方法如下。

(1) VPN 服务器。大型局域网可以在网络中心搭建 VPN 服务器实现 VPN。

(2) 软件 VPN。可以通过专用软件实现。

(3) 硬件 VPN。可以通过专用硬件实现。

(4) 集成 VPN。某些硬件设备,如路由器、防火墙等都含有 VPN 功能,但是一般拥有 VPN 功能的硬件设备价格昂贵。

7.5　数据链路层

7.5.1　数据链路层的基本结构

数据链路层是 OSI 参考模型中的第二层,其在物理层提供服务的基础上向网络层提供服务,将源自网络层来的数据传输到相邻结点的目标机网络层,包括数据链路、接入网和局域网。数据链路层包括 MAC、RLC、PDCP、BMC 4 个子层,如图 7-19 所示,各部分实现功能不同。

(1) MAC(Medium Access Control,媒体接入控制)子层。它的主要功能是把逻辑信道映射到传输信道,根据逻辑信道的瞬时源速率为各个传输信道选择适当的传输格式

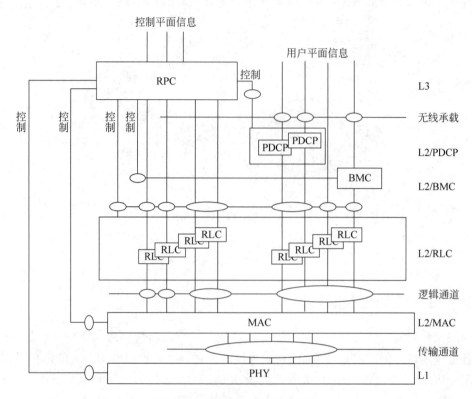

图 7-19 数据链路层的基本结构

（Transport Format，TF）。

（2）RLC（Radio Link Control，无线链路）子层。它承载控制面的数据和用户面的数据。RLC 子层有透明模式、非确认模式和确认模式 3 种工作模式。

（3）BMC（Broadcast/Multicast Control Protocol，广播/组播控制协议）子层。它负责控制多播/组播业务。

（4）PDCP（Packet Data Converge Protocol，分组数据汇聚协议）子层。它负责对 IP 包的报头进行压缩和解压缩，以提高资源利用率。

7.5.2 数据链路和帧

数据链路是按链路协议连接两个或多个数据站的电信设施。数据链路包含物理线路和控制这些数据的传输通信协议。图 7-20 所示为简单数据链路的组成。

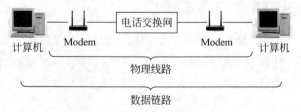

图 7-20 简单数据链路的组成

数据链路包括传输的物理媒体、链路协议、有关设备以及有关计算机程序,但不包括提供数据的功能设备(即数据源)和接收数据的功能设备。其主要功能有链路管理、帧定界、流量控制、差错控制、将数据和控制信息分开、透明传输、寻址等。

　　数据帧(data frame)是数据链路层的协议数据单元,它包括帧头、数据部分、帧尾 3 部分。不同的数据链路层协议对应着不同的帧,如 PPP 帧、MAC 帧(如图 7-21 所示)等,具体格式也不尽相同。

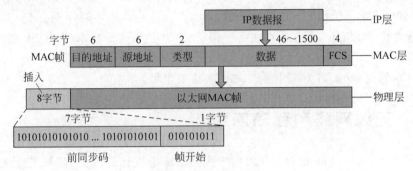

图 7-21　MAC 帧示意图

7.5.3　数据链路控制协议

　　数据链路控制协议即 OSI 参考模型中的数据链路层协议。数据链路控制协议可分为异步协议和同步协议两大类。

　　异步协议以字符为独立的信息传输单位,字符与字符之间的间隔时间不固定。异步协议中因为每个传输字符都要添加起始位、校验位及停止位等冗余位,故信道利用率很低,一般用于数据速率较低的场合。

　　同步协议以数据块——帧为传输单位,在帧的起始处同步,使帧内维持固定的时钟。由于采用帧为传输单位,所以其能更有效地利用信道实现差错控制、流量控制等功能。

　　现阶段,所有的链路协议都以 IBM 的同步数据链路控制(Synchronous Data Link Control,SDLC)为基础,对广域网链路而言,SDLC 仍然是主要的系统网络结构(SNA)链路层协议,主要应用的协议如下。

　　(1) 点对点协议(Point-to-Point Protocol,PPP)。

　　(2) 以太网(Ethernet)。

　　(3) 高级数据链路协议(high-level data link protocol)。

　　(4) 帧中继(frame relay)。

　　(5) 异步传输模式(asynchronous transfer mode)。

7.5.4　高速以太网

　　高速以太网是指速率达到或超过 100Mb/s 的以太网,100Mb/s 也是现在应用速率最为广泛的高速以太网。高速以太网适用于较长距离的传输,一般用光纤作为以太网的介质,以保证它的速率和稳定性。高速以太网系统主要分两类:由共享型集线器组成的共享型高速以太网系统和由高速以太网交换机构成的交换型高速以太网系统,例如大部分学校宿舍就是使用后者构成高速以太网系统,如图 7-22 所示。

图 7-22　高速以太网交换机

千兆以太网定义了新的媒体和传输协议，还保留了 10 兆和 100 兆以太网的协议、帧格式，以保持其兼容性。千兆以太网的协议栈结构包括物理层和介质访问层（MAC），该 MAC 层是 IEEE 802.3 的 MAC 层算法的增强版本。

随着带宽需求的增长，万兆以太网将应用于整个网络，这种技术使得 ISP 和 NSP 能够以一种廉价的方式提供高速的服务。这种技术同时可以应用于城域网和广域网的建设，这样局域网技术就能够与 ATM 或其他广域网络技术竞争。

7.6　无线网络和移动网络

以 Wi-Fi（Wireless-Fidelity）为代表的无线网络将个人计算机、手机等无线接收信号设备以无线方式互相通信，以高传输速度、长有效距离等优势占据了无线通信网络的重要位置。Wi-Fi 是发展迅猛的是无线通信技术，正改变着人们的沟通方式，使社会进入了真正的移动互联网时代。

7.6.1　无线传输

以电磁频谱为基础的无线传输是现代通信领域的基础。如果按光子能量将电磁波进行分组，其范围从无线电波（能量最低）到伽马射线（能量最高），以下是几种常见的无线传输方式。

1. 无线电波传输

无线电波由振荡电路交变电流产生，通过天线发射和吸收，其频率较低，在传播过程中损耗较小，绕射能力较强，因而传播距离远。无线电波最早应用在航海过程中，通常使用莫尔斯电报在船与陆地之间传递信息，现在无线电波有多种应用形式，包括无线数据网、无线广播、电视，移动电话是当前无线通信的最普遍应用。

2. 微波传输

微波通常是指频率在 300MHz～300GHz 的电磁波，由于其频带宽、容量大、速度快等优点而取得快速的发展，微波在军事上的重要应用就是雷达。

3. 红外传输

红外传输广泛应用于小型移动设备和电气设备之中，如移动电话、电视机、家电遥控器等，但是传输效率不高，遇障碍物易衰减，红外传输多应用于短距离传输。

4. 光通信

光通信是利用激光束作为载波，在空气中直接来传输光信息的一种通信方式，它可以利用激光束作为信道直接在空间进行语音、数据、图像等信息的双向传输。

7.6.2　卫星通信

卫星通信的原理是从地球上一点发送数据到太空中，卫星接收，然后通过卫星把数据送回到地面上的另一点。太空中比较常见的有地球同步(Geostationary Earth Orbit,GEO)卫星、中地(Medium Earth Orbit,MEO)卫星、近地(Low Earth Orbit,LEO)卫星3种。

地球同步卫星因为其绕地速度与地球自转速度相同,导致地面上的天线不需要转动就能始终对准卫星,这大大降低了使用成本。一般同一轨道上至少需要3颗同步卫星实现全球传输。铱星系统和全球星系统就是提供卫星电话服务的卫星系统,铱星系统有66颗近地卫星,分为6个轨道,每个轨道有11颗星。中地卫星在一个轨道周期内的可见时间比近地卫星要多2~8h,通信延时没有同步卫星那么严重,其典型应用是全球定位系统(GPS)。近地卫星就是离地球比较近的卫星,它的轨道距离地球表面一般是800千米以下。此类卫星一般是通信卫星,比如马斯克的星链互联网卫星就是属于此类。

7.6.3 无线局域网

无线局域网使用无线电波作为数据传输的媒介,它的传送距离一般有几十米,无线局域网用户可以通过一个或多个无线接入点接入无线局域网。无线局域网第一个版本发表于1997年,其中定义了介质访问接入控制层和物理层。后来产生了许多无线局域网技术标准,其中的IEEE 802.11无线局域网(也称Wi-Fi)得到了最广泛的应用。IEEE 802.11的网络成员和结构如图7-23所示。

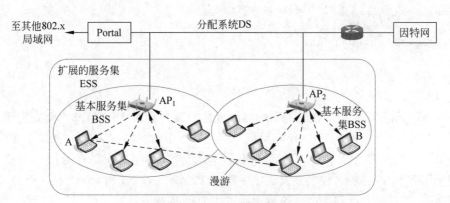

图7-23 IEEE 802.11的网络成员和结构

(1) 站点(station)。最基本的组成部分。

(2) 基本服务单元(BSS)。最基本的服务单元,最基本的服务单元可以只有两个站点组成,站点可以动态地连接到基本服务单元中。

(3) 分配系统(DS)。分配系统用于连接不同的基本服务单元。

(4) 关口(portal)。用于将无线局域网和有线局域网或其他网络联系起来,属于逻辑成分。

(5) 接入点(AP)。是无线网和有线网的接口,有普通站点的身份,同时具有接入分配系统的能力。

(6) 扩展服务单元(ESS)。由分配系统和基本服务单元组合而成,是逻辑上的组合关系。

7.6.4 移动网络

移动网络(mobile network)又称蜂窝网络(cellular network)，它的通信基地台的信号覆盖呈六边形，形似蜂窝而得名，是一种移动通信硬件架构，有模拟移动网络和数字移动网络两种形式。

移动网络由移动站、基站子系统、网络子系统 3 部分组成。移动站是网络终端设备，如手机或其他蜂窝工控设备，基站子系统主要是日常所见的移动基站、无线收发设备、光纤等。移动网络的发展历史如图 7-24 所示。

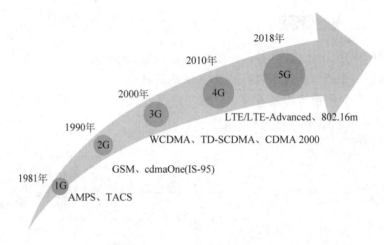

图 7-24　移动网络的发展历史

1968 年美国贝尔实验室首先提出蜂窝网概念。瑞典爱立信公司 1981 年在北欧国家建立第一个蜂窝网，美国也于 1983 年开始投入运营第一个蜂窝网(AMPS)，我国于 1987 年开始运营第一个蜂窝网。第一代(1G)蜂窝网采用模拟调制体制用于语音通信。第二代(2G)蜂窝网采用数字调制体制，它主要有 3 个系统：D-AMPS、GSM 和 CDMA，其中 GSM 为全球移动通信，在世界数字移动电话领域中所占比例超过 70%。第三代(3G)移动通信首次将无线通信与国际互联网等多媒体结合到一起，其主要特征是提供移动宽带多媒体业务。国际电信联盟(International Telecommunication Union，ITU)确定的 3G 三大主流无线接口标准分别是 W-CDMA、CDMA 2000、TD-SCDMA。第四代(4G)移动通信技术集 3G 与WLAN 于一体，可达 100Mb/s 以上的速率。4G 可以在 DSL 和有线电视调制解调器没有覆盖的地方部署，之后可以扩展到整个地区。第五代(5G)移动通信技术理论上传输速度是4G 网络传输速度的数百倍。2017 年 12 月 21 日，在国际电信标准组织 3GPP RAN 第 78 次全体会议上，第一个可商用部署的 5G 标准 5G NR 首发版正式颁布，我国已在 2017 年开展了 5G 网络第二阶段测试，2018 年进行大规模试验组网，目前，我国以华为公司为代表的 5G技术已处于全球领先的地位。

## 第 8 章

软 件 工 程

软件工程是研究用工程化方法构建和维护有效、实用和高质量的软件的一门学科。对于大中型项目,必须要以软件工程的思想贯穿整个项目的分析、设计、开发、维护全过程,这是保障项目成功的必备因素。

8.1 软件工程概述

8.1.1 软件危机

20 世纪 60 年代末期,随着软件规模及功能需求的不断增长和日趋复杂,落后的软件生产方式难以开发出成功的软件产品。软件在开发和维护过程遇到了一系列严重问题,称为软件危机。

最为突出的例子是美国 IBM 公司于 1963—1966 年开发的 IBM 360 系列机的操作系统。该项目的负责人 Fred Brooks 在总结该项目时无比沉痛地说:"……正像一只逃亡的野兽落到泥潭中做垂死挣扎,越是挣扎,陷得越深,最后无法逃脱灭顶的灾难,程序设计工作正像这样一个泥潭,一批批程序员被迫在泥潭中拼命挣扎,谁也没有料到问题竟会陷入这样的困境"。一个大型操作系统有时需要几千人一年的工作量,而所获得的系统又常常会隐藏着几百甚至几千个错误。程序可靠性很难保证,与此类似,很多投入了巨大资金和人力的大型软件系统,研制出来的产品却可靠性差、错误多,维护和修改很困难。程序设计工具的严重缺乏使软件开发陷入困境。这在当时计算机软件产业中是一个很普遍的现象。如何控制和管理软件产品的质量,是整个软件行业面临的问题。

软件危机的具体表现如下。

(1)软件开发的进度难以控制,完成期限一再拖延。

(2)软件成本严重超标。

(3)软件需求在开发初期不明确,导致矛盾在后期集中暴露,从而为整个开发过程带来灾难性的后果。

(4)由于缺乏完整规范的资料,加之软件测试不充分,造成软件质量低下,运行中出现大量问题。

8.1.2　软件工程的思想

由于软件危机的产生，迫使人们不得不研究改变软件开发的技术手段和管理方法。从此软件生产进入软件工程时代。软件工程的主要目标就是为了消除软件危机。自从软件工程概念提出以来，经过几十年的研究与实践，在软件开发方法和技术方面已经有了很大的进步。

1. 软件工程的定义和原理

软件工程是研究用工程化方法构建和维护有效、实用和高质量的软件的一门学科。它的中心目标就是把软件作为一种工业产品来开发，要求采用工程化的原理与方法对软件进行计划、开发和维护。所以软件工程的根本在于提高软件的质量与生产效率，最终实现软件的工业化生产。

在软件工程的概念提出后的几十年里，各种有关软件的技术、思想、方法和概念层出不穷，典型的包括结构化的方法、面向对象的方法、软件开发模型和软件开发过程等，软件工程逐步发展为一门独立的科学，被称为软件工程学。

软件工程的基本原理如下。

（1）用分阶段的生命周期计划严格管理。

（2）坚持进行阶段评审，以确保软件产品质量。

（3）实行严格的产品控制，以适应软件规格的变更。

（4）采用现代程序设计技术。

（5）结果应能清楚地审查。

（6）承认不断改进软件工程实践的必要性。

软件工程技术具有两个明显特点。

（1）强调规范化。

（2）强调文档化。

2. 软件的生命周期

一个软件产品从定义、开发、维护到废弃的整个过程称为软件的生命周期。

软件的生命周期包括软件定义（问题定义、可行性研究、需求分析）、软件开发（概要设计、详细设计、编程和测试）、运行与维护3个阶段。软件定义也可称为计划时期。软件的生命周期（瀑布模型）如图8-1所示。

3. 软件开发模型

软件开发模型是软件开发的全部过程、活动和任务的结构框架。软件开发模型明确规定了要完成的主要活动和任务，能清晰、直观地表达软件开发全过程。典型的开发模型有瀑布模型、快速原型模型、增量模型和螺旋模型等。

（1）瀑布模型。

瀑布模型严格按软件生命周期各阶段划分基本活动，并且规定了它们自上而下、相互衔接的固定次序，如同瀑布流水，逐级下落。瀑布模型的优点如下。

① 强调开发的阶段性。

② 降低了软件开发的复杂程度，而且提高了软件开发过程的透明性和软件开发过程的可管理性。

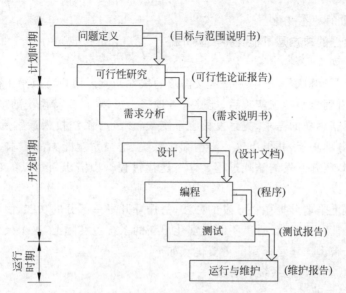

图 8-1 软件的生命周期(瀑布模型)

③ 强调早期计划及需求调查。

但是瀑布模型也存在如下一些问题。

① 阶段和阶段划分完全固定,阶段间产生大量的文档,极大地增加了工作量。

② 依赖于早期进行的需求调查,不能适应需求的变化,模型的风险控制能力较弱。

③ 模型缺乏灵活性,特别是无法解决软件需求不明确或不准确的问题。

瀑布模型适用的项目如下。

① 有稳定的产品定义和很容易理解的技术解决方案。

② 技术风险低且业务复杂的项目,因为可以按顺序的方法来解决复杂的问题。

③ 项目开发队伍经验不足。

不适用的项目如下。

① 需求不明确的大中型项目。

② 需求一贯呈动态变化或者具有高风险的项目。

(2) 快速原型模型。

瀑布模型的缺点就在于不够直观,快速原型模型解决了这个问题。快速原型模型可根据用户的需要在很短的时间内解决用户最迫切需要完成一个可以演示的产品,这个产品只是实现部分的功能。它最重要的目的是确定用户的真正需求。由于运用原型的目的和方式不同,在使用原型时可采取以下两种不同的策略。

① 废弃策略。原型主要用于反馈和评价,据此设计出完整、准确、一致、可靠的最终系统。系统构造完成后,原来的原型系统就被废弃不用。

② 追加策略。原型作为最终系统的核心,然后通过不断扩充与修改,逐步追加新要求,最后发展成为最终系统。

快速原型模型的优点如下。

① 有助于获取用户需求,加强对需求的理解。

② 尽早发现软件中的错误。

③ 支持需求的动态变化。

快速原型模型的缺点是不能支持风险分析。

（3）增量模型。

增量模型主要针对事先不能完整定义需求的软件开发。用户可以给出待开发系统的核心需求，并且当看到核心需求实现后，能够有效地提出反馈，以支持系统的最终设计和实现。软件开发人员根据用户的需求，先开发核心系统，当该核心系统投入运行后，用户再试用系统、检查系统的各项功能，并提出进一步精细化系统、增强系统能力的需求。软件开发人员根据用户的反馈，实施开发的迭代过程。这一迭代过程均由需求、设计、编程、测试、集成等阶段组成。

在开发模式上采取分批循环开发的办法，每循环开发一部分的功能，使其成为这个产品的原型的新增功能。于是，设计就不断地演化出新的系统。实际上，这个模型可看作是重复执行的多个瀑布模型。增量模型的主要优点如下。

① 有利于增加客户对系统的信心。

② 降低系统失败风险。

③ 提高系统的可靠性。

④ 提高了系统的稳定性和可维护性。

增量模型的缺点如下。

① 由于各个构件是逐渐并入已有的软件体系结构中的，所以加入构件必须不破坏已构造好的系统部分，这需要软件具备开放式的体系结构。

② 在开发过程中，需求的变化是不可避免的。增量模型的灵活性可以使其适应这种变化的能力大大优于瀑布模型和快速原型模型，但也很容易退化为边做边改模型，从而使软件过程的控制失去整体性。

显然，快速原型模型是增量模型的一种形式，它是在开发真实系统之前构造的一个原型。

（4）螺旋模型。

螺旋模型是将瀑布模型和快速原型模型结合起来，强调了其他模型所忽视的风险分析，特别适合于大型复杂的系统。

螺旋模型采用周期性接近的方式，在降低风险的同时增加和完善软件系统的需求和执行功能。通过分段式评审机制，保障系统的解决方案是风险共担者一致满意的，如图 8-2 所示，螺旋模型沿着螺线进行若干次迭代，图中的四个象限代表了以下活动。

① 制订计划。确定软件目标，选定实施方案，弄清项目开发的限制条件。

② 风险分析。分析评估所选方案，考虑如何识别和消除风险。

③ 实施工程。实施软件开发和验证。

④ 用户评估。评价开发工作，提出修正建议，制订下一步计划。

螺旋模型由风险驱动，强调可选方案和约束条件，从而支持软件的重用，有助于将软件质量作为特殊目标融入产品开发之中。

螺旋模型的优点如下。

① 有助于获取用户需求，加强对需求的理解。

② 尽早发现软件中的错误。

③ 支持需求的动态变化。

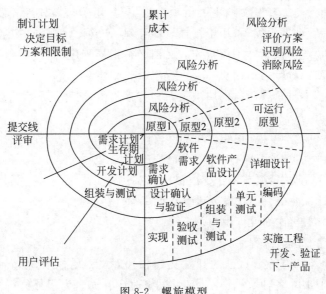

图 8-2　螺旋模型

④ 支持风险分析，可降低或者消除软件开发风险。

螺旋模型也有一定的限制条件，具体如下。

① 螺旋模型强调风险分析，但要求许多用户接受和相信这种分析，并做出相关反应是不容易的，因此，这种模型往往适应内部的大规模软件开发。

② 如果执行风险分析将大大影响项目的利润，那么进行风险分析就毫无意义，因此，螺旋模型只适合于大规模软件项目。

③ 软件开发人员应该擅长寻找可能的风险，准确地分析风险，否则将会带来更大的风险。可见，螺旋模型适合于需求动态变化、事先难以确定并且开发风险较大的系统。

此外还有喷泉模型、构件组装模型等，没有任何一种生命周期是完美的、万能的。针对不同的项目特点应选用不同的开发模型。

4. 软件文档

在软件工程思想中，软件文档的编写贯穿着整个软件周期的各个阶段，对软件系统的正确开发及维护起着非常重要的作用。文档在软件设计人员、软件开发人员、软件用户和计算机之间起着桥梁作用。

软件文档的作用主要体现如下。

（1）提高软件开发过程的能见度。

（2）提高开发效率。

（3）作为开发人员在一定阶段的工作成果和结束标志。

（4）记录开发过程中的有关信息，便于协调以后的软件产品使用和维护。

（5）提供对软件的运行、维护和培训的有关信息，便于管理人员、开发人员、操作人员和用户之间的协作、交流和了解，使软件开发活动更科学、更有成效。

（6）便于潜在用户了解软件的功能、性能等各项指标，为他们选购符合自己需要的软件提供依据。

文档是否规范与齐全是衡量软件企业是否成熟的重要性标志之一。软件文档分为开发文档和管理文档两大类。开发文档主要由项目组编写，用于指导软件开发与维护；管理文档主要由软件工程管理部门编写，用于指导软件管理和决策。两类文档的标准、规范和编制模板，同一单位内要统一。软件工程规定：文档必须指导程序，而决不允许程序指挥文档；文档与程序必须保持高度一致，而决不允许程序脱离文档。

此外，开发文档本身具有严格的层次关系和依赖关系，这种关系反映在如下的覆盖关系之中。

（1）《用户需求报告》覆盖《软件合同》或《软件任务书》。

（2）《需求规格说明书》覆盖《用户需求报告》。

（3）《概要设计说明书》覆盖《需求分析规格说明书》。

（4）《详细设计说明书》覆盖《概要设计说明书》。

（5）《源程序》覆盖《详细设计说明书》。

（6）《目标程序》覆盖《源程序》。

成熟的软件企业都有一套自己的开发文档和管理文档的标准，在企业内部严格执行。在整个软件生命周期中，各种文档会不断生成、修改或补充。为了最终得到高质量的产品，达到文档编制的质量要求，必须加强对文档的管理。可根据实际项目情况安排专人或由软件开发小组的成员编写或保存文档，进行恰当的管理。

文档的修改必须谨慎，修改前要充分估计修改可能带来的影响，修改后必须经审核后才能实施。

8.2 软件的生命周期

软件从定义开始，经过开发、使用和维护，直到最终退役的全过程称为软件的生命周期。

8.2.1 问题定义及可行性分析

1. 问题定义

问题定义是系统分析员通过对客户的访问调查，扼要地写出问题的性质、工程目标和工程规模的书面报告，并得到客户用户的确认。

2. 可行性分析

可行性分析的任务是了解用户要求和现实环境，从技术、经济、市场等方面研究并论证开发该软件系统的可行性，编写可行性论证和分析报告。简单说就是对项目做还是不做进行分析决策。

项目是否可行一般可从以下几方面进行分析。

（1）经济可行性。

经济可行性研究主要进行成本效益分析，包括估算项目的开发成本、开发成本是否会高于项目预期的全部利润、分析系统开发对其他产品或利润所带来的影响等。

（2）技术可行性。

技术可行性是根据用户提出的系统功能、性能及实现系统的各项约束条件，从技术的角度研究系统实现的可行性。由于系统分析和定义过程与系统技术可行性评估过程同时进行，这时系统目标、功能和性能的不确定性会给技术可行性论证带来许多困难。技术可行性

研究是系统开发过程中难度较大且最重要的工作。

（3）法律可行性。

法律可行性是指研究在系统开发过程中可能涉及的各种合同、侵权、责任以及各种与法律相抵触的问题。

8.2.2　需求分析

开发软件系统最为困难的部分就是准确说明开发什么，编写出详细技术需求，包括所有面向用户、面向机器和其他软件系统的接口，对目标系统提出完整、准确、清晰、具体的要求。需求分析的任务不是确定系统如何完成工作，而是确定系统必须完成哪些工作，错误的需求分析会给系统带来极大损害，并且后续的修改也极为困难。

1. 需求分析的任务

需求分析的具体任务包括确定软件系统的功能需求、性能需求和运行环境约束，编制软件需求规格说明书、软件系统的验收测试准则和初步的用户手册。简单地说就是说明系统做什么，不做什么。同样需求也是在整个软件开发过程中不断变化和深入的，必须制订需求变更计划来应对这种变化，以保护整个项目的顺利进行。

一般来说，软件需求分析包括如下内容。

（1）确定对系统的综合需求。

对系统的综合需求主要有系统功能需求、系统性能需求、运行需求、将来可能提出的需求。对于系统功能需求，应该划分出系统必须完成的所有功能。而系统性能需求包括响应时间、精确度指标需求、安全性等。运行需求集中表现为对系统运行时所处环境的需求，如软硬件运行环境限定需求等。最后，对于将来可能提出的需求，应该明确地列出哪些虽然不属于当前系统开发范畴，但据分析是将来很可能会提出来的需求。这样做的目的是在设计过程中对系统将来可能的扩充和修改做准备，以便需要时能比较容易地进行扩充和修改，更有利于系统维护。

（2）分析系统的数据需求。

任何一个软件系统，本质上都是信息处理系统，系统必须处理的信息和系统应该产生的信息在很大程度上决定了系统的功能，对软件设计有深远影响。因此，必须分析系统的数据需求，这是软件需求分析的一项重要任务。

（3）导出系统的逻辑模型。

导出系统的逻辑模型就是在理解当前系统"怎样做"的基础上，抽取其"做什么"的本质。在物理模型中有许多物理因素，但随着分析工作的深入，有些非本质因素就显得不必要了，因而需要对物理模型进行分析，区分本质和非本质因素，去掉那些非本质因素就可获得反映系统本质的逻辑模型。

（4）修正系统开发计划。

在经过需求分析阶段的工作后，系统分析员对目标系统有了更深入、更具体的认识，因此可以对系统的成本和进度做出更准确的估计，在此基础上应该对开发计划进行修正。

2. 需求分析的过程

软件系统需求一般首先由用户提出。系统分析员和开发人员在需求分析阶段必须与用户反复讨论、协商，充分交流信息，并用某种方法和工具构建软件系统的逻辑模型。为了使开发方与用户对待开发软件系统达成一致的理解，必须建立相应的需求文档。有时对大型、复杂的软件系统的主要功能、接口、人机界面等还要进行模拟或建造原型，以便向用户和开发方展示待开发软件系统的主要特征。确定软件需求的过程有时需要反复多次，最终得到用户和开发方的确认。

3. 需求分析的文档

需求分析的关键问题是编写需求文档。软件需求规格说明是一个关键性的文档。一方面，它是软件开发人员进行软件设计的依据；另一方面，软件需求规格说明是项目完成后用户进行项目鉴定的依据。不同的项目对应的需求分析文档会有不同的具体要求，以下为某项目的需求分析报告提纲。

需求分析报告

一、引言

 1.1 编写目的

 1.2 背景说明

 1.3 术语定义

 1.4 参考文献

二、任务概述

 2.1 目标

 2.2 用户特点

 2.3 假定和约束

三、业务功能概要描述

 3.1 现有系统分析

 3.2 业务描述

 3.3 系统角色

 3.4 主题描述（或系统用例视图）

 3.5 业务流程图

 3.6 业务接口

  3.6.1 外部业务接口

  3.6.2 内部业务接口

四、业务功能详细描述

 4.1 子系统（模块一）

  4.1.1 业务功能描述

  4.1.2 业务流程图

  4.1.3 主题描述及用例视图

  4.1.4 用例描述

   4.1.4.1 用例名称一

   4.1.4.2 用例名称二

   ……

  4.1.5 信息项描述

 4.2 子系统（模块二）

8.2.3 概要设计

软件设计包括概要设计和详细设计。软件设计是把一个软件需求转换为软件表示的过程,在设计阶段的目标是决定软件怎么做。

软件设计是软件开发过程中决定软件产品质量的关键阶段。由于用户要求的复杂性,软件开发面临巨大的风险。而设计的好坏将影响后续的开发活动,设计的成果应能做到:满足需求指定的功能规格说明(可能是非形式的);符合明确或隐含的性能、资源等非功能性需求;符合明确或隐含的设计条件的限制;满足设计过程的限制(如经费、时间及工具等)。

软件概要设计就是设计出软件的总体结构框架,即建立系统的模块结构和数据结构,进而对每个模块要完成的工作进行具体的描述,为编写源程序打下基础。

1. 概要设计的原则

概要设计是对需求规格说明中提供的软件系统逻辑模型进行进一步的分解,建立软件系统总体结构、设计全局数据库和数据结构,规定设计约束,制订集成测试计划,进而给出每个功能模块的功能描述、全局数据定义和外部文件定义等。概要设计产生的文档有概要设计规格说明书、数据库或数据结构设计说明书、集成测试计划等。

软件设计的原理包括抽象、分解和模块化、耦合和内聚、封装、充分性、完整性和原始性。主要关注软件的兼容性、可扩展性、容错性、可维护性、模块化、可靠性、可重用性、健壮性、安全性、可用性和互操作性。在概要设计中应该正确划分模块数量,尽量降低模块接口的复杂度,并力争做到各功能模块之间的低耦合度,而功能模块内部具有较高的内聚度。

(1)模块化。模块化是软件设计中的重要的概念。无论用什么设计方法来构造软件,对结构来说,最基本的元素就是模块。软件设计的模块化思想就是将整个系统进行分解,分解成为若干个功能独立,能分别设计、编码和调试的模块,使每个程序员能单独地负责一个或几个模块的研制,并且研制一个模块时,不需要知道系统中其他模块的内部结构和编码细节。模块化便于对复杂大型程序的管理。划分模块有一定的原则,模块太大会导致控制过于复杂,设计、实现和维护都不方便。如果模块太小,使模块数量增多,则增加了模块接口的复杂性。

(2)信息隐蔽。信息隐蔽指在设计和规定模块时,该模块内部的信息(数据与过程),应该对不需要了解这些信息的模块隐蔽起来,只有为了完成软件的总体功能而必须在模块间传递的信息才允许在模块间传递。

信息隐蔽会减少模块间因为错误而造成的互相影响。因为绝大多数数据和过程对于软件的其他部分而言是隐蔽的，也就是看不见的，在修改期间由于疏忽而引入的错误就很少可能传播到其他部分。

（3）模块独立性。模块独立性是指每个模块只完成系统要求的独立的子功能，并且与其他模块的联系最少且接口简单。在概要设计过程中要求设计出具有良好模块独立性的软件结构。对软件的可靠性、可维护性是很有帮助的。

另外，通过以下两个定性的度量标准，可以衡量软件的模块独立性：即高内聚、低耦合的原则。

耦合是软件结构中各个模块之间相互关联程度的度量，它取决于各个模块之间接口的复杂程度、调用模块的方式以及哪些信息通过接口。

内聚是模块内部各个元素彼此结合的紧密程度的度量，它是信息隐蔽和局部化概念的自然扩展。

高内聚即模块内部要高度聚合，低耦合即模块与模块之间的耦合度要尽量低。

人们在开发软件的长期实践中积累了丰富的经验，总结这些经验得出了如下一些启发式规则，这些规则能帮助设计者改进软件设计，提高软件质量。

① 模块的划分。要做到高内聚、低耦合，改进软件结构，提高模块独立性。

② 模块的大小。选择合适的模块规模，模块规模应该适中。

③ 形成的结构。模块的深度、宽度、扇出和扇入都应适当。

④ 模块的控制。模块的作用域应该在控制域之内。

⑤ 模块的接口。力争降低模块接口的复杂程度。模块的接口要简单、清晰、含义明确，便于理解，易于实现、测试与维护。

⑥ 设计单入口单出口的模块，避免"病态连接"。

⑦ 模块功能应该可以预测，但也要防止模块功能过分局限。

2. 概要设计的步骤

（1）建立目标系统的总体结构。从软件需求出发，对于大规模软件系统，可以分解划分为若干子系统，然后为每个子系统定义功能模块及各功能模块间的关系，并描述各子系统的接口界面；对于小规模软件系统，则可按软件需求直接定义目标系统的功能模块及模块间的关系。对各功能模块要给出功能描述、数据接口描述、外部文件及全局数据定义。

（2）数据库设计。根据系统的数据要求，确定系统的数据结构、文件结构。对需要使用数据库的应用领域，分析员再进一步根据系统数据要求进行数据库的模式设计，确定数据库物理数据的结构约束。

（3）模块设计。将概要设计产生的构成软件系统的各个功能模块逐步细化，形成若干个程序模块（可编程模块）。采用某种详细设计表示方法对各个程序模块进行过程描述，确定各程序模块之间的详细接口信息，拟订模块测试方案。

（4）制订测试计划。在软件设计中考虑测试问题，能提高软件可测试性。

（5）编制文档并进行审查，包括概要设计说明书、测试计划等。

3. 概要设计的方法

常见的软件概要设计方法有以控制为中心和以数据为中心两大类型。前者有代表性的是以数据流图为基础构造模块结构的结构化设计方法等；后者有代表性的是以数据结构为基础构造模块结构的 Jackson 方法等。其中结构化设计方法是目前使用最广的一种方法，尤其适用于大中型的数据处理系统。

结构化设计方法突出考虑的是如何建立一个结构良好的程序系统，它的基本思想是将系统设计成相对独立、单一功能的模块组成的结构。整个设计是以数据流为基础，由于数据流图和模块结构图之间有着一定的联系，结构化设计方法可以和需求分析中采用的结构化分析方法很好地衔接。结构化设计方法能恰当地划分模块，按功能由顶向下、由抽象到具体逐步细化，把系统分解为一个多层次的、具有独立功能的许多模块，一直分解到能简便地用程序实现的一种模块为止。结构化设计方法还能和结构化程序设计相适应。

8.2.4 详细设计

1. 详细设计的任务

详细设计的任务，是根据概要设计提供的文档，对每个模块进行明确的算法描述。确定每个模块的算法、数据结构以及各程序模块间的接口信息，选定合适的工具将其清晰准确地表达出来，并制订模块的单元测试计划。详细设计的结果决定了最终程序代码的质量。

2. 详细设计的步骤

详细设计的具体步骤如下。

（1）确定每个模块的算法。选择适当的描述工具表达每个模块算法的执行过程，写出模块的详细过程性描述。

（2）确定每个模块的数据组织。

（3）为每个模块设计一组测试用例。测试用例是软件测试计划的重要组成部分。详细设计阶段确定每个模块的测试用例，可以保证在编码阶段对模块代码进行预定测试。测试内容通常包括输入数据、期望输出结果等。测试用例由负责该模块的详细设计人员来完成。

（4）编写详细设计说明书。在详细设计结束时，把上述结果进行整理，编写出详细设计说明书，并且通过复审形式形成正式文档作为下一阶段的工作依据。详细设计文档是程序员编程的依据。

3. 详细设计的方法

详细设计的方法主要有结构化的设计方法、面向对象的设计方法等。

详细设计的描述方法主要有图形、语言和表格，其中图形描述常用程序流程图、N-S（Nassi-Shneiderman）图和问题分析图（Problem Analysis Diagram，PAD）三种描述工具，语言描述常用过程设计语言（Process Design Language，PDL）。

（1）程序流程图。

程序流程图也称为程序框图，是软件人员最熟悉的一种算法表达工具，至今仍然是我国软件人员普遍采用的一种工具，流程图的基本控制结构如图 8-3 所示。

流程图被人们普遍采用是因为它具有一些特有的优点。例如，它能把程序执行的控制流程顺序表达得十分清楚，看起来也比较直观，容易看懂。但随着结构化程序设计的普及，流程图在描述程序逻辑时的随意性与灵活性恰恰变成了它的缺点，流程图的缺点如下。

① 流程图本质上不支持逐步求精，从而使程序员过早地考虑程序控制细节，而不是考虑程序整体结构。

② 流程图中的流线转移方向任意，程序员不受任何限制，因此不符合结构化程序设计

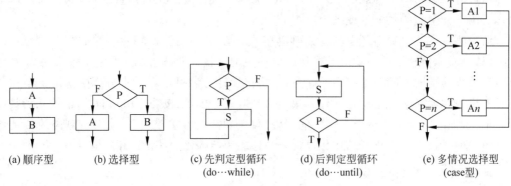

图 8-3　流程图的基本控制结构

的要求，有可能破坏单入、单出程序结构。

③ 流程图不适于表示数据结构和模块调用关系。

④ 对于大型软件而言，流程图过于琐碎，不容易阅读和修改。

绘制流程图时，应严格定义和使用流程图所使用的符号，同时必须限制在流程图中只能使用下述的 5 种基本控制结构。

① 顺序型结构。含有多个连续的程序步骤。

② 选择型结构。由某个逻辑条件式的取值决定选择两段程序中的一个。

③ 先判定型循环结构。在控制条件成立时，重复执行。

④ 后判定型循环结构。重复执行某些特定程序，直至控制条件成立。

⑤ 多选择（case）型结构。列举多种程序的情况，根据某控制变量的取值，选择执行其中之一。

（2）N-S 图。

N-S 图又称盒图，这种表达方式取消了流程线，使得表达出来的程序流程一定符合结构化程序设计原则。用 N-S 图表示的 5 种基本程序结构如图 8-4 所示。

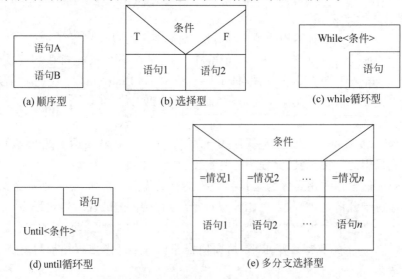

图 8-4　用 N-S 图表示的 5 种基本程序结构

与程序流程图相比,盒图具有如下优点。

① 所有的程序结构均用方框表示,因此,程序的结构非常清晰。

② 程序只有一个入口、一个出口,完全满足单入口单出口的结构化程序设计要求。

③ 它的控制转移不能任意规定,必须遵守结构化程序设计的要求。

④ 盒图形象直观,具有良好的可见度。如循环的范围、条件语句的范围等都是一目了然的。因此,设计意图容易理解,这就为编程、复查、选择测试用例、维护带来了方便。

⑤ 容易确定局部数据和全局数据的作用域。

⑥ 盒图简单,易学易用。

(3) 问题分析图。

问题分析图(PAD)是继流程图和 N-S 图之后又一种主要用于描述软件详细设计(即软件过程)的图形表达工具。问题分析图的基本原理是:采用自顶向下、逐步细化和结构化设计的原则,力求将模糊问题解的概念逐步转换为确定的和详尽的过程,使之最终可采用计算机直接进行处理。它用二维树图形表示程序流程,是一种改进的图形描述方式。与其他的详细设计描述工具相比,问题分析图具有以下优点。

① 问题分析图表达的程序过程呈树状结构,这种图容易翻译成程序代码。

② 问题分析图描绘的程序结构清晰。

③ 用问题分析图表达程序逻辑,易读、易懂、易记。

④ 问题分析图既可描述程序,又可描绘数据结构。

⑤ 问题分析图完全支持自顶向下、逐步求精的结构化方法。开始设计时设计者可以定义一个抽象的程序,随着设计工作的深入,通过使用定义符号逐步增加细节,直到完成详细设计。

⑥ 利用软件工具可以将问题分析图转换成高级语言程序,进而提高了软件的可靠性和生产率。

⑦ 问题分析图也设置了 5 种基本控制结构的图式,并允许递归使用,如图 8-5 所示。

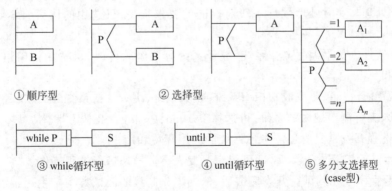

图 8-5　用问题分析图表示的 5 种程序结构

(4) 过程设计语言。

过程设计语言(PDL)是所有非正文形式的过程设计工具的统称。PDL 具有以下特点。

① PDL 虽然不是程序设计语言,但是它与高级程序设计语言非常类似,只要对 PDL 描述稍加变换就可变成源程序代码。因此,它是详细设计阶段很受欢迎的表达工具。

② 用 PDL 写出的程序,既可以很抽象,又可以很具体。因此,容易实现自顶向下、逐步

求精的设计原则。

③ PDL 描述同自然语言很接近，易于理解。

④ PDL 描述可以直接作为注释插在源程序中，成为程序的内部文档，这对提高程序的可读性是非常有益的。

⑤ PDL 描述同程序结构相似，因此利用自动产生程序比较容易。

⑥ 可以使用普通的正文编辑程序或文字处理系统，很方便地完成 PDL 的书写和编辑工作。

PDL 的缺点是不如图形描述形象直观，因此人们常常将 PDL 描述与一种图形描述结合起来使用。

8.2.5 编程

开发阶段即使用所选定的程序设计语言，根据详细设计规格说明书编写源程序，根据详细设计中对数据结构、算法分析和模块实现等方面的设计要求，开始具体地编写程序，分别实现各模块的功能，从而实现对目标系统的功能、性能、接口、界面等方面的要求，并对程序进行调试和单元测试，验证程序与详细设计文档的一致性。

1. 主要步骤

（1）选择程序设计语言。除少量对实时性要求高的项目外，大多项目采用高级程序设计语言编程。选择何种程序设计语言，取决于语言自身的特点和不同项目的应用领域。程序设计语言通常所涉及的应用领域如下。

① 科学工程计算。需要大量的标准库函数，以便处理复杂的数值计算，可供选用的语言有 FORTRAN 语言、C 语言、MATLAB 等。

② 数据处理与数据库应用。在后台 SQL 是所有关系数据库通用的语言，前端开发如果基于 B/S 模式开发，可选用 VC++、Java、.NET 等。如果基于 C/S 模式开发可选用 VC++、VB、PB 等。

③ 实时处理。实时处理软件一般对性能的要求很高，可选用的语言有汇编语言、Ada 语言等。

④ 系统软件。如果编写操作系统、编译系统等系统软件时，可选用汇编语言、C 语言、Pascal 语言和 Ada 语言。

⑤ 人工智能。如果要完成知识库系统、专家系统、决策支持系统、推理工程、语言识别、模式识别等人工智能领域内的系统，可选择 Python、Prolog、LISP 语言。

此外在选择开发工具时还需考虑系统的应用环境和用户熟悉程度。

（2）编程。确定开发工具后，即可组织开发人员分模块进行编程工作。

（3）进行程序单元测试。开发完成后，依据事先制订的测试方案产生一批测试数据，按照规定的方法进行程序单元测试。

（4）编写完整的文档。编写编程过程中对程序的描述说明、接口说明、测试文档等。

2. 编程要求

为确保程序质量，编程过程中程序员要掌握结构化程序设计、编程等技术方法，抓住程序设计语言或数据库操纵语言的特点，精心考虑程序的结构和文件组织，使编制出的程序易读、易懂、易维护、易移植，执行效率高。编写代码需要统一编写规范，具体要求如下。

（1）要尽量选择符合国家标准的、适用的程序设计语言，采用结构化的程序设计方法。

（2）养成良好的程序设计风格。

（3）利用适当的软件工具辅助编程，以提高生产率和减少程序中的错误。

（4）不仅要考虑对合法的输入产生测试用例，而且要对非法的、非预期的输入产生测试用例。既要对正常的处理路径进行测试，也要考虑对出错处理路径进行测试。程序模块的测试用例、预期结果及测试结果应存档保留。

3. 良好的程序设计风格

一般来说，良好的程序设计风格应注意如下问题。

（1）标识符。定义标识符要尽量做到"见名知义"。

（2）注释。加入适当的注释，一些正规的程序中注释行占整个程序的 $\frac{1}{3} \sim \frac{1}{2}$，甚至更多。

（3）书写格式。不同的程序单元应用空行隔开，不要在一行上书写多条语句，对于嵌套的循环或分支结构使用缩排格式。

（4）应对程序中要使用的数据加以说明，并规定变量按类型说明的次序。

（5）程序中的语句应写得简明、直截了当，避免使用华而不实的程序设计技巧。

（6）程序执行效率主要依靠好的设计和优秀的算法达到，不能指望从语句的改进方面获得很大提高。

8.2.6　软件测试

1. 软件测试的主要任务

软件测试就是通过人工或自动手段运行或测定某个系统的过程，其目的在于检验系统是否满足规定的需求或弄清预期结果与实际结果之间的差别，检查程序是否正确。

软件测试的主要任务就是以较少的用例、时间和人力找出软件中潜在的各种错误和缺陷，以确保系统的质量。

任何软件，在开发的各个阶段都可能会遇到复杂的情况，加上开发人员的主观认识不可能完美无缺，因而会不可避免地出现错误。软件测试就是要找出并排除这些错误。如果在软件正式运行之前，没有发现并纠正软件中的大部分错误，这些差错迟早会在运行中暴露出来，那时不仅改正错误的代价更大，而且往往会造成很恶劣的后果。所以软件在投入运行之前，必须通过测试以尽可能多地发现并纠正在需求分析、概要设计、详细设计以及编码中存在的错误，提高软件的质量。

2. 软件测试的原则

软件测试是保证软件可靠性的主要手段，此阶段的任务是艰巨而繁重的。测试过程中需要建立详细的测试计划并严格按照测试计划进行测试，以减少测试的随意性。测试计划、测试方案和测试结果直接影响软件的质量和可维护性，需要仔细记录和保存。

在软件测试过程中应该注意如下原则。

（1）由第三方进行测试会更客观、更有效。

（2）应尽早和不断地进行软件测试。

（3）测试用例的设计要合理。

（4）排除测试的随意性。

（5）应当对每个测试结果进行全面检查。

（6）妥善保存测试用例和测试文档。

3. 软件测试的方法

软件测试主要有白盒测试和黑盒测试两种方法。

（1）白盒测试。

白盒测试又称为结构测试或逻辑驱动测试，即把程序看成装在一个透明的白盒子里，测试者完全知道程序的结构和处理算法。

白盒测试是对软件的过程性细节做细致的检查。它允许测试人员利用程序内部的逻辑结构及有关信息，设计或选择测试用例，对程序所有逻辑路径进行测试。通过在不同点检查程序的状态，确定实际的状态是否与预期的状态一致。

逻辑覆盖法是白盒测试方法中比较实用的测试用例设计方法。采用逻辑覆盖原则设计测试用例进行测试也称为逻辑驱动测试，是从程序内部的逻辑结构出发选取测试用例的方法。使用这一方法要求测试人员对程序的逻辑结构有清楚的了解，甚至要能掌握源程序的所有细节。由于覆盖的目标不同，逻辑覆盖又可分为语句覆盖、判定覆盖、条件覆盖、判定与条件覆盖及路径覆盖。这5种覆盖标准发现错误的能力呈由弱到强的变化。

① 语句覆盖。语句覆盖指选择足够多的测试数据，使被测程序中每个语句至少执行一次。

② 判定覆盖。判定覆盖又称分支覆盖，即不仅每个语句必须至少执行一次，而且每个判定的每种可能的结果都应该至少执行一次，也就是每个判定的每个分支都至少执行一次（真假分支均被满足一次）。

③ 条件覆盖。设计若干测试用例，然后执行被测程序以后，要使每个判断中每个条件的可能取值至少满足一次。

④ 判定与条件覆盖。判定与条件覆盖要求设计足够多的测试用例，使得判断中每个条件的所有可能至少出现一次，并且每个判断本身的判定结果也至少出现一次。

⑤ 路径覆盖。按路径覆盖要求进行测试是指设计足够多测试用例，要求覆盖程序中所有可能的路径。

例 8.1 用路径覆盖测试法判定图 8-6 中所有可能的条件组合。

$a>5$ 和 $a \leqslant 5$ 有两种，$b<0$ 和 $b \geqslant 0$ 有两种，共有 $2 \times 2 = 4$ 种。

```
a > 5 && b < 0
a > 5 && b >= 0
a <= 5 && b < 0
a <= 5 && b >= 0
```

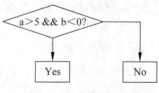

图 8-6　路径覆盖示例

（2）黑盒测试。

黑盒测试法又称为功能测试，即把程序看作一个黑盒子，完全不考虑程序的内部结构和处理过程。

用这一方法进行测试时，测试者只能依靠程序需求规格说明书，从可能的输入条件和输出条件中确定测试数据,也就是根据程序的功能或程序的外部特性设计测试用例。由于黑盒测试不可能使用所有可以输入的数据,因此只能从中选择一部分具有代表性的输入数据,以期用较小的代价暴露出较多的程序错误。黑盒测试法包括等价类划分、边值分析、错误推测等。

① 等价类划分。穷尽的黑盒测试需要使用所有有效的和无效的输入数据来测试程序,这是不现实的。因此,只能选取少量最有代表性的输入数据,以期用较小的代价暴露出较多的程序错误。等价类分为有效等价类和无效等价类,其中,有效等价类是指对于程序的规格说明来说是合理的,有意义的输入数据构成的集合;而无效等价类是指对于程序的规格说明来说是不合理的,没有意义的输入数据构成的集合。

确定等价类的原则如下。

- 在输入条件规定了取值范围或值的个数的情况下,则可以确定一个有效等价类和两个无效等价类,例如若规定的输入是 $1 < x < 10$ 的所有数,则有效的是 $1 \sim 10$ 的任意数,而无效的是 $-\infty \sim 0.9999$ 和 $10.000\,01 \sim +\infty$。

- 在输入条件规定了输入值的集合或者规定了"必须如何"的条件的情况下,则可以确定一个有效等价类和一个无效等价类。

- 在输入条件是一个布尔量的情况下,可以确定一个有效的等价类和一个无效的等价类。

- 在规定了输入数据的一组值(假定 n 个),并且程序要对每个输入值分别处理的情况下,可以确定 n 个有效等价类和一个无效等价类。

- 在规定了输入数据必须遵守的规则的情况下,可以确定一个有效等价类(符合规则)和若干个无效等价类(从不同角度违反规则)。

- 在确知已划分的等价类中各元素在程序处理中的方式不同的情况下,则应将等价类进一步划分为更小的等价类。

例 8.2 设计测试用例,实现对所有实数进行开平方运算 $y = \mathrm{sqrt}(x)$ 程序的测试。

由于开平方运算只对非负实数有效,需要将实数范围进行划分为负实数、0、正实数,因此测试用例可选为 -1.6、0、1.6。

② 边值分析。实验表明,大量的错误是发生在输入或输出范围的边界上的,而不是在输入范围的内部。因此设计使程序运行在边界情况附近的测试方案,暴露出程序错误的可能性更大一些。

例如做三角形计算时,要输入三角形的 3 个边长 A、B 和 C,这 3 个数值应当满足 $A > 0$,$B > 0$,$C > 0$,$A + B > C$,$A + C > B$,$B + C > A$,才能构成三角形。但如果有任何一个不等式的">"错写成"≥",那就不能构成三角形。问题恰恰出现在容易被忽视的边界附近。这里所说的边界是指相当于输入等价类和输出等价类而言,稍高于或稍低于其边界值的一些特定情况。

边值分析的基本思想是使用在最小值、略高于最小值、正常值、略低于最大值和最小值处取输入变量值。

例如,如果文本编辑框允许输入 $1 \sim 255$ 个字符,那么可以选取合法输入为 1 个字符和 255 个字符,非法输入为 0 个字符和 256 个字符。

③ 错误推测。人们可以凭借经验、直觉和预感测试软件中可能存在的各种错误,从而

有针对性地设计测试用例。根据经验积累和直觉判断，列出软件中所有可能存在的错误和容易发生错误的情况，针对这些情况选择测试用例。

例如测试一个排序程序，可以选择输入空的值、输入一个数据、所有输入数据均相等、所有输入数据有序排列、所有输入数据逆序排列等进行错误推测。

4. 软件测试的步骤

大型软件系统通常由若干个子系统组成，每个子系统又由许多模块组成。系统测试过程必须分步骤进行，每个步骤在逻辑上都是前一个步骤的继续。大型软件系统的测试基本上由下述 5 个步骤组成：单元测试、集成测试、确认测试、系统测试和验收测试，如图 8-7 所示。

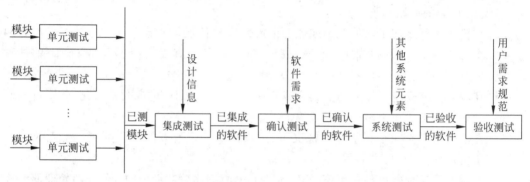

图 8-7 软件测试过程

（1）单元测试。

单元测试又称模块测试，在软件设计中，每个模块要完成一个子功能，模块间是相对独立的。通过模块测试可以发现编程和设计中的错误，保证每个模块作为一个单元正确运行。测试方法可选用白盒法，并用黑盒法加以补充。

（2）集成测试。

集成测试是指当模块编码完成并进行过单元测试之后，需要根据软件结构图将模块连接起来进行测试。测试主要发现的是概要设计阶段所犯的错误，如模块接口问题，即模块之间的协调与通信。如数据穿过接口时可能会丢失；一个模块对另一个模块可能由于疏忽而造成损害。集成测试通常采用黑盒法。

（3）确认测试。

确认测试是对照软件需求规格说明书，把软件系统作为单一的实体进行测试。

（4）系统测试。

系统测试也是把软件系统作为一个整体进行测试。内容是系统与其他部分配套运行的情况，如与硬件、数据库、其他软件和操作人员的协调、通信条件等。

（5）验收测试。

测试内容与系统测试基本类似，但是验收测试是在用户参与下进行的，而且主要使用实际数据进行测试，这样就可验证软件是否确实能够满足用户的需要。

5. 软件调试

软件调试和软件测试是两个不同的过程，但又是相互伴随、相互交叉进行的。软件测试发现软件存在的错误后，通过采用不同的调试手段进行调试，找出出错代码。调试完毕后，再次对软件进行测试,这样反复进行,直到软件达到质量要求为止。

调试活动由两部分组成。

(1)确定程序中错误的性质和位置。

(2)对程序进行修改,排除这个错误。

在程序修改的过程中应该注意以下事项。

(1)在出现错误的地方很可能还有别的错误。

(2)不要只修改错误的征兆和表现,要找到错误产生的真正原因,症状和原因出现的地方可能相隔很远,要修改错误的本质。

(3)小心修改一个错误时可能引入新的错误。

(4)不要试图直接修改目标代码来修改错误,应当修改源程序,因为,当程序重新编译或汇编时,错误又会重现。

8.2.7　软件维护

软件维护就是在软件产品投入使用之后,为了改正软件产品中的错误或满足用户对软件的新需求而修改软件的过程。

软件运行与维护是软件生命周期中的最后一个时期,也是持续时间最长的阶段。一个大中型软件系统的开发周期一般为 1～3 年,而运行周期可达 5～10 年。在这么长的时间内,除了要改正软件中残留的错误外,还可能多次更新软件的版本,以适应改善的运行环境(包括硬件和软件)、加强产品性能等需要。

每项维护活动实质上都是一次压缩和简化了的软件定义和软件开发过程,都要经历提出维护要求、分析维护要求、提出维护方案、审批维护方案、确定维护计划、修改软件设计、修改程序、测试程序、评审、验收等步骤。

据统计,软件维护人员为了分析和理解原软件系统所花费的工作量占整个维护工作量的 60% 以上,在软件开发过程中应重视对软件可维护性的支持。

1. 软件维护的内容

软件维护主要包括以下 4 方面:

(1)改正性维护。

改正性维护是软件交付使用后,由于在开发时测试得不彻底、不完全,必然会有一部分隐藏的错误被带到运行阶段来。这些隐藏下来的错误在某些特定的使用环境下会暴露出来,为了识别和纠正软件错误,改正软件性能上的缺陷,排除实施中的误使用,应进行诊断和改正错误,即改正性维护。例如,修改程序漏洞等。

(2)适应性维护。

适应性维护是为适应环境的变化而修改软件的活动。因为信息技术发展迅速,计算机软硬件更新换代速度很快,为了使软件适应这种变化,必须修改软件。例如,用户硬件更新变化,操作系统更换等都需应用软件做相应调整。

(3)完善性维护。

在软件的使用过程中,用户往往会对软件提出新的功能与性能要求。为了满足用户的这些要求,需要修改或再开发软件,以扩充软件功能,增强软件性能,提高工作效率,提高软件的可维护性,这种情况下进行的维护活动叫作完善性维护。例如用户新增某项功能、报表中修改某项内容或格式等。

（4）预防性维护。

预防性维护是为了进一步改善软件系统的可维护性和可靠性，并为以后的改进奠定基础。例如进入 2000 年之时的世界范围内的"千年虫"问题，如做了预防性维护就可有效避免。

2. 软件维护的要求

软件维护必须在严格的管理控制下进行，避免错上加错情况的出现。软件维护过程中的要求如下。

（1）尽量避免出现修改的副作用，在修改前要权衡利弊，全面考虑。

（2）在有效的管理控制下，有步骤地进行修改，软件修改后要通过测试。

（3）文档在软件使用和维护中的作用至关重要，要与程序代码同时维护。

软件维护时，最常见的问题是文档不齐全或者甚至没有文档。由于追赶开发进度等原因，开发人员修改程序时往往忽略对相关的规格说明文档和设计文档进行更新，从而造成只有源代码是维护人员可用的唯一文档。由于软件开发人员的频繁变动，当初的开发人员在维护阶段开始前也许已经离开了该团队，这就使得维护工作变得更加困难。软件使用和维护中要交付软件问题报告和软件修改报告两个文档。

总之，软件使用和维护是软件生存周期的最后一个阶段，也是最费时、费力的一个阶段。由于软件工程的主要目的之一就是提高软件的可维护性，因而软件开发各阶段都要充分考虑软件维护问题。

8.3 软件开发方法

软件开发是根据用户要求建造出软件系统或者系统中部分软件的过程。它是一项包括需求捕捉、需求分析、需求设计、实现、测试和维护的系统工程。

8.3.1 常用的软件开发方法

常用的软件开发方法有结构化开发方法、原型开发方法以及面向对象开发方法等。

1. 结构化开发方法

结构指系统内各组成要素之间的相互联系、相互作用的框架。结构化开发方法的基本思想是：用系统工程的思想和工程化的方法，按照用户至上的原则，结构化、模块化、自上而下地对系统进行分析，实现开发的方法。

结构化开发方法包括结构化分析（SA）、结构化设计（SD）和结构化程序设计（SP）。

（1）结构化分析。

结构化分析是一种模型的确立活动，就是使用独有的符号来确立描绘信息（数据和控制）流和内容的模型，划分系统的功能和行为，以及其他为确立模型不可缺少的描述，其基本步骤如下。

① 构造数据流模型。根据用户当前需求，在创建实体-关系图的基础上，依据数据流图构造数据流模型。

② 构建控制流模型。一些应用系统除了要求用数据流建模外，通过构造控制流图构建控制流模型。

③ 生成数据字典。对所有数据元素的输入输出、存储结构,甚至中间计算结果进行有组织的列表。目前一般采用 CASE 的"结构化分析和设计工具"来完成。

④ 生成可选方案,建立需求规约。确定各种方案的成本和风险等级,据此对各种方案进行分析,然后从中选择一种方案,建立完整的需求规约。

（2）结构化设计。

结构化设计是采用最佳的可能方法设计系统的各个组成部分以及各成分之间的内部联系的技术,目的在于提出满足系统需求的最佳软件的结构,完成软件层次图或软件结构图。其基本步骤如下。

① 研究、分析和审查数据流图。从软件的需求规格说明中弄清数据流加工的过程。

② 根据数据流图决定问题的类型。数据处理问题有两种典型的类型:变换型和事务型。针对两种不同的类型分别进行分析处理。

③ 由数据流图推导出系统的初始结构图,也就是把数据流图映射到软件模块结构,设计出模块结构的上层。

④ 利用一些试探性原则来改进系统的初始结构图,直到得到符合要求的结构图为止,即在数据流图的基础上逐步分解高层模块,设计中、下层模块,并对软件模块结构进行优化,最终得到更为合理的软件结构。

⑤ 描述模块接口。

⑥ 修改和补充数据词典。

⑦ 制定测试计划。

结构化设计可以将用数据流图表示的信息转换成程序结构的设计描述。

（3）结构化程序设计。

结构化程序设计使用基本控制结构构造程序,任何程序都可以由顺序结构、选择结构和循环结构构造。

（4）方法特点。

结构化开发方法归纳起来有如下特点。

① 强调面向用户的原则,使系统开发人员和用户密切联系。及时交流信息,从而有利于及时发现并解决问题,提高系统开发质量。

② 严格按照阶段顺序进行。在运用结构化开发方法进行系统开发时,每个阶段都以前一阶段的结果为依据,因此基础扎实,不易返工,有利于对整个开发工作实现工程化的项目管理。

③ 自上而下地分析。将复杂的大问题分解为小问题,找出问题的关键和重点所在,同时找出技术难点;然后用精确的思维定性、定量地描述问题。问题的核心是"分解"。

④ 模块化处理。把程序划分成若干个模块,每个模块完成一个子功能,把这些模块汇总起来构成一个有机体,即可完成指定的功能。模块化的目的是降低软件复杂度,使软件设计、调试和维护等操作变得简易。

⑤ 工作文档的规范化和标准化原则。阶段性的成果采用规范化、标准化的格式和术语、图表等形式组织文档,便于开发人员和用户的交流。

但是,结构化开发方法也存在以下缺点。

① 系统开发周期过长,并由此带来了一系列问题(如在漫长的开发周期中,系统需求及

运行环境等发生变化）。

② 这种方法要求系统开发者在开发初期就全面认识系统的各方面的需求、管理状况以及预见可能发生的变化，这不太符合人们循序渐进地认识事物的规律性。

③ 结构化开发方法存在的主要问题是技术上要求高，开发周期长，费用较高，以及由于用户的需求事先就已经严格确定，容易与新系统的实际成果产生较大差距等。

结构化开发方法适用于一些组织相对稳定、业务处理过程规范、需求明确且在一定时期内不会发生较大变化的复杂系统的开发，主要适用于规模较大、结构化程度较高的系统的开发。

2. 原型开发方法

运用结构化开发方法的前提条件是要求用户在项目开始初期就非常明确地陈述其需求，需求陈述出现错误，对信息系统开发的影响尤为严重，因此，这种方法不允许失败。事实上这种要求又难以做到。人们设想，有一种方法，能够迅速发现需求错误。当图形用户界面（Graphic User Interface，GUI）出现后，自 20 世纪 80 年代中期以来，原型开发方法逐步被接受，并成为一种流行的信息系统开发方法。

（1）基本思想与原理。

原型开发方法是开发者在初步了解用户需求的基础上，构造、设计和开发一个系统初始模型，该模型称为原型或骨架（一个可以实现的系统应用模型）。开发人员和用户在此基础上共同探讨、改进和完善方案，开发人员再根据方案对原型进行修改得到新的模型，再征求用户意见，如此反复，直到用户满意为止。

（2）开发阶段划分。

原型开发方法的开发过程可以归纳为 5 个步骤。

① 确定系统的基本需求和功能。用户向开发者提出对系统的基本需求，开发者据此确定系统的范围和应用具有的基本功能、人机界面等，得到一个简单的模型。

② 构建初始快速原型。系统开发人员在明确了系统基本需求和功能的基础上，依据模型，以尽可能快的速度和使用强有力的开发工具构建一个初始模型。

③ 运行、评价初始原型。初始模型建成后，就要立即投入试运行，各类人员对其进行试用、评价和分析。

④ 修改与完善。由于构造模型时强调的是快速，省略了许多细节，一定存在许多不合理的地方。所以，在试用中开发者和用户之间要充分地进行沟通，对用户提出不满意的地方要进行认真修改与完善，直到用户满意为止。

⑤ 建成系统模型。如果开发者和用户对原型比较满意，双方还应在原型基础上，将为了快速开发而在开发初始原型过程中省略了的许多细节补充到系统中，进一步进行各方面的完善，使其最后形成一个适用的系统。

原型开发方法的关键是通过迭代，逐步逼近用户的需求目标。

（3）方法特点。

① 原型开发方法的开发周期短，费用相对较少。

② 由于原型开发方法强调用户的参与，系统的开发容易符合用户的实际需要，所以系统开发的成功率高，容易被用户接受。

③ 由于用户参与了系统开发的全部过程，对系统的功能和性能有更充分的了解，有利于系统的运行、管理和维护。

但是由于原型开发方法开发系统中的随意性大,所以它还有以下缺点。

① 对于大型系统或复杂的系统,没有充分的整体规划和系统分析,很难构造出原型。

② 对于大量运算的、逻辑性较强的程序模块很难构造出模型供人评价。

原型开发方法的适用范围有限,适用于小型、简单、处理过程比较明确、没有大量运算和逻辑处理过程的系统。不适合大型、复杂以及难以模拟系统;存在大量运算、逻辑性强的处理系统;管理基础工作不完善、处理过程不规范的应用环境以及大量批处理系统。

3. 面向对象开发方法

面向对象开发方法是以面向对象程序设计语言为基础的开发方法,其核心思想是利用面向对象的概念和方法为软件需求建立模型,进行系统设计,采用面向对象程序设计语言进行系统实现,对建成的系统进行面向对象的测试和维护。

面向对象方法是建立在"对象"概念基础上的方法学。该方法主要由面向对象分析(Object-Oriented Analysis,OOA)、面向对象设计(Object-Oriented Design,OOD)和面向对象程序设计(Object-Oriented Programming,OOP) 3部分构成。对象是由数据和容许的操作组成的封装体,与客观实体有直接对应关系,一个对象类定义了具有相似性质的一组对象。而继承性是对具有层次关系的类的属性和操作进行共享的一种方式。所谓面向对象就是基于对象概念,以对象为中心,以类和继承为构造机制来认识、理解、刻画客观世界和设计、构建相应的软件系统。

(1)基本思想。

客观世界由各种对象(object)组成,任何客观事物都是对象,对象是在原事物基础上抽象的结果。任何复杂的事物都可以通过对象的某种组合结构构成。面向对象方法有以下要点。

① 把客观事物看成是由对象组成的,对象是事物抽象的结果。复杂的对象可以由简单的对象组成。系统中的任何元素都是对象。

② 对象由属性和操作组成,其属性反映了对象的数据信息特征,而操作则用来定义对象的行为。

③ 对象之间的联系是通过消息传递机制来实现的。

④ 对象可以按其属性来归类,一个类的上层可以有父类,下层可以有子类,形成类的层次结构,子类可以通过继承机制获得其父类的特性。

⑤ 对象是一个被严格模块化的实体,称为封装(encapsulation)。这种封装了的对象满足软件工程的一切要求,而且可以直接被面向对象的程序设计语言所接受。

(2)基本原理。

面向对象方法是在各种面向对象的程序设计方法的基础上逐步发展起来的一种新的软件开发方法。它提出了一种全新的系统分析思想和方法。面向对象方法的出发点和基本原则是模拟人类日常生活的逻辑思维方式。在开发一个系统时,使描述问题的问题空间与解决问题的方法空间在结构上尽可能一致。面向对象的开发方法基于类和对象的概念,把客观世界的一切事物都看成是由各种不同的对象组成,每个对象都有各自内部的状态、机制和规律;按照对象的不同特性,可以组成不同的类。不同的对象和类之间的相互联系和相互作用构成了客观世界中不同的事物和系统。

(3)开发阶段。

采用面向对象方法,首先要进行系统调查和系统分析,作为今后系统开发的依据。然后,按照前期进行系统调查和系统分析的结果,进行下一阶段的工作。

① 面向对象分析(OOA)阶段。面向对象分析阶段是一个抽取和整理用户需求,并建立问题域精确模型的过程。此阶段的关键是利用信息模型技术识别问题域中的对象实体,标识对象之间的关系,确定对象的属性和操作,建立系统的对象模型。

② 面向对象设计(OOD)阶段。对系统分析的结果进一步抽象、归类和整理,确定系统的物理模型形式。

③ 面向对象程序设计(OOP)阶段。根据面向对象设计的结果,利用面向对象的程序设计语言进行编程。

④ 面向对象测试阶段。运用面向对象的技术进行软件或系统的测试和调试。

(4) 方法特点。

① 与人类的思维方式一致。面向对象方法使系统的描述及信息模型的表示与客观实体相对应,与人类使用现实世界的概念抽象地思考问题和解决问题的思维方式一致。

② 稳定性好。面向对象的系统是基于问题域的模型,而不是以算法和应完成的功能分解而建立起来的,所以当对系统的功能需求发生变化时,并不会引起系统结构的整体变化。只要现实世界的实体是相对稳定的,以对象构造的系统也就比较稳定。

③ 可重用性好。把对象的属性和操作捆绑在一起,可提高对象的内聚性,并减少与其他对象的耦合。对象所固有的封装性和信息隐蔽机理,使得对象的内部实现与外部隔离,而由此具有较强的独立性,这为对象复用提供了可能性和方便性。在继承结构中,子类对父类的继承,其本身就是对父类的属性和操作的复用。

④ 可维护性好。由于面向对象的系统稳定性比较好,对象又具有较强的独立性,面向对象的软件技术与人类的思维方式相符,因此面向对象的系统比较容易理解,容易修改,也易于测试和调试。

但是,面向对象的开发方法也存在着明显不足。首先,必须依靠一定的软件技术支持;其次,在大型项目的开发上,具有一定的局限性,必须以结构化方法的自顶向下的整体性系统调查和分析作为基础,否则,同样会存在系统结构不合理、关系不协调的问题。

目前广泛使用的面向对象开发方法包括 Booch 方法、Rumbaugh 方法、Coad 和 Yourdon 方法、Jacobson 方法、Wirfs-Brock 方法和统一建模方法等。

8.3.2 软件开发方法的选择及评价

在实际软件开发中,如何选择适宜的开发方法,应综合考虑以下因素。

(1) 开发人员的基本素质及经验阅历。主要看软件开发人员是否对该方法有经验或受过专门训练。

(2) 项目进度安排及人员组成情况。要根据开发项目的时间限度、人员配备进行选择。

(3) 现有资源状况。考查现有的软硬件环境及可使用的 CASE 工具等。

(4) 进行可行性研究。从计划、组织、管理各个环节综合考虑。

选择软件开发方法后,还涉及对所选的开发方法进行评价。一般来说,可以从以下 4 方面来进行评价。

(1) 技术特征。支持各种技术概念的方法特点。

(2) 使用特征。具体开发时的有关特点。

（3）管理特征。增强软件开发活动管理能力方面的特点。

（4）经济特征。使开发部门的生产力得到提高的有关特点。

8.4　计算机辅助软件工程

计算机辅助软件工程（Computer Aided Software Engineering，CASE）是计算机技术在系统开发活动、技术和方法中的应用，是软件工具与开发方法的结合体。可以简单地把CASE理解为

CASE＝软件工程＋自动化软件工具

CASE的一个基本思想就是提供一组能够自动覆盖软件开发生命周期各个阶段的集成的、减少工作量的工具，使用CASE工具能自动化管理项目活动，辅助工程师完成软件的分析、设计、编码和测试工作。

CASE是一种开发环境，是20世纪80年代末从计算机辅助工具、第四代语言、绘图工具发展而来。CASE工具是指用户使用CASE去开发一个系统时所接触到的软件工具。CASE工具和技术可以提高系统分析和程序员的工作效率。

8.4.1　CASE工具的功能

CASE工具有如下功能。

（1）解决了从客观世界对象到软件系统的直接映射问题，强有力地支持软件、信息系统开发的全过程，使原型化方法和面向对象方法付诸实施，使结构化方法更加实用。

（2）辅助软件开发过程中的项目管理，提高了软件开发的效率和软件的质量，实现软件系统开发的自动化。

（3）能自动生成部分程序代码，减轻了编码人员的编程工作，加速了系统的开发过程。

（4）可以生成各种规格说明文档，而且对文档进行修改和更新极为方便。

（5）快速生成经过优化了的系统结构图，包括各级子系统、数据流程图以及其他分析和设计中的专门图形。图示工具提供给用户、分析人员和编程人员一种都易理解的描述方式，并辅助系统分析员和总体设计员进行系统分析和设计。

8.4.2　常用CASE工具

CASE工具种类很多，包括设计工具、编程工具、维护工具等。按照CASE工具的功能，可以将它们划分为以下9类。

（1）事务系统规划工具（business systems planning tools）。

（2）项目管理工具（project management tools）。

（3）支撑工具（support tools）。

（4）分析和设计工具（analysis and design tools）。

（5）程序设计工具（programming tools）。

（6）测试工具（testing tools）。

（7）原型建造工具（prototyping tools）。

（8）维护工具（maintenance tools）。

（9）框架工具（framework tools）。

按用户开发系统所接触到的软件工具可分为以下 5 类。

（1）图形工具。绘制结构图、系统专用图。

（2）屏幕显示和报告生成的各种专用系统。可支持生成一个原型。

（3）专用检测工具。用以测试错误或不一致的专用工具及其生成的信息。

（4）代码生成器。从原型系统的工具中自动产生可执行代码。

（5）文件生成器。产生结构化方法和其他方法所需要的用户系统文件。

以下简单介绍目前国内使用较多的几种 CASE 工具。

1. 需求分析工具 ERwin

ERwin 用来建立实体-关系（Entity-Relationship，E-R）模型，是关系数据库应用开发的优秀 CASE 工具。ERwin 主要用来建立数据库的概念模型和物理模型。它能用图形化的方式描述出实体、联系及实体的属性，并根据模板创建相应的存储过程、包、触发器、角色等，还可编写相应的 PowerBuilder 扩展属性，如编辑样式、显示风格、有效性验证规则等。ERwin 可以实现将已建好的 E-R 模型到数据库物理设计的转换，即可在多种数据库服务器（如 Oracle、SQL Server、Watcom 等）上自动生成库结构，提高了数据库的开发效率。

ERwin 可以进行逆向工程，能够自动生成文档，支持与数据库同步，支持团队式开发，所支持的数据库多达 20 多种。ERwin 数据库设计工具可以用于设计生成客户机/服务器、Web、Intranet 和数据仓库等应用程序数据库。

2. 绘图工具 Visio

Visio 是目前国内使用最多的一种 CASE 工具。它提供了日常使用中的绝大多数框图的绘画功能（包括信息领域的各种原理图、设计图），同时提供了部分信息领域的实物图，是最通用的硬件、网络平台等图表设计软件。

作为图形化解决方案开发平台，Visio 具有强大的图形建模功能、交互的图元控制环境，支持其他编程语言的二次开发，而且支持 UML（Unified Modeling Language，统一建模语言）的静态和动态建模，对 UML 的建模提供了单独的组织管理，可以与 Word 集成。一般而言，开发的软件需要频繁操作图形，而且对图形操作要求灵活多变以及要求较高的图形设计精度时可以选择使用 Visio 作为开发平台。

3. 系统建模工具 PowerDesigner

PowerDesigner 是 Sybase 公司推出的企业级建模和设计工具，它是基于实体-关系的数据模型，是一款开发人员常用的数据库建模工具。通过它，用户可以分别从概念数据模型和物理数据模型两个层次对数据库进行设计。概念数据模型描述的是独立于数据库管理系统（DBMS）的实体定义和实体关系定义；物理数据模型是在概念数据模型的基础上针对目标数据库管理系统的具体化。

利用 PowerDesigner 可以制作数据流程图、概念数据模型、物理数据模型，可以生成多种客户端开发工具的应用程序，还可以为数据仓库制作结构模型，也能对团队设备进行控制，如概念模型的合并与分解功能。PowerDesigner 支持如下几种模型。

（1）业务处理模型。主要用于需求分析阶段，主要从业务人员的角度对业务逻辑和规则进行详细描述和分析，用流程图等图示方式展示业务处理过程，主要包括 BPM 业务处理模型、CDM 概念模型、LDM 逻辑模型、PDM 物理模型、ILM 信息流模型。

（2）概念数据模型。概念数据模型是一组严格定义的模型元素的集合，这些模型元素精确地描述了系统的静态特性、动态特性以及完整性约束条件等。

（3）物理数据模型。提供了系统初始设计所需要的基础元素，以及相关元素之间的关系。

（4）面向对象模型。面向对象模型是一种利用 UML 建模语言来描述系统的模型。

（5）需求模型。需求模型是一个文档模型，帮助用户列出和准确定义开发过程必须实现什么功能。

（6）自定义模型。信息流动模型、XML 模型等。

4. 开发工具 Visual Studio

Visual Studio(VS)是微软公司推出的开发环境，是目前最流行的 Windows 平台应用程序开发环境。Visual Studio 是一个基本完整的开发工具集，它包括了整个软件生命周期中所需要的大部分工具，如 UML 工具、代码管控工具、集成开发环境(IDE)等。它提供了日常使用中的绝大多数框图的绘画功能，同时提供了部分信息领域的实物图。Visual Studio 可以用来创建 Windows 平台下的 Windows 应用程序和网络应用程序，也可以用来创建网络服务、智能设备应用程序和 Office 插件。所写的目标代码适用于微软支持的所有平台，不仅用于生成 ASP. NET Web 应用程序、XML Web Services，而且支持桌面应用程序和移动应用程序，能够进行工具共享，并能够轻松地创建混合语言解决方案。另外，Visual Studio 使用. NET Framework 的功能，它提供了可简化 ASP Web 应用程序和 XML Web Services 开发的关键技术。

5. 项目管理工具 Microsoft Project

Microsoft Project 是由微软公司开发的项目规划和管理软件，被广泛应用于信息技术、建筑、铁路、公路、航空航天、水利及科学研究的各个领域，深受广大项目管理工程师的青睐。目的在于协助项目经理发展计划、为任务分配资源、跟踪进度、管理预算和分析工作量，已成为了世界上最受欢迎的项目管理软件。

项目管理是项目管理者在有限的资源约束下，运用系统的观点、方法和理论，对项目涉及的全部工作进行有效的管理，即对项目的投资决策开始到项目结束的全过程进行计划、组织、指挥、协调、控制和评价，以达到项目的目标。项目管理包括项目范围管理、项目时间管理、项目成本管理、项目质量管理、人力资源管理、项目沟通管理、项目风险管理、项目采购管理、项目集成管理等。

在对项目进行管理时，常常需要指定项目范围；确保项目时间；节省项目成本；应对项目风险；与项目干系人及工作组成员沟通；对人力资源进行管理合理利用；确定项目质量；管理项目采购招标以及为了确保各项工作有机协调配合进行综合管理等。Microsoft Project 作为一个功能强大、使用灵活的项目管理软件，可以帮助用户完成如下的工作。

（1）共享项目信息。

（2）编制和组织信息。

（3）跟踪项目。

（4）方案的优化度分析。

（5）信息计算。

（6）检测和维护。

Microsoft Project 包含功能强大的日程安排、任务管理，日程表可以以甘特图形象化。

甘特图是 Microsoft Project 的默认视图，用于显示项目的信息。视图的左侧用工作表显示任务的详细数据，例如任务的工期、任务的开始时间和结束时间，以及分配任务的资源等。视图的右侧用条形图显示任务的信息，每一个条形图代表一项任务，通过条形图可以清楚地表示出任务的开始和结束时间，各条形图之间的位置则表明任务是一个接一个进行的，还是相互重叠的。图 8-8 就是一个典型的甘特图。

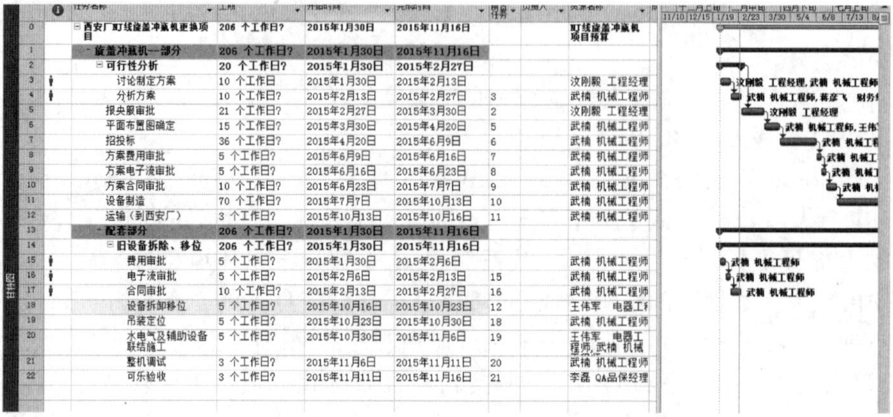

图 8-8　甘特图示例

另外，Microsoft Project 可以辨认不同类别的用户。这些不同类别的用户对方案和其他资料有不同的访问级别。

8.4.3　CASE 工具的使用策略

1. 使用前策略

（1）如果要使用好 CASE 工具软件，需要了解自己准备采用的系统开发方法，采用成熟的 SA/SD 方法或采用较为先进的 OOA/OOD 方法。

（2）如果要采用 OOA/OOD 方法，应该对面向对象的系统设计思想有一定的了解，如类、对象、继承、重载等概念的正确理解。

（3）应该掌握一种或多种对象建模语言，如 OOSE、OMT、UML 等，特别是 UML，过去数十种面向对象的建模语言都是相互独立的，而 UML 可以消除一些潜在的不必要的差异，以免用户混淆。目前很多 CASE 工具厂商都支持 UML，如果采用 UML 建模，软件系统研制和开发的灵活性可大大增加。

（4）熟练掌握一门或多门面向对象的开发语言。

（5）为更好地使用 CASE 工具，从原理上了解 CASE 工具的软件开发自动化实现过程，即了解各种 CASE 工具各自是如何实现分析、设计到代码生成的正向和逆向过程。

（6）要对 CASE 工具的短期效果和长期效果有一个清楚的认识。

2. 使用后策略

（1）应该通过 CASE 工具厂商的短期技术培训，尽快熟悉 CASE 工具。

（2）应与 CASE 工具厂商合作，得到其不断的技术支持和服务。

（3）与其他 CASE 工具使用部门保持密切的联系，经常相互交换项目开发经验和教训。

（4）对 CASE 工具厂商来讲，应积极组织其客户的技术研讨会，收集各种案例提供给其客户参考。

## 第 9 章

网络新技术

大数据、云计算、物联网是近年来科技界、产业界关注的热门领域,不仅企业、研究机构积极参与,很多地方政府也纷纷成立大数据中心、云计算中心、物联网中心。大数据、云计算、物联网已经成为未来信息技术发展的方向。先进的软件技术、硬件以及网络架构是其发挥强大功能的核心。

9.1　大数据

21 世纪是数据信息大发展的时代。随着计算机技术全面融入社会生活,移动互联网、物联网、社交网络、电子商务、GPS、医学影像、安全监控等极大地拓展了互联网的边界和应用范围,大量新数据源的出现则导致了半结构化、非结构化数据爆发式地增长,这些数据已经远远超越了目前人工所能处理的范畴,大数据时代已经到来。

近年来,大数据迅速发展成为工业界、学术界甚至世界各国政府都高度关注的热点。一个国家拥有数据的规模和运用数据的能力将成为其综合国力的重要组成部分。大数据的获取、存储、搜索、共享、分析乃至可视化的呈现都成了当前重要的研究课题。

9.1.1　大数据概述

1. 数据分类

根据数据的生成方式和结构特点的不同,可将数据划分为以下几类。

(1) 结构化数据。

结构化数据主要指数据库中的数据。结构化数据一直是传统数据分析的重要研究对象,目前主流的结构化数据管理工具(如关系数据库等)都提供了数据分析功能。

结构化数据的分析方法较为成熟,大部分都以数据挖掘和统计分析为基础。

(2) 文本。

文本是常用的存储文字、传递信息的方式,也是最常见的非结构化数据,例如电子邮件、文件等。文本分析被认为比结构化数据挖掘更具有商业化潜力。通常情况下,文本分析也称为文本挖掘,指的是从非结构化文本中提取有用信息和知识的过程。文本挖掘是一个跨学科领域,涉及信息检索、机器学习、统计、计算语言学以及数据挖掘等领域的技术。

（3）多媒体数据。

多媒体数据主要包括图像、音频和视频。随着通信技术的发展，图片、音频、视频等体积较大的数据也可以被快速地传播。由于缺少文字信息，其分析方法与其他数据相比具有显著的特点。由于多媒体数据多种多样，而且大多数都比单一的简单结构化数据和文本数据包含更丰富的信息，提取信息这一任务正面临多媒体数据语义差距的巨大挑战。

（4）Web 数据。

Web 数据涉及多种类型的数据，例如文本、图像、音频、视频、代号、元数据以及超链接等。Web 技术的发展，极大地丰富了获取和交换数据的方式，Web 数据的高速增长，使其成为大数据的主要来源。

在 Web 2.0 的时代，人们从信息的被动接受者变成了主动创造者。据国外资料统计：全球每秒发送 290 万封电子邮件，一分钟读一篇的话，一个人昼夜不停地要读 5.5 年；每天会有 2.88 万个小时的视频上传到 YouTube，足够一个人昼夜不息地观看 3.3 年；推特上每天发布 5000 万条消息，假设 10 秒浏览一条信息，这些消息足够一个人昼夜不息地浏览 16 年；每个月网民在 Facebook 上要花费 7000 亿分钟，被移动互联网使用者发送和接收的数据高达 1.3EB；Google 上每天需要处理 24PB 的数据。据 IDC 预测，未来 10 年全球数据量将以 40% 以上的速度增长。

2. 大数据的定义

大数据这一名词产生在全球数据爆炸增长的背景下，用来形容庞大的数据集合。一般意义上，大数据是指无法在有限时间内用传统 IT 和软硬件工具对其进行感知、获取、管理、处理和服务的数据集合。

与传统的数据集合相比，大数据通常包含大量的非结构化数据，且大数据需要更多的实时分析。此外，大数据还为挖掘隐藏的价值带来了新的机遇，同时给各行各业带来了新的挑战。

3. 大数据的特点

大数据的特点可以用 4V（volume，variety，value，velocity）描述。

（1）体量（volume）。大数据的起始计量单位是 PB→EB→ZB，其中互联网的飞速发展，导致非结构化数据高速增长和超大规模，占到数据总量的 80%～90%，比结构化数据增长快 10～50 倍，是传统数据仓库的 10～50 倍。

（2）多样性（variety）。大数据是异构的且多样性的，有文本、图形图像、视频、机器数据等诸多不同的表现形式；无模式或者模式不明显；语法或语义不连贯。

（3）价值密度（value）。信息海量，但价值密度较低，大量的不相关信息；只有通过深度的复杂分析，才能带来很高的价值回报。

（4）速度（velocity）。实时分析而非批量式分析；时效性要求高。

9.1.2 大数据的关键技术

大数据从信息提取到应用呈现可分为 4 个阶段：数据采集、数据存储与管理、数据分析与挖掘、计算结果显示，如图 9-1 所示。其中数据分析是大数据价值链的最后也是最重要的阶段，是大数据价值实现以及大数据应用的基础，目的在于从多种类型数据中快速获得有价值信息，提供支持决策，对不同领域数据集的分析可能会产生不同级别的潜在价值。

大数据处理过程中的关键技术包括大数据采集技术、大数据预处理技术、大数据存储及

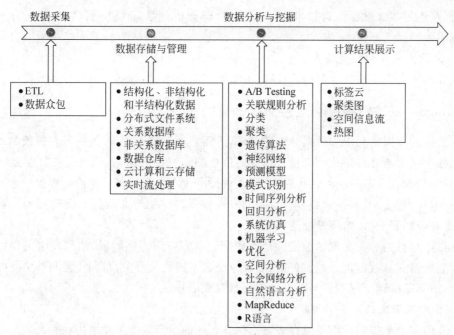

图 9-1 大数据的 4 个阶段及主要技术

管理技术、大数据分析及挖掘技术、大数据展现和应用技术等。

1. 大数据采集技术

大数据采集是指通过 RFID 射频数据、传感器数据、社交网络交互数据及移动互联网数据等方式获得各种类型的结构化、半结构化及非结构化的海量数据，是大数据知识服务模型的根本。例如分布式高速、高可靠数据爬取或采集、高速数据全映像等大数据收集技术。

2. 大数据预处理技术

大数据预处理主要完成对已接收数据的辨析、抽取、清洗等操作。在数据抽取过程中，因获取的数据可能具有多种结构和类型，需要将这些复杂的数据转化为单一的或者便于处理的结构，以达到快速分析处理的目的。所谓清洗就是从大数据中进行过滤操作，删除无用信息，保留有价值的内容。

3. 大数据存储及管理技术

大数据存储及管理指用存储器把采集到的数据存储起来，建立相应的数据库，并进行管理和调用。重点解决复杂结构化、半结构化和非结构化大数据管理与处理技术，实现大数据的可存储、可表示、可处理、可靠性及有效传输；开发可靠的分布式文件系统、计算融入存储、大数据去冗余及高效低成本大数据存储；突破分布式非关系大数据管理与处理技术，异构数据的数据融合技术，数据组织技术，大数据建模技术，大数据索引技术，大数据移动、备份、复制等技术。

4. 大数据分析与挖掘技术

数据挖掘就是从大量的、不完全的、有噪声的、模糊的、随机的实际应用数据中提取隐含在其中的人们事先不知道的，但又是潜在有用的信息和知识的过程。数据挖掘涉及的技术方法很多，有多种分类法。大数据分析与挖掘技术包括改进已有数据挖掘和机器学习技术；开发数据网络挖掘、特异群组挖掘、图挖掘等新型数据挖掘技术；突破基于对象的数据连接、相似性连接等大数据融合技术；突破用户兴趣分析、网络行为分析、情感语义分析等面向领域的大数据挖掘技术。

5．大数据展现和应用技术

大数据展现和应用技术包括云计算、关系数据库技术、大数据分析软件的开发等。

9.1.3 大数据的典型应用

大数据的应用是利用大数据分析的结果，为用户提供辅助决策，发掘潜在价值的过程。

大数据技术能够将隐藏于海量数据中的信息和知识挖掘出来，为人类的社会经济活动提供依据，从而提高各领域的运行效率，可大大提高整个社会经济的集约化程度。大数据在各行各业，特别是公共服务领域具有广阔的应用前景。传统行业最终都会转变为大数据行业，无论是金融服务、医药还是制造领域。

通过用户行为分析实现精准营销是大数据的典型应用。例如，沃尔玛超市借助数据挖掘技术对大量交易数据进行挖掘分析，发现年轻父亲的购买习惯，将尿不湿与啤酒并排摆放在一起，结果是得到了尿不湿与啤酒的销售量双双增长。

1．企业内部大数据

企业内部大数据的应用可以在多方面提升企业的生产效率和竞争力。

在市场方面，利用大数据关联分析，可以更准确地了解消费者的使用行为，挖掘新的商业模式；销售规划方面，通过大数据的比较，优化商品价格；运营方面，提高运营效率和运营满意度，优化劳动力投入，准确预测人员配置要求，避免产能过剩，降低人员成本；供应链方面，利用大数据进行库存优化、物流优化、供应商协同等工作，可以缓和供需之间的矛盾，控制预算开支，提升服务。

在金融领域，企业内部大数据的应用得到了快速发展。例如，招商银行通过数据分析识别出招商银行信用卡价值客户经常出现在星巴克、麦当劳等场所后，通过"多倍积分累计""积分店面兑换"等活动吸引优质客户；通过对客户交易记录进行分析，有效识别出潜在的小微企业客户，并利用远程银行和云转介平台实施交叉销售，取得了良好的成效。

淘宝大数据通过分析交易时间、商品价格、购买数量，实现买方和卖方的年龄、性别、地址，甚至兴趣爱好等个人特征信息的匹配。淘宝数据魔方是淘宝平台上的大数据应用方案，通过这一服务，商家可以了解淘宝平台上的行业宏观情况、自己品牌的市场状况、消费者行为情况等，并可以据此进行生产、库存决策，与此同时，更多的消费者也能以更优惠的价格买到更心仪的产品。阿里巴巴的企业愿景是要做数据分享的第一平台，通过整合现金流、余额宝，分析了解用户行为和习惯，进行精准广告投放和营销。

2．物联网大数据

物联网不仅是大数据的重要来源，还是大数据应用的主要市场。在物联网中，现实世界中的每个物体都可以是数据的生产者和消费者，由于物体种类繁多，物联网的应用也层出不穷。

UPS快递为了使总部能在车辆出现晚点的时候跟踪到车辆的位置和预防引擎故障，在货车上装有传感器、无线适配器和GPS。同时，这些设备也方便了公司监督管理员工并优化行车线路。UPS为货车定制的最佳行车路径是根据过去的行程大数据总结形成的。

3．社交网络大数据

在线社交网络是一种在信息网络上由社会个体集合及个体之间的连接关系构成的社会

性结构。在线社交网络大数据主要来自即时消息、在线社交平台、微博和共享空间等应用。由于在线社交网络大数据代表了人的各类活动，因此对于此类数据的分析得到了更多关注。在线社交网络大数据分析是从网络结构、群体互动和信息传播，通过基于数学、信息学、社会学、管理学等多个学科的融合理论和方法，为理解人类社会中存在的各种关系提供的一种可计算的分析方法。目前，在线社交网络大数据的应用包括网络舆情分析、网络情报搜集与分析、社会化营销、政府决策支持、在线教育等。

4. 医疗健康大数据

医疗健康大数据是持续、高增长的复杂数据，蕴涵的信息价值也是丰富多样的，对其进行有效的存储、处理、查询和分析，可以体现其潜在价值。医疗健康大数据的应用将对人类健康产生深远的影响。

国内多家医药企业正在全力布局大数据医疗，目标是希望管理个人及家庭的医疗设备中的个人健康信息，现在已经可以通过移动智能设备录入并上传健康信息，还可以从第三方机构导入个人病历记录，此外通过提供 SDK 以及开放的接口，支持与第三方应用的集成。

2020 年，大数据应用市场规模近 2600 亿美元，大数据已经成为全球新的经济增长点，图 9-2 是某机构预测未来几年大数据的市场。

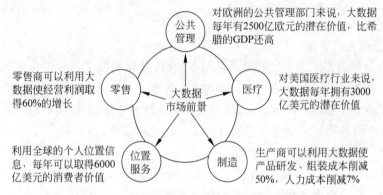

图 9-2 某机场预测未来几年大数据的市场

9.2 云计算

云计算被称为继 PC、互联网之后的第三次 IT 浪潮。云计算思想起源于 20 世纪 60 年代，美国科学家麦卡锡所提出的把计算能力作为一种像水和电一样的公用事业提供给用户的理念，随着分布式计算、并行计算、效用计算、网络存储、虚拟化、负载均衡等计算机和网络技术的发展及融合，作为一种全新的互联网应用模式，云计算将成为未来人们获取信息服务的主导方式。

9.2.1 云计算概述

1. 云计算的定义

云计算是以应用为目的，通过互联网将大量必要的硬件和软件按照一定的组织形式连接起来，并随应用需求的变化不断调整组织形式所创建的一个内耗最小、功效最大的虚拟资源服务集合。简单地说，云计算就是通过网络提供可动态伸缩的廉价计算。

通俗地理解，云计算的"云"就是存在于互联网上的服务器集群上的资源，包括硬件资源（服务器、存储器、CPU 等）和软件资源（如应用软件、集成开发环境等），从云端按需获取所需要的服务内容就是云计算。"云"中的资源在用户看来是可以无限扩展的，并且可以随时获取，按需使用，随时扩展，这意味着计算能力也可作为一种商品通过互联网进行流通，按使用付费。用户可以动态申请部分资源，支持各种应用程序的运转，无须为烦琐的细节而烦恼，能够更加专注于自己的业务，有利于提高效率，降低成本，减小技术创新的难度。图 9-3 描述了云计算的结构。

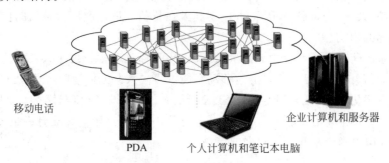

图 9-3　云计算的结构

2. 云计算的应用背景

互联网用户的新需求为云计算提供了服务基础，计算机网络技术的发展为云计算提供了技术支撑。互联网用户的新需求可以归纳为以下特点。

（1）接入能力。可以从任何地点、任何设备接入服务和数据。

（2）共享能力。数据的建立和存储共享更加容易和方便。

（3）自由。不希望受数据的影响。

（4）简单。容易学会，容易使用。

（5）安全。相信数据不会丢失或不会被不允许访问的人看到。

3. 云计算的技术背景

从技术层面看，云计算是建立在网格计算、并行计算、效用计算、网络存储、虚拟化、负载均衡等技术基础之上的，同时也促进了这些技术的研究与发展。

网格计算又称分布式计算，属于计算机科学的分支。它主要研究如何将一个需要非常大计算能力的问题分解成多个小部分，然后将这些小部分分配给其他的计算机进行计算，最后将这些结果又收集起来，统一得到最终的结果。

网格计算相比于其他算法具有特别突出的优点。它可以使得稀有资源共享，通过分布式计算可以在千万台计算机上平衡计算负载，可以把程序放在最适合运行它的计算机上进行计算。其中，共享稀有资源和平衡负载是网格计算的核心思想之一。

云计算与网格计算有许多相似之处，都是希望利用大量的计算机构建出强大的计算能力。但是云计算有着更为宏大的目标，它希望能够利用这样的计算能力，构建稳定而快速的存储以及其他服务。云计算与分布式计算、并行计算的区别在于，从计算机用户来说，并行计算是由单个用户完成的，分布式计算是由多个用户合作完成的，云计算是没有用户参与，而是交给网络另一端的服务器完成的。

4. 云计算的特征

云计算描述了一种基于互联网的新的 IT 服务增加、使用和交付模式,通常涉及通过互联网来提供动态易扩展且虚拟化的资源。用户不再需要了解"云"中基础设施的细节,不必具有相应的专业知识,也无须直接进行控制。云计算的特征主要体现在以下方面。

(1) 超大规模。"云"具有相当的规模,例如诸如 Google、Amazon、IBM、微软、Yahoo 等大公司的云计算已经拥有百万台服务器,企业私有云一般拥有数百上千台服务器。"云"能赋予用户前所未有的计算能力。

(2) 虚拟化。云计算支持用户在任意位置使用各种终端获取应用服务。所请求的资源来自"云",而不是固定的有形的实体。应用在"云"中某处运行,但实际上用户无须了解,也不用担心应用运行的具体位置。只需要一台笔记本电脑或者一部手机,就可以通过网络服务来实现用户需要的一切,甚至包括超级计算任务。

(3) 高可靠性。"云"使用了数据多副本容错、计算结点同构可互换等措施来保障服务的高可靠性,使用云计算比使用本地计算机可靠。

(4) 通用性。云计算不针对特定的应用,在"云"的支撑下可以构造出千变万化的应用,同一个"云"可以同时支撑不同的应用运行。

(5) 高可扩展性。"云"的规模可以动态伸缩,满足应用和用户规模增长的需要。

(6) 按需服务。"云"是一个庞大的资源池,可按需购买,可以像购买自来水、电、煤气那样计费。

(7) 极其廉价。云计算的使用非常廉价。

9.2.2　云计算的关键技术

云计算是一种基于因特网的超级计算模式,在远程的数据中心,几万甚至几千万台计算机和服务器连接成一片。云计算的核心思想是透过网络将庞大的计算处理程序自动分拆成无数个较小的子程序,再交由多部服务器所组成的庞大系统经搜寻、计算、分析之后将处理结果回传给用户。云计算甚至可以达到每秒超过 10 万亿次的计算能力,如此强大的计算能力几乎无所不能。用户通过计算机、笔记本电脑、手机等方式接入数据中心,按各自的需求进行存储和运算。云计算是以数据为中心,是数据密集型的超级计算,在数据存储、数据管理、编程模式等多方面具有自身独特的技术,同时涉及了众多其他技术。

1. 数据存储技术

为保证可用性强、可靠性高,云计算采用分布式存储的方式来存储数据,采用冗余存储的方式来保证存储数据的可靠性,即为同一份数据存储多个副本。另外,云计算系统需要同时满足大量用户的需求,并行地为大量用户提供服务。因此,云计算的数据存储技术必须具有高吞吐率和高传输率的特点。

目前,云计算的数据存储技术主要有谷歌的 HDFS(Hadoop Distributed File System,Hadoop 分布式文件系统),大部分 IT 厂商,包括雅虎、英特尔的云计划采用的都是 HDFS 的数据存储技术。

2. 数据管理技术

云计算系统对大数据集进行处理、分析,向用户提供高效的服务。因此,数据管理技术首先必须能够高效地管理大数据集。其次,如何在规模巨大的数据中找到特定的数据,也是云计算数据管理技术所必须解决的问题。

云计算的特点是对海量的数据存储、读取后进行大量的分析，数据的读操作频率远大于数据的更新频率，云中的数据管理是一种读优化的数据管理。因此，云系统的数据管理往往采用数据库领域中列存储的数据管理模式，将表按列划分后存储。云计算的数据管理技术中最著名的是谷歌提出的 BigTable 数据管理技术。

由于采用列存储的方式管理数据，如何提高数据的更新速率以及进一步提高随机读速率是未来的数据管理技术必须解决的问题。

3. 编程模型

为了使用户能更轻松地享受云计算带来的服务，让用户能利用该编程模型编写简单的程序来实现特定的目的，云计算上的编程模型必须十分简单，必须保证后台复杂的并行执行和任务调度向用户和编程人员透明。云计算大部分采用 Map Reduce 的编程模式，现在大部分 IT 厂商提出的云计划中采用的编程模型都是基于 Map Reduce 思想开发的编程工具。

4. 云安全

云计算是一种基于互联网的计算模式，提供服务的时候也就不可避免地出现像安全漏洞、信息泄露、恶意攻击和病毒侵害等普遍存在于既有信息系统中的安全问题。云安全经过样本收集和 MD5 端匹配技术发展阶段，目前已发展到了第三代的可信云安全。可信云安全的特点是网上自动安全检测和防御，客户端可以优化到很小，以提高性能，减少资源消耗。

5. 平台管理

云计算资源规模庞大，服务器数量众多并分布在不同的地点，同时运行着数百种应用，如何有效地管理这些服务器，保证整个系统提供不间断的服务是巨大的挑战。云计算系统的平台管理技术能够使大量的服务器协同工作，方便进行业务部署和开通，快速发现和恢复系统故障，通过自动化、智能化的手段实现大规模系统的可靠运营。

9.2.3 云计算的服务模型和部署模式

1. 云计算技术的体系结构

云计算包括平台和服务，云计算的灵魂，即云平台软件用于连接数以万计服务器，支撑海量信息处理的服务器和存储，云服务指各种应用软件和服务。

云计算技术的体系结构如图 9-4 所示。

2. 云计算的服务模型

按云计算的架构，其服务模型可分以下几种。

（1）软件即服务。

消费者使用应用程序，但并不掌控操作系统、硬件或运作的网络基础架构。软件服务供应商以租赁而非购买的模式提供客户服务，比较常见的模式是提供一组账号和密码，例如 Microsoft CRM 与 Salesforce.com。

（2）平台即服务。

消费者使用主机操作应用程序。消费者掌控运作应用程序的环境（也拥有主机部分掌控权），但并不掌控操作系统、硬件或运作的网络基础架构。例如 Google App Engine。

（3）基础架构即服务。

消费者使用"基础计算资源"，如处理能力、存储空间、网络组件或中间件。消费者能掌

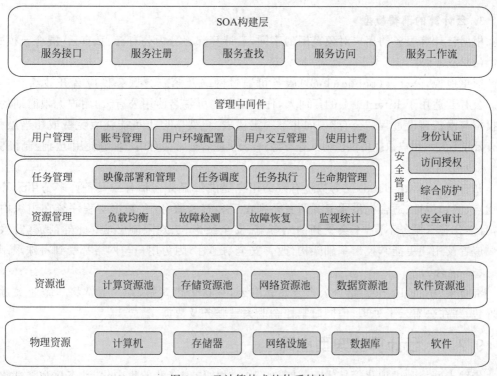

图 9-4 云计算技术的体系结构

控操作系统、存储空间、已部署的应用程序及网络组件(如防火墙、负载平衡器等),但并不掌控云基础架构,例如 Amazon AWS、Rackspace。

图 9-5 描述了微软云计算参考架构。

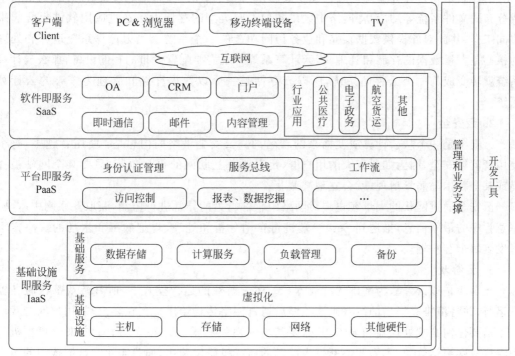

图 9-5 微软云计算参考架构

3. 云计算的部署模型

根据云计算服务的用户对象范围的不同,云计算部署分为公有云、私有云、混合云模式。

(1) 公有云。

简单地说,公有云(public cloud)服务可通过网络及第三方服务供应者开放给客户使用。公有云适用于 Internet 上的任何人,任何用户均可签名使用公有云,用户无须前期的大量投资与漫长建设过程,"公有"一词并不一定代表"免费",但也可能代表免费或相当廉价。公有云并不表示用户数据可供任何人查看,公有云供应者通常会对用户实施使用访问控制机制。

(2) 私有云。

私有云(private cloud)仅为数量有限的用户提供云服务。私有云具备许多公用云环境的优点,例如弹性、适合提供服务。两者差别在于私有云服务中,数据与程序皆在组织内管理,且与公有云服务不同,不会受到网络带宽、安全疑虑、法规限制影响;此外,私有云服务让供应者及用户更能掌控云基础架构,改善安全与弹性,因为用户与网络都受到特殊限制。

(3) 混合云。

混合云(hybrid cloud)结合公有云及私有云,在这个模式中,用户通常将非企业关键信息外包,并在公有云上处理,但同时掌控企业关键服务及数据。

9.2.4 云计算的典型应用

借助于网络和虚拟化等技术,云计算实现了对软硬件资源的集中化、动态化和弹性化管控,建立了从硬件资源到软件应用的整合一体化的全新服务模式。这种服务方式给传统信息技术的诸多领域带来了新的机遇与挑战。

1. 云存储

云存储是在云计算概念上延伸和发展出来的一个新的概念,指通过集群应用、网格技术或分布式文件系统等功能,将网络中大量各种不同类型的存储设备通过应用软件集合起来协同工作,共同对外提供数据存储和业务访问功能的一个系统。当云计算系统运算和处理的核心是大量数据的存储和管理时,云计算系统中就需要配置大量的存储设备,那么云计算系统就转变成为一个云存储系统,所以云存储是一个以数据存储和管理为核心的云计算系统。

2. 云安全

云安全是一个从云计算演变而来的新名词。云安全策略的构想是:使用者越多,每个使用者就越安全,因为如此庞大的用户群,足以覆盖互联网的每个角落,只要某个网站被挂马或某个新木马病毒出现,就会立刻被截获。

云安全通过网状的大量客户端对网络中软件行为的异常进行监测,获取互联网中木马、恶意程序的最新信息,推送到 Server 端进行自动分析和处理,再把病毒和木马的解决方案分发到每个客户端。

3. 云游戏

云游戏是以云计算为基础的游戏方式。在云游戏的运行模式下,所有游戏都在服务器端运行,并将渲染完毕后的游戏画面压缩后通过网络传送给用户。在客户端,用户的游戏设备不需要任何高端处理器和显卡,只需要基本的视频解压能力就可以了。未来游戏主机厂商将变成网络运营商,不需要不断投入巨额的新主机研发费用,而只需要拿这笔钱中的很小一部分去升级自己的服务器就行了,但是达到的效果却是相差无几的。对于用户来说,可以省下购买主机的开支,但是得到的是顶尖的游戏画面。

4. 云会议

云会议是基于云计算的视频会议。云会议是视频会议与云计算的完美结合,可以带来最便捷的远程会议体验。使用者只需要通过互联网界面进行简单易用的操作,便可快速高效地与全球各地团队及客户同步分享语音、数据文件及视频,而会议中数据的传输、处理等复杂技术由云会议服务商帮助使用者进行操作。

5. 云社交

云社交是一种物联网、云计算和移动互联网交互应用的虚拟社交应用模式。云社交的主要特征就是把大量的社会资源统一整合和评测,构成一个资源有效池向用户按需提供服务。参与分享的用户越多,能够创造的利用价值就越大。

6. 电子商务

电子商务现在已经进入了生活中的每一个角落,对于那些不爱逛街的人来说,不用忍受逛街带来的劳累,就可以买到自己喜欢的商品是一个很棒的选择。电子商务不仅仅是应用在了生活中,企业之间的各种业务往来也越来越喜欢通过电子商务来进行。而这些表面简单的操作过程其实背后往往涉及大量数据的复杂运算。用户无须看到和了解细节,所有计算过程都被云计算服务提供商带到了"云"中,只需要简单操作,用户就可以完成复杂的交易。

9.3 物联网

9.3.1 物联网概述

1. 物联网的定义

物联网是指依托射频识别(RFID)、红外感应、激光扫描、传感器等,把任何物品与互联网连接起来,进行信息交换和通信,以实现智能化识别、定位、跟踪、监控和管理的一种网络。

简单来说,物联网即物物相连的互联网,在国际上又称为传感网,这是继计算机、互联网与移动通信网之后的又一次信息产业浪潮。世界上的万事万物,小到手表、钥匙,大到汽车、楼房,只要嵌入一个微型感应芯片,就变得智能化,再借助无线网络技术,人们就可以和物体"对话",物体和物体之间也能"交流",这就是物联网。物联网的研究对象是具体的设备,例如传感器、手机等。世界上物物互联的业务跟人与人通信的业务相比,达到几十倍以上,因此,物联网又被称为是下一个万亿级的通信业务。随着信息技术的发展,物联网行业应用版图不断增长,如智能交通、环境保护、政府工作、公共安全、平安家居、智能消防、工业监测、老人护理、个人健康、花卉栽培、水系监测、食品溯源等。其中更大的理想就是智慧地球,目前实际生活中存在并在建设的智慧城市都是物联网的概念。

2. 物联网的特征

物联网的特征体现在以下几方面。

(1)信息量。信息的海量化。

(2)设备接入。亿万异构设备的泛在接入。

(3)网络架构。网络架构中信息和存储的物理边缘化。

（4）网络管理。网络管理的高度自治化。

（5）物物互联。物物互动的协同和智能化。

（6）物理安全。隐私易泄露，用户面临更多安全问题。

（7）设备制造。设备的小型、微型化。

（8）能量获取。能量自取、大容量。

3．物联网的结构

在物联网中，系统应用流程如下。

（1）对物体属性进行标识，包括静态和动态的属性。静态属性可以直接存储在标签中，动态属性需要先由传感器实时探测。

（2）识别设备完成对物体属性的读取，并将信息转换为适合网络传输的数据格式。

（3）将物体的信息通过网络传输到信息处理中心（处理中心可能是分布式的，如计算机或者手机，也可能是集中式的，如中国移动的 IDC），由处理中心完成物体通信的相关计算。

（4）相关应用系统对物流信息进行处理和呈现。

物联网的结构可以分为 3 层：感知层、网络层和应用层，其中感知识别是基础，网络传输是平台支撑，智能应用是标志和体现。图 9-6 描述了中国移动定义的物联网结构。

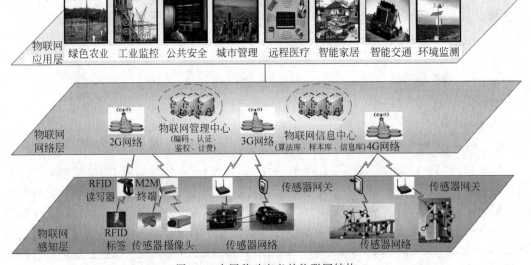

图 9-6　中国移动定义的物联网结构

（1）感知层。感知层主要完成信息的收集与简单处理，该层由传统的 WSN、射频识别（RFID）和传感器组成；其中，采用 RFID、NFC 技术实现物体的标识功能，传感器技术实现物体的识别、感知功能。

（2）网络层。网络层为原有的互联网、电信网或者电视网，主要完成信息的远距离传输等功能。

（3）应用层。应用层主要完成服务发现和服务呈现的工作。

9.3.2　物联网的关键技术

物联网的关键技术主要有 RFID 技术、传感器技术、无线网络技术、人工智能技术、云计算技术等。

1. RFID 技术

物联网中 RFID 标签上存着规范而具有互通性的信息,通过无线数据通信网络自动采集这些信息到中央信息系统中实现物品的识别。

2. 传感器技术

传感器技术是从自然信源获取信息并对获取的信息进行处理、变换、识别的一门多学科交叉的现代科学与工程技术,它涉及传感器、信息处理和识别的规划设计、开发、制造、测试、应用及评价改进活动等内容。在物联网中传感器主要负责采集物品的标识信息。

3. 无线网络技术

物联网中物品要与人无障碍地交流,必然离不开高速、大批量数据传输的无线网络。无线网络既包括允许用户建立远距离无线连接的全球语音和数据网络,也包括近距离的蓝牙技术、红外技术和 ZigBee 技术。

4. 人工智能技术

人工智能是研究计算机模拟人的某些思维过程和智能行为(如学习、推理、思考和规划等)的技术。在物联网中,人工智能技术主要用于分析采集的物品信息,从而实现计算机自动处理。

5. 云计算技术

物联网的发展离不开云计算技术的支持。物联网中终端的计算和存储能力有限,云计算平台可以作为物联网的大脑,以实现对海量数据的存储和计算。

9.3.3　物联网的典型应用

1. 智能家居

智能家居是以住宅为平台,通过物联网技术将家中的各种设备连接到一起,实现智能化的一种生态系统。它具有智能灯光控制、智能电器控制、安防监控系统、智能背景音乐、智能视频共享、可视对讲系统和家庭影院系统等功能,如图 9-7 所示。与普通家居相比,智能家居不仅具有传统的居住功能,兼备建筑、网络通信、信息家电、设备自动化,提供全方位的信息交互功能,提升家居安全性、便利性、舒适性、艺术性,并实现环保节能的居住环境,甚至为各种能源费用节约资金。智能家居具备的功能主要如下。

(1)楼宇对讲、安防。

(2)视频监控。

(3)室内灯光、窗帘控制。

(4)家电控制。

(5)家用电器的远程操控。

(6)访客环境、灾害远程监控与报警。

(7)老人健康监测。

(8)家庭能源管理。

(9)社区信息查询与服务。

此外可以融合多种物联网技术,多个子系统和模块由用户进行功能组合和模块扩充。例如:

(1)用户的本地和远程管理。

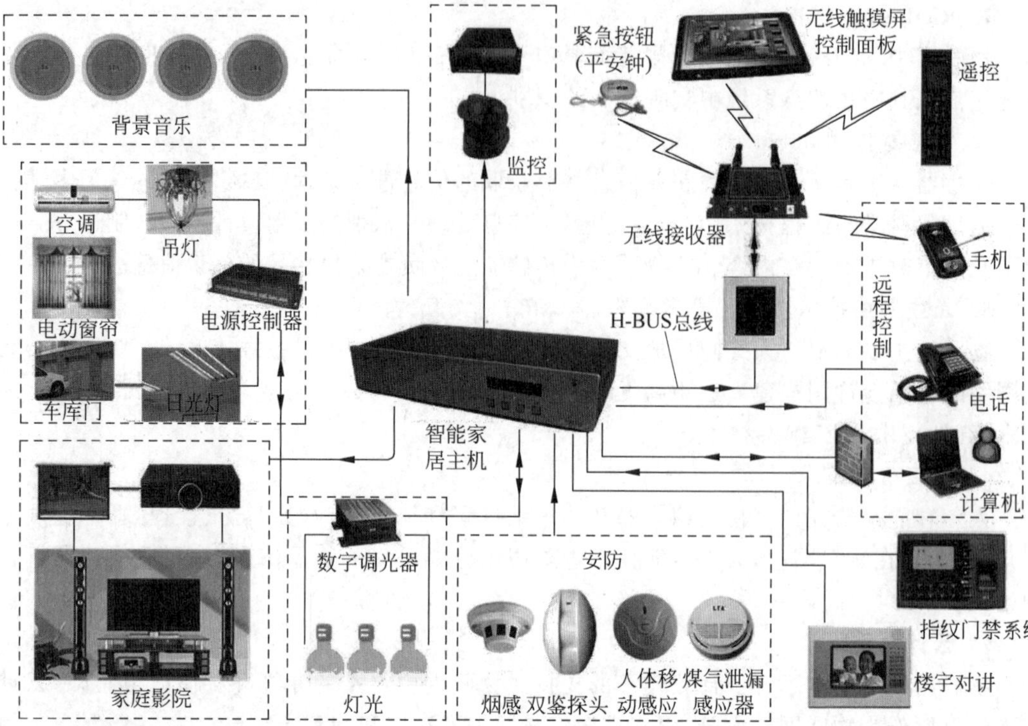

图 9-7　智能家居

（2）重要设施监测和控制。

（3）水（表、阀）、电（表、阀）、煤气（表、阀）、家电、开关。

（4）分布式联动智能控制。

（5）气候变化、空调温度与窗户等的联动。

（6）平安家居。

（7）实现门锁、窗锁、围界等的安全监控。

（8）个人健康。

（9）尿检、生理参数、病情趋势等。

（10）室内游戏体验。

（11）宠物等其他监控

2. 智能温室控制系统

智能温室控制系统通过应用物联网技术，对影响植物生长的光照、湿度、温度等几个重要因素进行实时的智能化监测和控制，并通过手机短信通知农户，实现了现代化低能耗的农业生产，如图 9-8 所示。

智能温室控制系统的主要功能如下。

（1）温度、湿度、光照度监测。

（2）安防监测功能。

（3）视频监测功能。

（4）局域网远程访问。

（5）GPRS 访问。

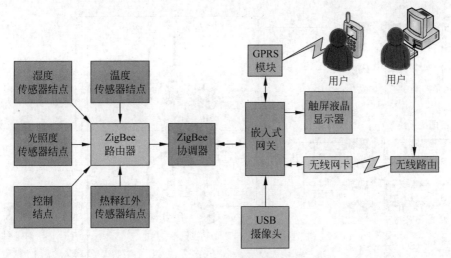

图 9-8 智能温室控制系统

（6）控制参数设定及浏览。

（7）显示实时数据曲线。

（8）存储显示历史数据/曲线。

（9）控制风扇散热。

（10）控制环境升温。

（11）控制空气加湿。

智能温室控制系统涵盖的主要技术有如下。

（1）传感器技术。

（2）单片机技术。

（3）嵌入式技术。

（4）网络技术。

（5）传感网技术。

（6）自动控制。

3. 智能车辆管理系统

智能车辆管理系统采用微波频段远距离射频识别技术，每部车辆上均安装有一张预先在系统注册的有源感应卡。有源感应卡会不断发射微波信号，当安装在出入口附近的远距离阅读器接收到感应卡信号后，远距离读卡器将卡信息发给通道控制器或者直接传输给计算机。通道控制器（或者是电脑）判断卡片的合法性，如果合法，则控制器上的继电器动作，驱动道闸开启，允许车辆出入，否则不予放行，如图 9-9 所示。

门卫处可安装一台计算机，用来实时监控车辆或者人员的出入记录，包括车辆部门、司机姓名、牌照以及照片。可配合图像抓拍模块，在车辆出入时，实时抓拍当前车辆照片并保存在数据库中。

智能车辆管理系统的主要功能如下。

（1）身份识别。

（2）语音提示。

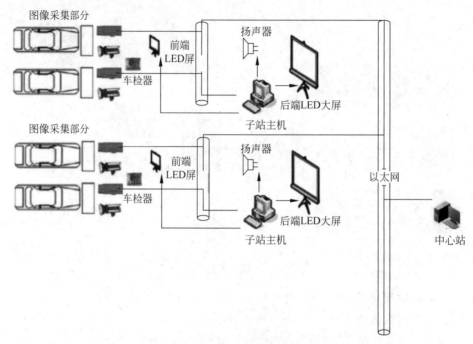

图 9-9　智能车辆管理系统

（3）道闸自动控制。

（4）信息记录。

（5）图像摄取。

（6）满位显示。

（7）视频监控。

（8）ETC 无人管理。

（9）电子钱包。

（10）自动计费。

（11）时间显示。

（12）Internet 网远程访问。

（13）手机远程访问。

系统的主要技术如下。

（1）Wi-Fi 无线网络技术。

（2）RFID 技术。

（3）嵌入式系统技术。

（4）图像处理等技术。

（5）语音单片机。

（6）传感器信息采集。

9.3.4　互联网、物联网、大数据、云计算的关系

互联网、物联网、大数据、云计算之间有着密不可分的关系。云计算是互联网的核心硬件层和核心软件层的集合，是互联网中枢神经系统。物联网对应了互联网的感觉和运动神

经系统。大数据代表了互联网的信息层,即数据来源,是互联网智慧和意识产生的基础。传统互联网、移动互联网和物联网都在源源不断地向互联网大数据层汇聚数据和接收数据。云计算与物联网则推动了大数据的发展。

1. 云计算是互联网大脑的中枢神经系统

云计算类似于互联网虚拟大脑中枢神经系统,将互联网的核心硬件层、核心软件层和互联网信息层统一起来为互联网提供支持和服务。物联网的传感器和互联网的使用者通过网络线路和计算机终端与云计算进行交互,向云计算提供数据,接受云计算提供的服务。

2. 物联网是互联网大脑的感觉神经系统

如果将互联网比拟成虚拟大脑,在此架构中,物联网是互联网大脑的感觉神经系统。因为物联网重点突出了传感器感知的概念,同时它也具备网络线路传输、信息存储和处理、行业应用接口等功能,而且也往往与互联网共用服务器、网络线路和应用接口使人与人、人与物、物与物之间的交流变成可能,最终将使人类社会、信息空间和物理世界融为一体。

3. 大数据是互联网智慧和意识产生的基础

随着博客、社交网络以及云计算、物联网等技术的兴起,互联网上的数据信息正以前所未有的速度增长和累积。互联网用户的互动,企业和政府的信息发布,物联网传感器感应的实时信息每时每刻都在产生大量的结构化和非结构化数据,这些数据分散在整个互联网网络体系内,体量巨大,数据中蕴含了对经济、科技、教育等领域非常宝贵的信息,这就是互联网大数据兴起的根源和背景。

与此同时,以深度学习为代表的机器学习算法在互联网领域的广泛使用,使得互联网大数据开始与人工智能进行更为深入的结合,其中就包括在大数据和人工智能领域领先的世界级公司,如百度、谷歌、微软等。2011年谷歌开始将"深度学习"运用在自己的大数据处理上,互联网大数据与人工智能的结合为互联网大脑的智慧和意识产生奠定了基础。

4. 云计算与大数据

云计算是硬件资源的虚拟化,为数据提供存储、访问和计算。大数据是海量数据的高效处理。云计算作为计算资源的底层,支撑着上层的大数据处理。

5. 云计算与物联网

物联网实际上是云计算定义里所强调的组织形式,而且是狭义的组织形式,指硬件设备通过传感器连接在一起的组织形式。在云计算里,除了物与物之间连接在一起外,还有功能、数据之间的连接和传递。云计算里的端设备的连接具有自组织特征,而目前的物联网的设备连接是在外部力量干预下实现的有序组织。

云计算是物联网发展的基石,并且从两个方面促进物联网的实现。

(1)云计算是实现物联网的核心,运用云计算模式使物联网中以兆计算的各类物品的实时动态管理和智能分析变得可能。物联网通过将射频识别技术、传感技术、纳米技术等新技术充分运用在各行业之中,将各种物体充分连接,并通过无线网络将采集到的各种实时动态信息送达计算机处理中心进行汇总、分析和处理。

(2)云计算促进物联网和互联网的智能融合,从而构建智慧地球。物联网和互联网的融合,需要依靠高效的、动态的、可以大规模扩展的技术资源处理能力,而这正是云计算模式所擅长的。同时,云计算的创新型服务交付模式简化了服务的交付,加强了物联网和互联网之间及其内部的互联互通,可以实现新商业模式的快速创新,促进物联网和互联网的智能融合。

　　未来，随着高速铁路、大型高速船舶、绿色航空、新能源汽车、智能交通、智能仓储、新材料技术、节能环保技术、信息技术、现代管理科学技术等在物流领域的推广和应用，互联网、移动互联、大数据、云计算将与物流业深度融合，让物流更加智慧化、智能化，这些都会对物流业的转型升级带来促进作用，构建高效透明、信息对称、价格公开的社会化现代物流体系。

9.4　国内发展现状

　　作为信息产业大国和互联网大国，我国在大数据应用方面处于世界前列，特别是在服务业领域，蓬勃发展的电子商务衍生出一系列基于大数据的互联网金融及信用体系产品。互联网创新应用普及速度非常快，特别是语音识别、图像理解、文本挖掘等方面已涌现出很多明星企业。在全球10大互联网企业中，中国占据4席，为大数据应用奠定了基础。百度、阿里巴巴、腾讯等国内的龙头互联网企业利用自身掌握大量数据资源的优势，不断创新和积累数据处理分析等关键技术，并基于大数据分析优化提升现有业务、开拓新业务，已经具备了建设和运维超大规模大数据平台的技术实力。

　　云计算是数字经济时代最重要的基础性技术之一。在短短十几年内，中国云计算市场成为了规模最大、增速最快的云计算市场。评估显示，中国云技术在计算能力、安全技术、数据库、Serverless等领域已实现世界领先。全球前六名云厂商中，中国科技公司占比一半，其中阿里云排名全球第三、亚太地区第一。与发达国家相比，中国在新型计算平台、分布式计算架构、大数据处理、分析和呈现等相关核心技术方面与国外相比仍存在差距，对开源技术和相关生态系统的影响力弱。

　　物流行业是一个综合性非常强的产业，它涉及运输、存储、配送、信息等各个领域，我国经济社会快速发展，物流市场规模也呈现出持续增长的态势。中国已成为世界最大的物流市场。中国物流行业经过机械化阶段、自动化阶段及目前的智慧化阶段，目前智慧物流行业发展迅猛，政策环境持续改善，物流互联网逐步形成，物流大数据得到应用，物流云服务强化保障，协同共享助推模式创新，人工智能的应用正在逐渐推广。

书中案例对应的 Python 程序

例 2.1　输出打印两个杨辉三角。

代码如下：

```python
def main():
    print('1 1')                    ＃运用输出流
    print('1 1 1 1')
    print('1 2 1 1 2 1')
    print('1 3 3 1 1 3 3 1')
    print('1 4 6 4 1 1 4 6 4 1')


if __name__ == '__main__':
    main()
```

例 2.2　求 Fibonacci 数列的前 30 项并输出它们。

代码如下：

```python
def main():
    f = [1, 1]                      ＃初始化数组前 2 个元素
    for i in range(2, 30):
        f.append(f[i - 1] + f[i - 2])
    for i in range(30):
        print(f[i])


if __name__ == '__main__':
    main()
```

例 2.3　设计 student 结构体变量，访问并输出结构体数据成员。

代码如下：

```python
class Student:                      ＃ 定义类
    def __init__(self, id, name, sex, age, address, phone):
        self.id = id
        self.name = name
        self.sex = sex
        self.age = age
        self.address = address
        self.phone = phone


def main():
    s1 = Student(98, "李明", None, 21, None, None)
```

```
        print("\n学号:", s1.id)
        print("\n姓名:", s1.name)
        print("\n年龄:", s1.age)

        s2 = Student(None, None, None, 20, None, None)
        s2.id = 100
        print("\n学号:", s2.id)
        print("\n年龄:", s2.age)

if __name__ == "__main__":
    main()
```

例 2.4 用递归算法计算 10 的阶乘。

代码如下：

```
def fact(n):
    if n == 0:
        return 1
    else:
        return n * fact(n-1)


def main():
    jc = fact(10)
    print(jc)


if __name__ == "__main__":
    main()
```

例 2.5 二分法查找的递归实现。

代码如下：

```
def search(a, left, right, key):
    if left > right:
        return -1
    else:
        middle = (left + right) // 2
        if a[middle] == key:
            return middle
        elif key < a[middle]:          # 这里 key 和 a[middle]比较,而非 middle
            right = middle - 1
            return search(a, left, right, key)
        else:
            left = middle + 1
            return search(a, left, right, key)


def main():
    word = [1, 3, 6, 9, 12, 14, 17, 19, 22, 24, 25]
    left = 0
    right = len(word) - 1
    key = 9
    result = search(word, left, right, key)
    print("要查找的数的序号为:", result)


if __name__ == '__main__':
    main()
```

例 2.6 N 皇后问题。

代码如下：

```python
N = 8
solution = [0] * N
sols = 0

def place(row):                              # 判断前面行上放置的皇后有否位置冲突
    for j in range(row):
        if abs(row - j) == abs(solution[row] - solution[j]) or solution[j] == solution[row]:
            return False
    return True                              # 无冲突返回 True,有冲突返回 False

def queens(row):
    global sols
    if N == row:
        sols += 1
        print([(k + 1, solution[k] + 1) for k in range(N)])
    else:
        for i in range(N):
            solution[row] = i
            if place(row):
                queens(row + 1)
def main():
    queens(0)
    print("Total Solutions: ", sols)

if __name__ == '__main__':
    main()
```

例 2.7 用迭代法求 10!

代码如下：

```python
def main():
    n = 10
    s = 1
    for i in range(1, n + 1):
        s *= i
    print(s)

if __name__ == '__main__':
    main()
```

例 3.1 从一个有序顺序表中删除重复的元素并返回新的表长,要求空间复杂度为 $O(1)$。

代码如下：

```python
class SqList:
    def __init__(self, data = None):
        self.data = data if data else [0] * 100
        self.length = len(data) if data else 0

def removeSame(B):
    e = B.data[0]
    index = 1
    for i in range(1, B.length):
```

```
            if B.data[i] != e:
                B.data[index] = B.data[i]
                index += 1
                e = B.data[i]
        return index


def main():
    A = [1, 2, 2, 3, 3, 3, 4, 4, 5, 5]
    R = SqList(A)
    R.length = removeSame(R)
    print("删除前:")
    print(*A)
    print("删除后:")
    print(*R.data[:R.length])


if __name__ == "__main__":
    main()
```

例 4.2　百钱百鸡问题。

算法一:

代码如下:

```
for x in range(21):
    for y in range(34):
        for z in range(101):
            if x + y + z == 100 and x * 5 + y * 3 + z / 3 == 100 and z % 3 == 0:
                print("公鸡{}只,母鸡{}只,小鸡{}只".format(x, y, z))
```

算法二:

代码如下:

```
for x in range(21):
    for y in range(34):
        z = 100 - x - y
        if x * 5 + y * 3 + z / 3 == 100 and z % 3 == 0:
            print("公鸡{}只,母鸡{}只,小鸡{}只".format(x, y, z))
```

算法三:

代码如下:

```
for x in range(21):
    for y in range(34):
        z = 100 - x - y
        if x * 5 + y * 3 + z / 3 == 100 and z % 3 == 0:
            print("公鸡{}只,母鸡{}只,小鸡{}只".format(x, y, z))
```

算法四:

代码如下:

```
for x in range(21):
    y = 25 - 7 * x // 4
    z = 75 + 3 * x // 4
    if y >= 0 and z >= 0 and x * 5 + y * 3 + z / 3 == 100 and z % 3 == 0:
        print("公鸡{}只,母鸡{}只,小鸡{}只".format(x, y, z))
```

参 考 文 献

[1]　周肆清,曹岳辉,李利明.软件技术基础教程[M].北京:清华大学出版社,2005.

[2]　严蔚敏,吴伟民.数据结构 C 语言版[M].北京:清华大学出版社,2018.

[3]　褚建立,刘彦舫.计算机网络技术[M].北京:清华大学出版社,2006.

[4]　蔡皖东.计算机网络[M].3 版.西安:西安电子科技大学出版社,2014.

[5]　汤子瀛,哲凤屏,汤小丹,等.计算机网络技术及其应用[M].4 版.成都:电子科技大学出版社,2016.

[6]　张尧学,王晓春,赵艳标.计算机网络与 Internet 教程[M].北京:清华大学出版社,1999.

[7]　STALLINGS W.操作系统——精髓与设计原理[M].陈向群,陈渝,等译.8 版.北京:电子工业出版社,2017.

[8]　SILBERSCHATZ A,GALVIN P B,GAGNE G.操作系统概念[M].郑扣根,唐杰,李善平,译.9 版.北京:机械工业出版社,2018.

[9]　萨师煊,王珊.数据库系统概论 [M].5 版.北京:高等教育出版社,2014.

[10]　李红.数据库原理与应用[M].2 版.北京:高等教育出版社,2007.

[11]　张海藩.软件工程导论[M].5 版.北京:清华大学出版社,2008.